永不过时的欧美钩织花样

清新淡雅的花朵，

玫瑰、雏菊、太阳花……

［英］克莱尔·克朗普顿◎著　　牟　超◎译

河北科学技术出版社

图书在版编目（CIP）数据

永不过时的欧美钩织花样 / (英) 克朗普顿著；牟超译. -- 石家庄：河北科学技术出版社, 2015.4
书名原文: 200 crochet flowers embellishments& trims
ISBN 978-7-5375-7472-3

Ⅰ. ①永… Ⅱ. ①克… ②牟… Ⅲ. ①钩针 – 编织 – 图集 Ⅳ. ①TS935.521-64

中国版本图书馆CIP数据核字(2015)第066987号

永不过时的欧美钩织花样

[英] 克莱尔·克朗普顿◎著　　牟　超◎译

策划制作： 北京书锦缘咨询有限公司（www.booklink.com.cn）
总 策 划： 陈　庆
策　　划： 陈　辉
责任编辑： 刘建鑫
版式设计： 季传亮

出版发行 河北科学技术出版社
地　　址 石家庄市友谊北大街330号（邮编：050061）
印　　刷 北京利丰雅高长城印刷有限公司
经　　销 全国新华书店
成品尺寸 210mm × 260mm
印　　张 8
字　　数 100千字
版　　次 2015年5月第1版
2015年5月第1次印刷
定　　价 48.00元

目 录

序言……………………………… 5
线的材质……………………………… 6
线的颜色……………………………… 8
线的质地……………………………… 10
线的重量……………………………… 12
工具……………………………… 14
规格……………………………… 14
基本针法……………………………… 17
更复杂的针法……………………………… 20
钩针编织花样参考说明……………………………… 22
颜色搭配创意……………………………… 26
如何编织织片……………………………… 28
如何钩织基本花样……………………………… 30
织物的拼接方法……………………………… 32

钩织花朵 ……………………………… 36
修饰花边 ……………………………… 58
织片 ……………………………… 80
基本花样 ……………………………… 104

序言

本书为读者提供了比较全面的钩织针法，从简单到复杂，从传统到创新，你都可以制作属于自己的独特织品。无论你是想为自己编织一件漂亮的衣服或配饰，还是想为家里制作一件有格调的装饰品，你都可以把本书作为启发灵感的指南。本书向您展示的钩织花样分为四个部分：钩织花朵、修饰花边、织片和基本花样。每个部分都有其独特的色彩搭配，带给你无限灵感。

- “钩织花朵”部分包含了各种各样的花朵设计，有清新自然的，也有艳丽夺目的。你可以用它来点缀衣服，用作室内修饰或直接用来做首饰。
- “修饰花边”部分教你如何钩织流苏和花边，当你在钩织或编织衣服时，可以用它来增添一抹独特的风格或者直接为一件成衣装饰个钩编的镶边。
- “织片”部分涉及织物的纹理、边缘和颜色转换规律，无论是把整幅织物镶嵌在物品上，还是为你的最爱拼接出一个外罩都很不错。
- “基本花样”有三种：方形、圆形和六边形。有传统的，有潮流的。本节稍后会给出如何拼接基本花样来编织不同的物品的教程。

每个部分的开始都会展示一些具有启发性的应用示例，为你提供不同的创意。在这些示例的基础上，创作属于你的制品吧。例如，垫子上的装饰带可以用不同花纹和颜色，拼接围巾可以结合不同的针法，虽然书中使用的是钩织花边，但是你也可以加入基本花样。

为了方便识别，每个设计花样都有一个标题。你可能发现其中一些使用了不同的名字，这没有对或错，仅仅是不同国家对相同针法的不同称呼而已。因为每个设计花样都有书面说明和图形指南，所以很容易明白每一行或每一圈是如何编出来的。

如果你不习惯看图操作，本章后面部分将会就如何参照书面说明操作，如何理解缩写词和短语，如何正确起针，如何钩织复杂的针法比如说贝壳针、合并针和爆米花针，给予指导。当然我们也会为配图和符号提供完整的解释说明，以帮助你制作出属于你自己的作品。

线的材质

制作各种创意织品，可选线的范围很广。线可以依据不同的标准进行分类，在接下来的几个章节里，我们将对线的颜色、质地和重量做一些说明。当为你的织品选择用线时，首先要考虑的是它织出来的东西是否耐穿耐磨，比如棉线或羊毛线就属于这一类；又或者它是否适用于编织柔软的织品，比如丝，因为丝的装饰性要大于实用性。孩子的衣服经常要洗，应该选用耐穿且能机洗的线。物品的外罩不需要经常洗，可以选用不太耐用的线，比如只能手洗的羊毛线、开司米或丝。地毯应使用结实的厚羊毛，以经得起来自双脚的磨损，但是项链就要使用最精细的线，比如蕾丝线、金银线或细亚麻线。一些材质的线比较贵，所以昂贵的线用来做一些小东西，编织物品的罩或护套比较费线，可以用较便宜的线织成的条形或块状织片拼接制成。

天然纤维

阿尔帕卡毛 是由羊驼的毛纺织而成。它非常柔软且有光泽，有很多开司米所拥有的品质，但价格更合理。但它爱掉毛，所以不适合编织常用的物品。

安哥拉毛线 源自安哥拉兔，安哥拉毛含量高的线非常蓬松且易掉毛，它经常与其他纤维混纺，以赋予它稳定性，制成一种非常柔软的线。

开司米 用开司米山羊的毛纺织而成。纯开司米毛线非常昂贵，并仅限于制作奢侈品。当与其他纤维（如羊毛）混纺后，就便宜得多。

棉线 是由棉花纺织成的。它是一种厚重面料，非常耐穿且可以染成各种颜色。棉线可以做丝光处理，经过这个过程处理可以使它更有光泽，并有助于染上更鲜亮的颜色。纺织得更松散的棉线的性质趋于马特棉。

亚麻线 是由亚麻植物的茎制成的，经常和棉线混合而使其变得柔软。它的天然色彩展现了田园风，很纯朴，染色后就会变得柔软，色泽略微暗淡，带有一种淡淡的典雅。

在众多材质中，羊毛以其温暖、耐用以及柔软的触感，立于不败之地。

经过丝光处理的棉线色泽鲜亮，适用于新鲜清晰的织品，并且非常耐磨。

马海毛 是安哥拉山羊毛制成的。更软的羔羊马海毛是由从小羊羔身上第一次或第二次剪下来的羊毛纺织得到的，比用成年羊的毛纺织的线更精细。马海毛常常与其他纤维混合来增加强韧性。马海毛质轻且透气，但会掉细毛。

丝 是指桑蚕幼虫分泌的长纤维，蚕用这种纤维将自己包裹成茧。把茧解开，用许多这样的长纤维纺织成一种线就是丝。丝有光泽，质地柔软且有干爽感，与棉线或羊毛混合能增加它的耐磨度。

羊毛线 由绵羊羊毛纺织制成。不同品种的羊，羊毛也有不同的特性，例如美利奴羊毛非常柔软，而设得兰羊毛更耐磨，温斯利代尔羊毛非常有光泽，用雅各羊毛纺出的线则有不可思议的天然色。羊毛不易受外界影响，冬暖夏凉。羊毛织品非常漂亮，即使循环使用也能保持良好的品质。羊毛可以制作花呢，容易固色，且能保持其自然的色调。有机羊毛或本地产的羊毛也非常值得关注。

混纺和合成纤维

由天然纤维和合成纤维制成的混纺线，结合了两者的特点，既有天然纤维的品质，也有合成纤维的耐磨性和稳定性。合成纤维非常耐磨，并且能制成非常美妙的花式纱线，例如睫毛纱和缎带。合成纤维容易染色，特别是鲜亮的颜色。

线的颜色

有创意的编织者往往对颜色非常敏感。你可以尝试使用一些醒目鲜艳的颜色或是稳重而精致的天然色和哑光色。在本书的四个钩织花样部分，无论是构成颜色对比还是和谐搭配，都会使用一种主流色系。“钩织花朵”部分选择了从深紫色到浅粉色一系列颜色，强调了绿色、黄色和橙色的自然对比。“修饰花边”部分选用的是暖色系，强调了橙色和黄色、桃红色和柠檬绿色构成对比的强烈。“织片”部分的作品一般使用冷色，如绿色搭配蓝色等。“基本花样”部分通常是以蓝色为主色，搭配些浅紫色或水绿色。

选择简简单单的蓝色和绿色搭配，就可以织出一幅大海般深沉感觉的厚实作品。

暖色系

暖色系颜色里一般混合了红色或黄色的成分，如桃红色、橙色或橘黄色。暖色热情且明亮，能为冬天的衣物带来暖和的感觉，或者为饰品增添一抹光彩。如在作品“薰衣草香包”中，间隔使用红色、鲜橙色和橘红色，或在柠檬色、橙色和桃红色的颜色组合上修饰一点绿黄色的花边，可以形成撞色效果。

冷色系

冷色基于蓝色，包括了绿色、蓝色、紫罗兰色，还有这些颜色的混合色，如蓝绿色、青绿色和紫色。一种颜色的色谱包含多种颜色，如海洋蓝色谱包含了水绿色、灰蓝色、淡蓝绿色，绿色的色谱包括从薄荷绿到灰绿。为卡其色裙子钩织镶边时选择了橄榄绿色，“裙装口袋”作品中的花样则混合使用了靛蓝色谱中的三个色调。

天然色系

天然色系宁静淡雅，除了木材、石头、土壤的颜色，还有各种自然中的色彩，如土地和沙滩的赭黄色、树木的棕色、鹅卵石和石头的灰色、未经染色的羊毛的有机色等。书中用醒目的古铜色花边做出漩涡形来装饰深棕色靠垫。

奢华色系

想想红宝石、紫水晶、绿宝石那些首饰的颜色吧，这些颜色能增添戏剧性和神秘感，当与金银丝、丝线或缎带结合在一起，会带来非凡的视觉效果。本书中用宝石红来诠释“心形玫瑰饰物”，而且在做“项链”时选用了贵族紫。

添色

对比使颜色更活泼，而协调的颜色显得更和谐。绿色与蓝色更协调，与紫红色则对比鲜明。紫色和紫罗兰相得益彰，但加入一个小小的黄绿色花边可以为其增色不少。

线的质地

线的种类很多，从最普通的合股线到缎带、结子线、睫毛纱等复杂精美的复合线。上边的流苏样图就阐明了线的种类的多样性。每个流苏都完美展示了线的特性以及它们适用于钩织什么类型的织物。只需一两件织品就可以揭示线的质地有多么神奇。例如马海毛，虽然在小图案的钩织法中并不显眼，但是用马海毛钩织的大网眼织物或基本花样看上去美极了。

这件衣服使用了两种线：雪尼尔线和马海毛。

1.结子线 在纤维表面盘绕着许多又短又紧的结。这种棉质结子线是卷曲的，用来制作毛巾等较为密实的织物。马海毛和羊毛质地的结子线柔软一些，用于昂贵且厚实的织物，也可以用来钩织简单条纹或钩织边缘来映衬较光滑的织物。

2.雪尼尔花线 是一种短绒线，用这种线可以编织多种多样的织物，并且像天鹅绒般柔软。粗雪尼尔花线既可以织成精美的网状织物也可以织出紧密且结实的织物。和其他质地的织品结合，也会有不错的效果。

3.灯芯绒 是一种光滑的圆线。可以用大号钩针编织有网眼的织物，也可以用小号钩针编织较为直挺的织物。

4.睫毛纱 看上去像磨损过的缎带，不易于钩织，也很难看清针法。仅限于用在花边的最后一行或者做简单的钩边。

5.马特棉 质地非常干爽，它是一种相对有分量的线，与其他线一起使用时，可以使织品变得更结实。马特棉的颜色有些像漆过的灰泥，带着暗哑的美，整体则像青橘色，引人注目。

6.丝光棉 纺得很紧且具有光泽，用于钩织清爽新鲜的织品。颜色范围广，适用于任何针法，用小号钩针钩织的结构清晰的直立花纹尤其漂亮。本书中使用丝光棉制作了漂亮多彩的“鲜花彩带”和时髦的“项链”。

7.金银线 容易断，但明亮且富有现代感，是粘胶纤维和金属成分的混合物，能为柔软爽滑的织物增添醒目的光泽。用于首饰制作或者添加到马特棉里制造出闪亮的效果。

8.马海毛 柔软蓬松，质轻且能保留空气的特性使它能做出羽毛般柔软的织物。既可以用来创作带网眼的织物，也可以用来制作柔软的小花，如书中用来装饰心形柳条编织物上的玫瑰。

9.缎带 由线带编织而成，平展且宽度不一，制作材质多种多样，从羊毛纤维到现代合成纤维。这种缎带有很强的结构感，标有特定颜色的尖刺。一条缎带可以有多种颜色，可以夹杂金属纤维，可以带有网眼或密实，可以蓬松或者亮丽，可以线条优美也可以挺括。

10.线带 是一种流体针织扁线，不用于钩织完全扁平的织物。它可以在钩针上螺旋拧曲或者折叠使用。用线带钩织时，这一针可以对折，而下一针则可以展开。棉质丝带能制作结构清晰的织物，而粘胶纤维质地的线带则可以制作线条非常优美的有弹性的织物。

11.粗花呢线 通常有两种或两种以上颜色，这些不同颜色的纤维或是被纺织在一起，或是以粒或打结的方式结合在一起。粗花呢织物看起来保暖、舒适、结实。把金银丝或棉线与它捻合，会产生令人兴奋的效果。书中用两种色调的羊毛粗花呢线为钩针筒钩织了一个外套。

线的重量

线的重量涉及线的粗细。质轻的线钩织柔软轻薄的织物，中等重量的线较粗织出的织物也厚一些。您可以尝试一些不同的线，感受一下使用不同重量的线织出的织物有何不同。较重或极重的线是制造地毯和其他大型织物的最佳选择。轻或中等重量的线可以用来制作较精细的织物，如靠垫套，包包上的贴花装饰或衣服的修饰边等，但也可以用多缕细线或轻质的线制作厚一些的织物。

股

描述纱线有时会用到股数，如2股、4股或6股。一股是指单捻线。通常意义上，股数越多，线越粗。但不同材质的一股线的粗细可能并不同。捻得紧的一股线要比捻得松的一股线细。举例来说，2股设得兰羊毛可以织出细线（4股线）的规格，而对于较粗的冰岛羊毛线来说，只需要一股。

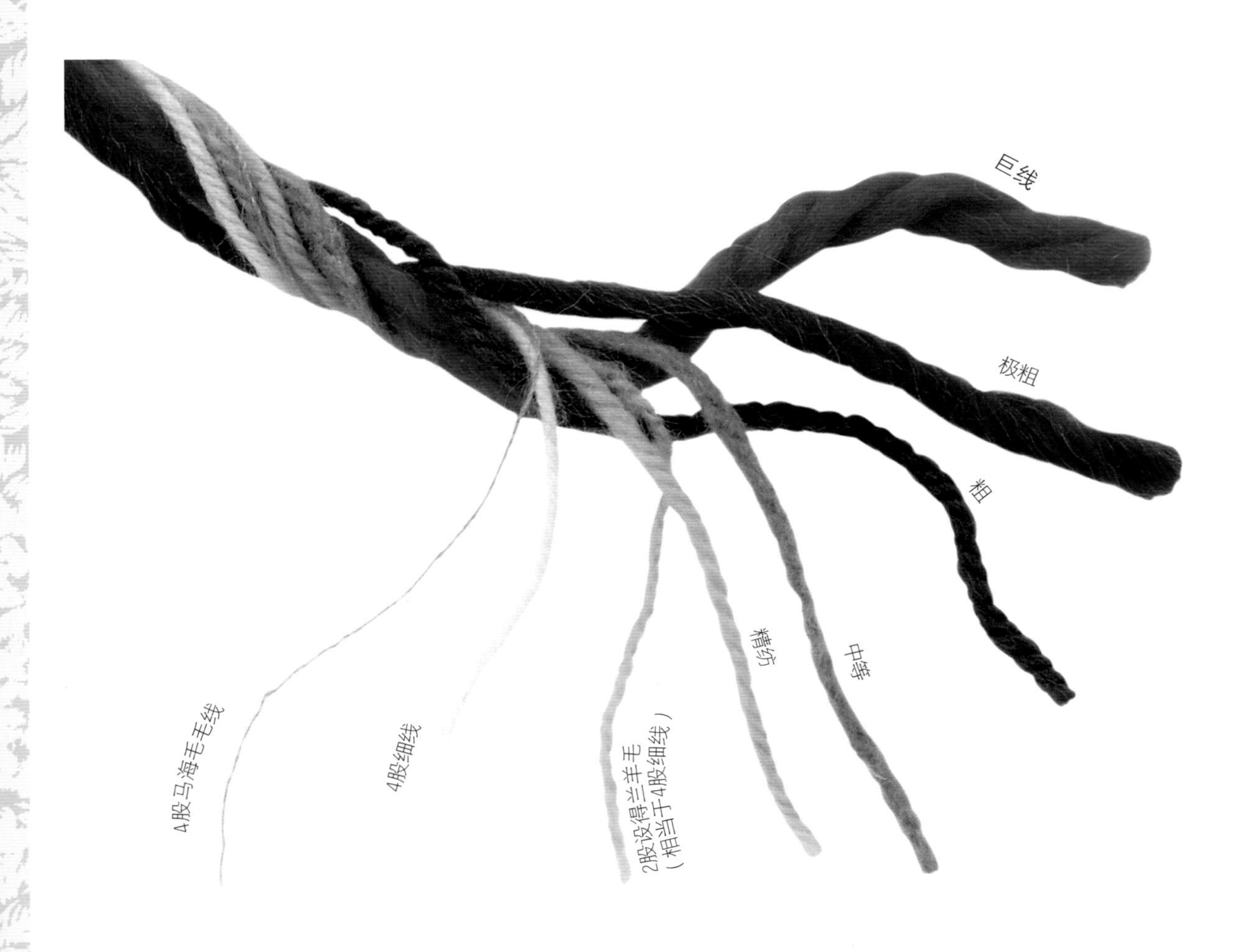

结实的花边，用来修饰棉布裙，选用的是中等重量的棉线。

用大号钩针制作结实厚重的织物，选用的是较重的羊毛粗花呢线。

线的重量标准：

本书中凡是涉及重量的地方，均使用美国纱线工艺制品委员会制定的标准。美国纱线工艺制品委员会依据线重而不是依据股数对线进行划分。书中的设计图样意在启发读者自己的编织灵感，因此对于所用线的参考标准仅限于线重，而并非明确指出线的种类。也就是说，读者可以使用任意线来编织相似的图样，只要是线重相同。在纱线制作中，美国和英国有时会使用不同的名称来标识相同线重。不同之处，我会将两种说法都写入下面的表格。整本书，我们将美国标准的线重写在前面，在后面的括号里标注与其对应的英国标准。

线的重量标准美国纱线工艺制品委员会

线重	钩编规格*	针型**	线的类型**
蕾丝	32–42短针	钢针6–8和B1 (1.4–1.6mm)	钩编物用线
极细微	21–32短针	B1–E4 (2.25–3.50mm)	适合钩织袜子、手套（2股，3股）
细微	16–20短针	E4–7 (3.50–4.50mm)	运动衣物及宝宝用品用线（4股）
轻	12–17短针	7–I9 (4.50–5.50mm)	薄型精纺毛
适中	11–14短针	I9–K101/2(5.50–6.50mm)	精纺毛、阿富汗毛毯用线
重	8–11短针	K101/2–M13 (6.50–9.00mm)	厚实的线制品、地毯用线
极重	5–9短针	M13及特大号针 (9.00mm及特大号针)	极厚的粗纱

* 规格（英国称之为密度）：在单个编织物中测量4英寸（10cm）所得（缩写为“SC”）、只是起指导作用，是最普遍采用的规格。

** 前面的是美国针型，括号内为对应的英国针型。

*** 美国名称在前，括号内为对应的英国名称。

工具

钩针编织是一种通用工艺，几乎不需要什么工具：如果有一些线和合适的针，那么就万事俱备了！在这里我们会谈一谈要使用的一系列钩针，以及两种主要的尺寸体系：US体系和公制度量体系。

钩针

钩针的材质有多种，包括金属、塑料、木质和竹子。钩针的尺寸与使用线的粗细直接相关。

细线要求使用小号钩针，而粗线需要较大的钩针。钩针的尺寸依据针杆的直径而定。目前使用的主要有两种尺寸体系：US体系和公制度量体系。

钩针编织工具

你只需要一些简单的工具：线、钩针和参考花样（你也可以自己创造独有的针法和设计）。你还需要一些做手工艺品最基本的材料：一把剪子，用来修剪线头；一个缝衣针，用来缝些松散的线头；一个卷尺和一些大头针，用来规格（密度）测量。

钩针尺寸对照表

US	公制度量
B1	2.25mm
C2	2.75mm
D3	3.25mm
E4	3.50mm
F5	3.75mm
G6	4.00mm
7	4.50mm
H8	5.00mm
I9	5.50mm
J10	6.00mm
K101/2	6.50mm
L11	8.00mm
M/N13	9.00mm
N/P15	10.00mm
O16	12.00mm
P/Q	15.00mm
Q	16.00mm
S	19.00mm

规格

规格（密度）是指某一织物的“针目数”和行数，或者是基本花样完成时的尺寸大小。如果你完全按照参考花样钩织并且必须达到某个定好的尺寸，那么规格就是一个很重要的因素。但是在以下情况中可以不同：你使用任意种类的线和合适的钩针来钩织本书中的一系列图案花样，并创作你自己的物品，创造你自己的设计。比如给裙子的下摆镶个花边，测量你自己的规格，在这个基础上得到你满意的结果。如果你的织品没有固定的尺寸，那么你就无需知道规格，在达到你想要的大小时结束就好了。

线的选择

线重将会影响织物的最终尺寸。用细棉线织出的织品要比用较重的线织出的织品小（针目数相同的情况下），用细线制成的毛毯要比用中等重量毛线织成的相同图案的毛毯轻且薄。

织片

试编小样

选好线及合适的钩针，起针长度为三个重复图案的长度，不要忘了添加一些额外的锁针。按照织法说明继续，一直到小样的长度达到6英寸（15cm）。

规格测量

将小样放平，在一行里，用大头针标示一个图案开始和结束的地方，即使重复的图案非常小，也至少要标出2英寸（5cm）的长度。用尺子测量两个大头针之间的距离。如果两个大头针之间仅仅有一个图案，那么测得的距离就是一个图案的宽度。如果标记的是两个或三个重复的图案，那么测得的距离就是相同数量重复图案的宽度。

规格的应用

现在你已经知道一个图案的宽度，那么你就可以计算出尺寸一定的织物需要重复织出多少个图案，就是用想要的宽度数除以每个图案的宽度。例如，织品要达到10英寸（25cm）宽，而每个重复的图案宽2英寸（5cm），10英寸（25cm）除以2英寸（5cm）就会得到答案是5。所以起针时，你需要织5个重复图案长度（按照说明，再添加些额外的锁针）。

花朵钩织

对于钩织的花朵来说，很难测量其规格。所以计算钩织花朵最终尺寸的唯一方法就是织完了测量。使用正确的线，可以对钩织花的尺寸有个大概了解。细线钩出的花比较小，而粗线钩出花的比较大。

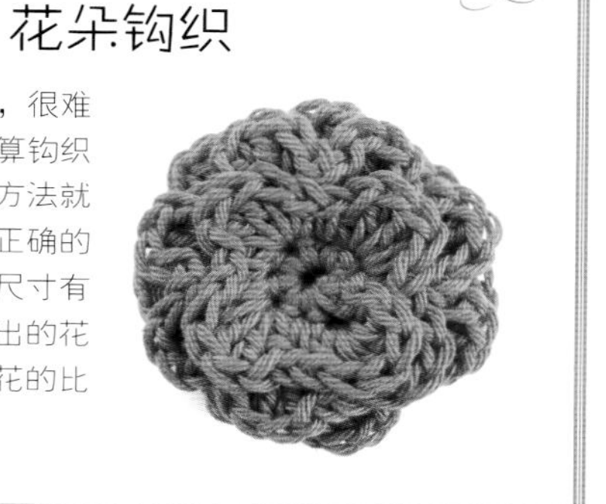

花边

试编小样

水平编织的花边：选好线及合适的钩针，起针长度为三个重复花样的长度，不要忘了添加一些额外的锁针。按照织法说明继续，直至完成编织花边。

垂直编织的花边：选好线及合适的钩针，按照织法说明起针，继续直至花边的长度达到6英寸（15cm）。

规格测量

水平花边：参照“织片”的规格测量，测量所得值为一个花样的宽度。

垂直花边：将花边铺平，用尺子测量它最宽的宽度，这个值就是它的全宽。你不需要测量长度，使花边达到你编织需要的长度即可。

规格的应用

水平花边：参照上面“织片”的说明。

垂直花边：如果你想要更宽的花边，使用大号的钩针或较粗的线；如果你希望花边小一些，用较小的钩针和较细的线。

基本花样

试编小样

用你的线和合适的钩针，编织选好的花样。

规格测量

将织好的花样铺平，在花样上横放一把尺子，测得的是它的宽度。基本花样有两种测量方法，由你的花样排列方式决定。如果是方形花样，那么测得一边到另一边的宽度即可；如果是菱形花样（以一个角为支点旋转），那么测量对角线长度即可。测量值为一个方形花样的宽度。圆形花样测量直径的长度，测量值为一个圆形花样的宽度。根据排列方式的不同，六边形花样可以测量一个直边到相对直边的距离，也可以测量一个顶点到相对顶点的距离。

规格的应用

现在你已经知道一个基本花样的宽度，那么就能推算出完成大小一定的织物需要多少基本花样了。就是用想要的宽度数除以一个基本花样的宽度。例如，一块方形花样的阿富汗毛毯宽为60英寸（152cm），而一个方形花样的宽为4英寸（10cm），60英寸（152cm）除以4英寸（10cm），就会得到15这个答案。所以制作毛毯时，一行需要编织15个基本花样，如果毛毯是正方形的，那么总共需要225个基本花样。

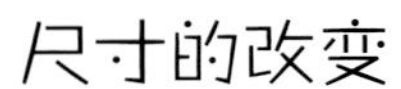

尺寸的改变

对于任意织法的织片，都可以通过重复更多的图案来增加宽度，继续编织达到正确的长度。然而，基本花样花边和钩织花朵都有固定的“针目数”或行数，所以不能通过上述方式改变尺寸，唯一的方法是选择不同型号的钩针或不同粗细的线。书中“雪花装饰”示例中钩织的三个基本花样使用的是相同的棉线，然而因为选用的钩针越来越小，所以三个装饰物的尺寸不同。使用的钩针越小，织物就越小或越窄。相反，选择的钩针越大，织物就会越大或越宽。试编小样时，尝试使用大一号或小一号的钩针，看看织出来的效果有什么不同吧。使用相同的线而改变钩针的型号，最终得到的织物会更紧致结实（使用小号钩针）或更稀疏松软（用大号钩针）。然后试试使用不同重量的线吧，越细的线织出的东西越小；相反，线越粗，织出的东西越大。

基本针法

本书中的设计花样使用的都是最基本的钩针编织针法。本章节我们将介绍每种针法的钩织方法和在本书中如何应用这些针法产生不同的效果。在此我们将使用美国钩针编织术语，英国编织术语请参看“钩针编织花样参考说明”章节里的对照表。

锁针

本书里所有的设计都是从一定长度的锁针起针开始的。钩编基本花样时，将一定数量的锁针连接呈环形，引拔钩织，就完成了锁针起针的环形钩织。锁针还常常用来创造网状织物，比如星星格、三叶草环形边等。

相连的锁针可以构成很大的孔眼，可以在其中进行钩织。这些在“雏菊六边形花样”和“大扇形辫带”中都可以看到。

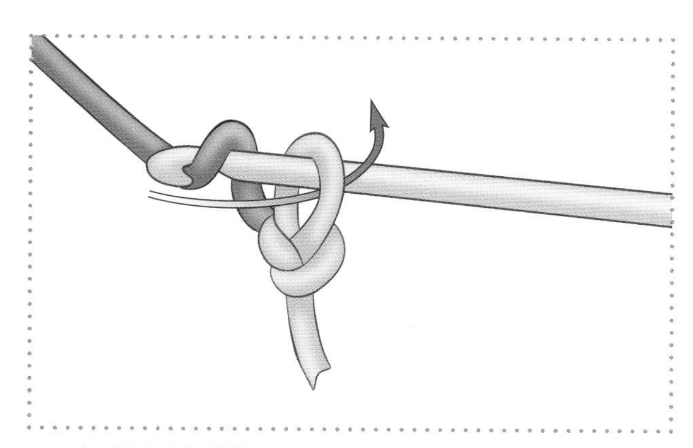

把线从后向前绕在钩针上，如图所示，用钩针钩住线，沿箭头方向从线圈中拉出，完成一个锁针。图案说明会告诉你需要钩织多少个锁针。记住最开始套在针上的活结不算一针。

短针

短针是最短的针法，高度为1针起立针。短针只用来织比较密实的织物，如“密实圆形花样”。可以在带网眼的花纹之间织入几行密实的短针，如“方形条纹织片”，或者如“纽孔织片”图解所示，在相连的锁针孔眼中编织。结合使用短针和较高的针法，可以创造出波浪或锯齿形状的效果，如“之字形条纹织片”所示。

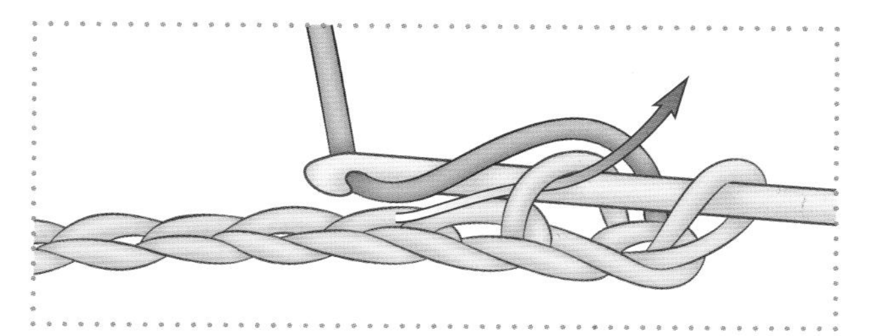

在钩针上已经有了一个线圈，无论是来自基础针还是其他针，把针插入图中所示的正确的位置，将线从后向前绕在针上，然后用钩针钩住线，从插入的地方把线拉出。

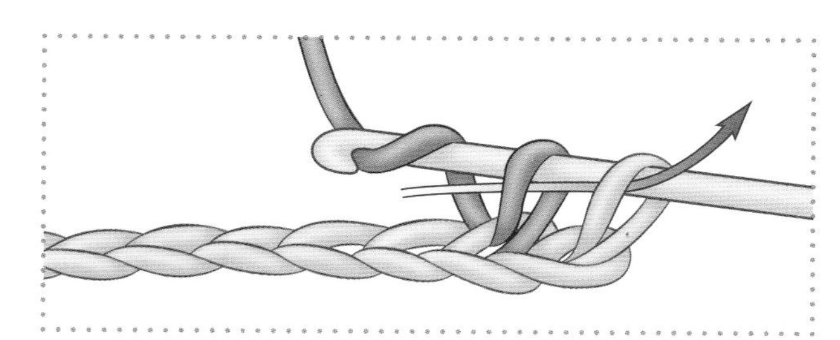

再将线从后向前绕在针上，如图所示，用钩针把线从两个线圈中拉出，那么一个短针就完成了。

长针

这种针法的高度为3针起立针，如“砌块式花纹”所示，连续使用几个长针织出的织物比较密实。但结合使用它与锁针可以创造较为稀疏的织物，如“简单方孔钩织”。在钩织“三叶草花边”时，紧密的基础部分就使用了长针钩织。利用长针还创造出著名的“老奶奶钩织法”，这种钩织法常用于钩织织片或基本花样。

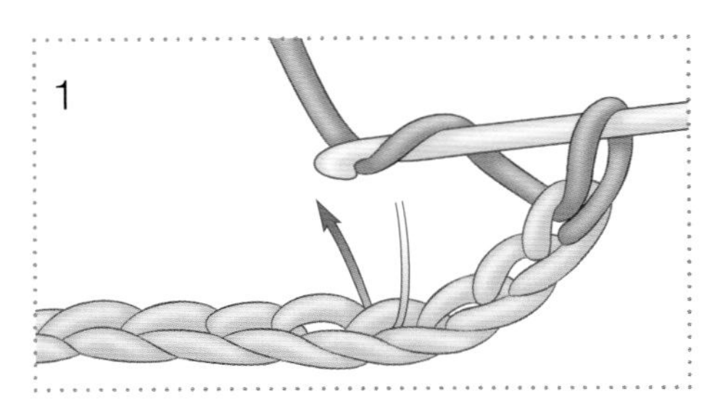

在钩针上已经有了一个线圈，无论是来自基础针还是其他针，从后向前在针上绕圈线，然后将针插入图中所示的正确位置。

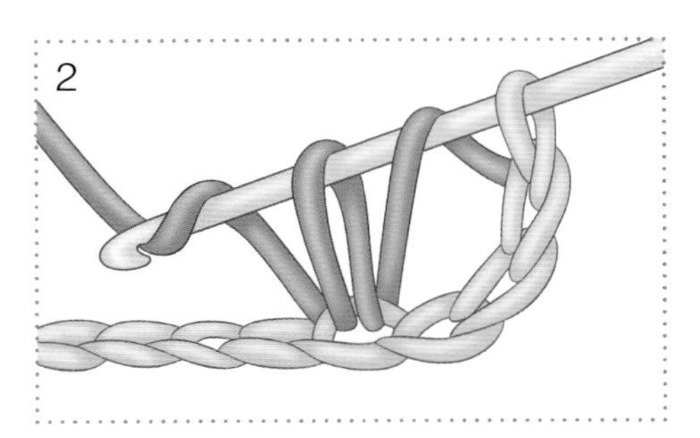

再将线从后向前绕在针上，然后把线从前两个线圈中拉出。

从后向前在针上绕线，然后把线从剩余的两个线圈中拉出，完成。

中长针

这种针法的高度介于短针和长针之间，为2针起立针。编织中不单独使用中长针，但与其他针法结合使用时常常产生很棒的效果。在编织“锯齿织片”时就使用了几种不同高度的针法创造出三角形图案。中长针经常用来塑造花瓣，书中举了很多这样的例子，如“简朴大花”和“四层花朵”。

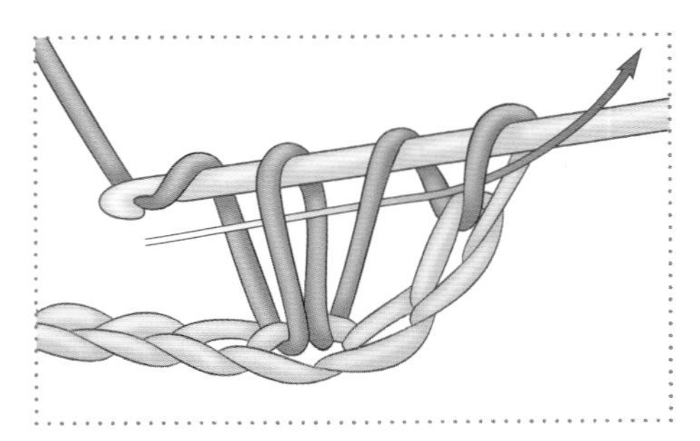

参照中长针的织法说明，针上绕圈线，插入图中所示的正确位置，这时针上有三个线圈，把线从这三个线圈中拉出，完成。

长长针

这种针法比长针还要高，衍生了一系列比较高的针法。在编织花边和大网眼织物时常常会用到。钩织“墨西哥花边”时，在合并针中结合织入了长长针，创造了极大扇形的织法。使用长长针很容易就织成了“V形针钩边”。在编织“小玫瑰”花瓣时很容易体会针法高度的对比，用长针钩织的花瓣小，而用长长针钩织的花瓣大。

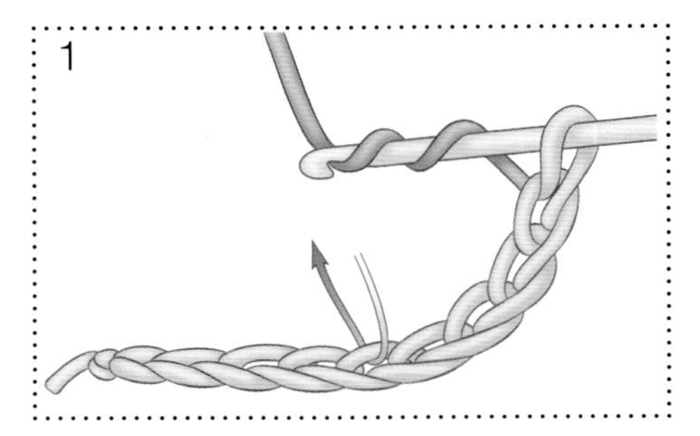

将线在针上绕两圈，然后把针插入图中标示的正确位置。

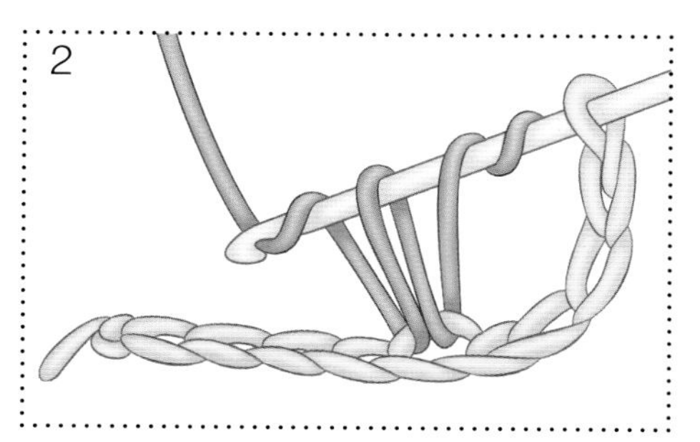

在针上绕一圈线，然后从插入的位置把线拉出。现在针上有四圈线。在针上绕圈线，然后在前面两个线圈里把线拉出。

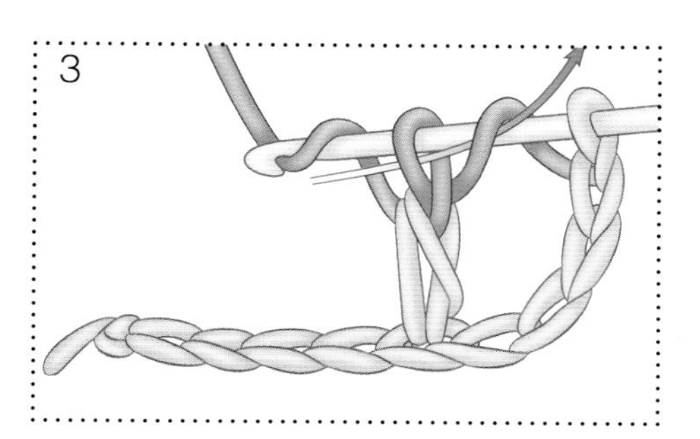

现在针上有三个线圈。在针上绕圈线，再在前面的两个线圈里把线拉出，这时针上留有两个线圈。

最后，在针上绕线，从针上剩下的两个线圈里把线拉出。一个长长针就完成了。

由长长针衍生的更高的针法

3卷长针、4卷长针

在插入钩针之前增加缠绕的线圈数，就会织出更高的针法。这些针法用于钩织扇形，如“大扇形辫带”；或用来钩织细长的尖花瓣，如“尖瓣雏菊”。

3卷长针

在插入针之前，在针上缠绕3圈线，与长长针一样，在插入的地方把线拉出；然后针上绕线，从两个线圈里拉出，重复此步骤，比长长针多做一次。

4卷长针

在插入针之前，在针上缠绕4圈线，与长长针一样，在插入的地方把线拉出；然后针上绕线，从两个线圈里拉出，重复此步骤，比长长针多做两次。

引拔针

引拔针没有高度，但却有看不到的作用。当钩织基本花样时，它能把锁针起针连接成一个环，并且花样的每一圈结束时都会用到。引拔针的作用是无需剪断线或增加高度，就可以把钩针移动到新的位置，在钩织“雪花”时引拔针就起到这个作用，此外引拔针还有结束环形钩织的作用，能把锁针环固定在适当的位置，如示例“环瓣雏菊”。

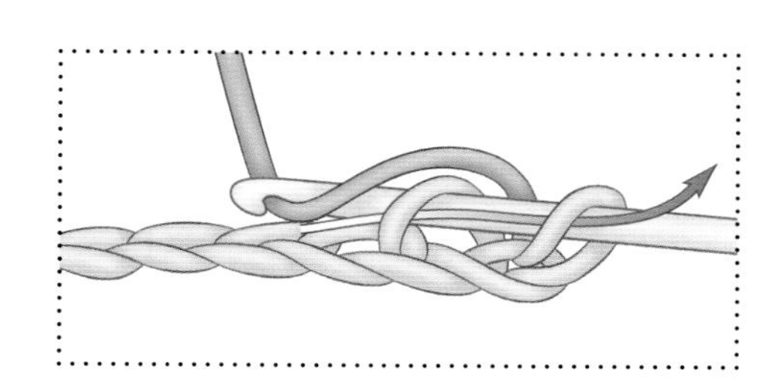

在钩针上已经有了一个线圈，无论是来自基础针还是其他针目，把针插入图中标示的正确位置；将线在针上从后向前绕一圈，然后把线从插入的位置和针上的线圈里同时拉出。一个引拔针就完成了。

更复杂的针法

仅使用基本针法也可以织出很多种织物，但总显得过于朴素。用更复杂的针法，如合并针、贝壳针（或扇形针）和爆米花针，就能使织物的质地、钩织的边缘和色彩搭配变得更加丰富多彩，这些在本书中都有展现。请仔细地阅读每个针法设计的说明，因为这些复杂针法可以有变化，这个织物中的贝壳针与另一织物中的贝壳针也会不同。

贝壳针或扇形针

贝壳针或扇形针是对同一钩织针法的不同称呼：从某一点铺展开的一组长针。本书同时采用了这两种称呼。织物可以全部由贝壳针钩织而成，如“三重扇形花纹”；或者结合贝壳针和其他元素钩织，如结合了锁针环的织物“贝形网状织片”。扇贝形的花边可以用来修饰衣服的边缘，如“简单的贝形花边”或“环孔贝壳花边”。“大马士革蔷薇”用贝壳针钩织花瓣，而在“拼接方形花样”里，方形的四个角也是由大尺寸的贝壳形组成的。

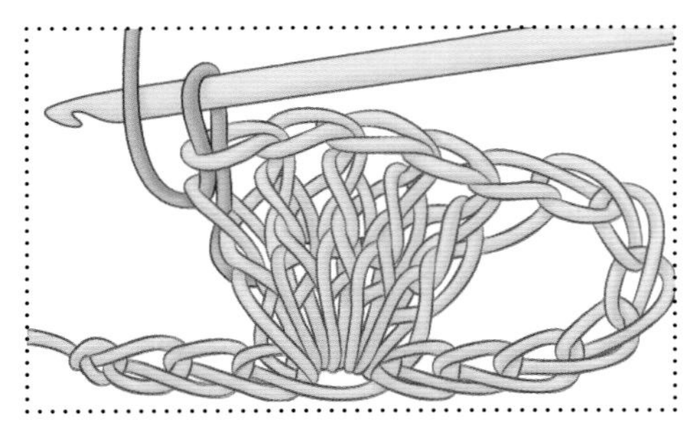

按照设计图，在一个点（通常是某个基础针或一个锁针）上，钩织出要求数量的长针。

合并针

合并针与贝壳针正好相反，一组即将完成的基本针分散在若干点，利用收针使它们集聚在一起，使钩织出来的图形呈倒置的贝壳形。合并针中的每个基础针叫做“支”。设计说明图将会告诉你钩织每支的位置。有些合并针所含支数很少，如“团伞花”花瓣和“哥特花形边”中使用的并针。本书中的合并针有含五支的情况，如“大太阳花方形花样”，也有含六支的情况，如“蚌形花纹织片”。

就在针法即将完成时，钩针上应该有两个线圈，钩织合并针时，需要将单个针目（或支）集聚在这一点。当所有单支都完成了（下面插图展示的是含有三支的情况），在针上绕线，然后将线从针上所有线圈里拉出，合并针就完成了。

如果合并针里的一支是由一组基本针法组成的，例如“大雏菊花纹织片”，说明中将说明“3个未完成的长长针”。这个将会在文字说明里做出解释。

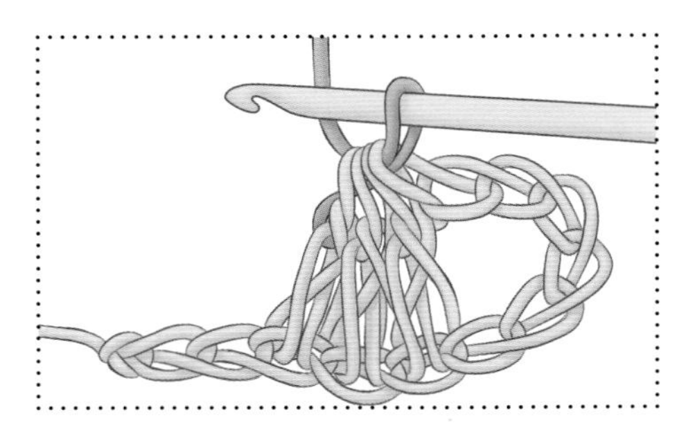

无论你是在文字说明还是在符号图解里看到“tog”，它都表示合并针。在钩织花纹时，会用到一系列不同的合并针，有短针2短针并1针，短针3针并1针，还有长长针2针并1针，长长针3针并1针和长长针4针并1针。

枣形针

这种针法将一组未完成的基础针用引拔收针集中在一起，会形成一个小线球。枣形针法常用于钩织简单花朵的花瓣。因为常常是一些中长针组成，所以看起来短且密。但是设计说明里的枣形针法也经常改变，所以要仔细阅读。

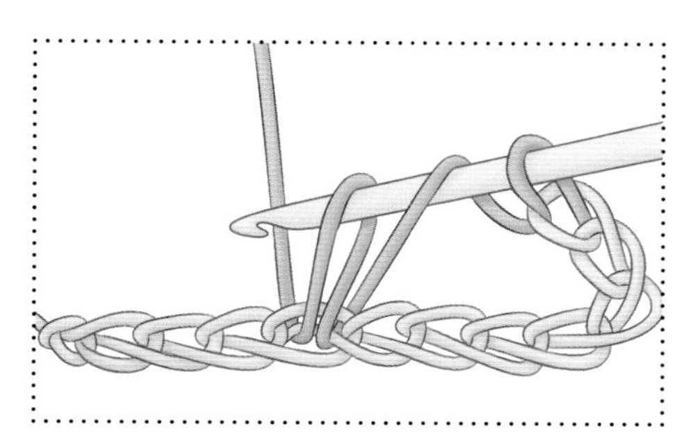

针上已经有了一个线圈，无论是来自基础针还是其他针目；将线从后向前绕在针上，然后将针插入图中所示的位置的线里；再次绕线，然后把线从插入位置的线圈里拉出，这时针上有三个线圈；如图所示，用同样的方法，在这一点上钩织若干针。

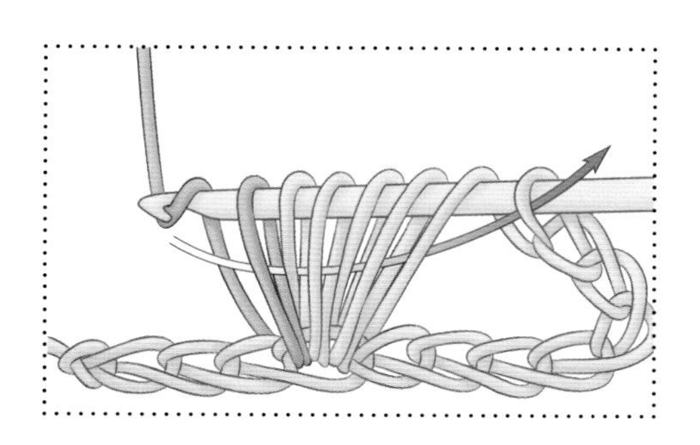

从后向前在针上绕线，然后在所有的线圈里把线一次拉出，完成1个枣形针。有时我们会用一个额外的锁针来进一步收紧枣形针，具体情况请参看设计说明。

爆米花针

与钩织贝壳针相同，只是在贝壳针完成时，用一个引拔针把贝壳针聚成一个线球。尽管和枣形针看起来相似，但是爆米花针使用的是一些较高的长针，看起来更大一些。在“爆米花针六角形花样”里，六角形的每个角都是使用爆米花针钩织的。“波罗的海方形花样”利用爆米花针使图案显得更立体。

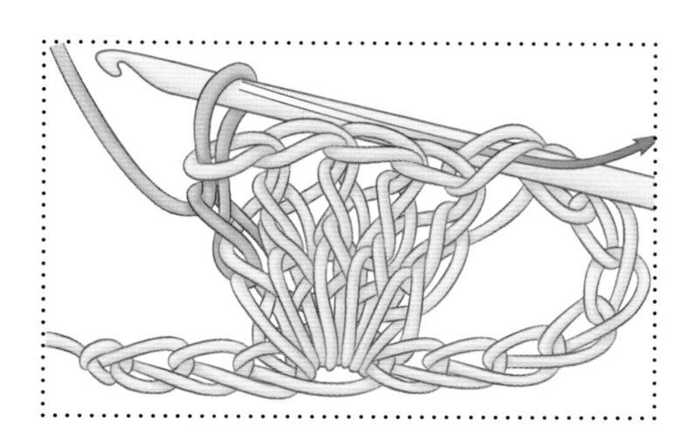

参考设计图样，在某一点织出若干长针，放开最后的线圈，所以这个线圈显得略大。暂时将针取出。小心地把针插入第一针顶部和放开的那个较大的线圈中，把线拉出，将针收紧。

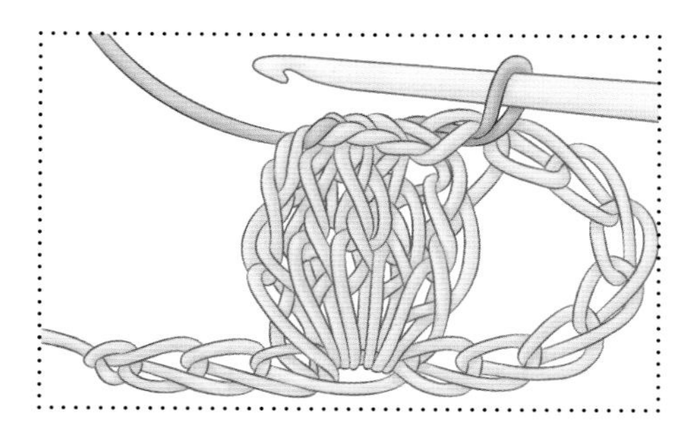

从后向前在针上绕线，将线从针上的两个线圈里拉出，一个爆米花针就完成了。

环形钩编

环形钩编可以形成一系列装饰性的小环，是用来给织物增加褶边的一个简单方法。最简单的形式就是“简单环饰花边”里所展示的，可以用来给一件普通的钩织衣服或者编织的物品做修饰褶边。这本书里很多织品边缘都使用的是环形钩编来完成的。例如：“环链褶边”中，在每一点都有三个大环形，还有“水滴花边”中，每个饰有花边的贝形花纹周围都围绕着一些环形。

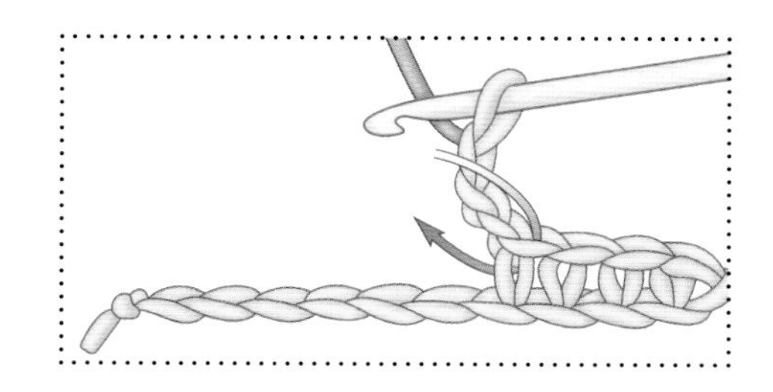

按照设计图样，在钩织环形花样的位置，钩织要求数量的锁针，将针插入第一个针目中。

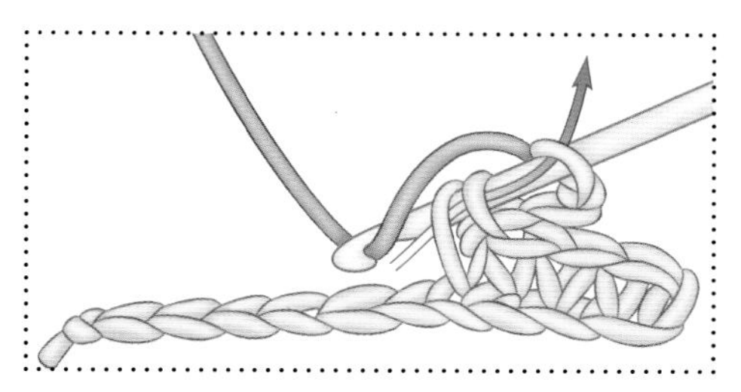

针上绕线，以引拔针结束时，将线从插入位置的线里和针上的线圈里拉出；以短针作为结束时，将线从挑起的线圈中拉出，再次绕线，将线从针上的两个线圈里拉出。

钩针编织花样参考说明

对要编织的图案设计，本书提供了图文说明。文字说明和图解都可以独立使用，但同时参考可以使编织变得更容易。这里我们首先针对如何参考文字说明提供一些建议，稍后将会教大家如何看懂图解。

钩织术语缩写一览表

在钩织花样图文说明时，一般采用常用术语的缩写形式，这样钩织方法说明就不会显得冗长且易于阅读。下面的表格列出本书使用的所有缩写词。

beg	起针（beginning）
ch	锁针（ain）
chsp（s）	锁针孔眼锁针（ain space）
cm	厘米（centimeter）
dc	长针（double crochet）
dtr	三卷长针（double treble）
foll	后续（following）
hdc	中长针（half double crochet）
in	英寸（inch）
mm	毫米（millimeter）
rep	重复（repeat）
rnd	圈（round）
RS	正面（right side）
sc	短针（single crochet）
slst	引拔针（slip stitch）
sp（s）	孔眼（space）
st（s）	针目（stitch）
tch	起立针（turning chain）
tog	合并（together）
tr	长长针（treble）
trnc	未完成的长长针（treble not completed）
tr tr	4卷长针（triple treble）
WS	反面（wrong side）
yoh	针上绕线（yarn over hook）

书写格式

每一行或每一圈（编织基本花样时用圈）的织法都会写出；缩写的短语用来缩短说明的长度，从而使其清晰。

括号

在圆括号（ ）里的说明表示按照此钩法顺序重复，重复的次数放在括号外面。如：（在下个长针中织1长针，2锁针）15次。

星号

有时，在较长的文字说明前使用星号*标志，星号表示需要重复的步骤的开始，后面常常跟随这样的话“重复步骤从*开始，直到……”。这意味着你按说明编织完成后，然后返回*标注的地方，重复步骤。你可能被告知重复的次数，或者不断重复直到一行或一圈结束，或者重复直到最后几针。文字说明可能会出现“再”重复若干次，这意味着你已经完成了一次重复步骤，还需要再重复所要求的次数。

举例说明：

例1：*在下5个长针中各织1个短针，在相连的两个锁针孔眼里织（1个短针，3个锁针，在针上第三个锁针中钩织引拔针，1个短针）；重复*步骤，7次。

例2：*在接下来的3个长针中各织一个短针，2个锁针，跳1个长针；再重复*步骤4次。

例3：*在相连的2个锁针孔眼里织2个短针，在下个长针中织1个短针；重复*步骤直到末尾。

例4：*2个锁针，跳过4个锁针，在下个锁针中织1个短针；重复*步骤，直到最后3个锁针。

以……结束

有时会看到这样的话“重复*步骤直到最后，以……结束。”这表示最后一次重复可能略短，或者与之前重复步骤不同的方法结束。这句话要告诉你，如何完成最后一次重复步骤。例如：*在下个锁针中织1个短针，5个锁针，在下3个短针中各织1个短针；重复*步骤直到最后，以在最后2个短针中各织1个短针结束。

各织……

当遇到在相邻的若干针目中或若干锁针中钩织相同针法的情况，全部描述出来可能需要重复很多次，如“在下个长针上织1个短针；在下个长针上织1个短针；在下个长针上织1个短针”，这时我们可以用“在接下来的3个长针中各织1个短针”这样的表达方式。

在……中钩织

这样的表达方式用于在相同位置钩织很多针目。可能钩织相同的针法，也可能是不同的针法，当针法不同时，将它们写在括号内。例如：“在同一长针中织（1个长针，1个锁针，1个长针，2个锁针，1个长长针，2个锁针，1个长针，1个锁针，1个长针）”。

起针

参考花样的文字说明通常描述的是一个重复花样的钩编方法。当你开始钩编时，要注意在起针描述中含有的数字也是编织一个花样时需要的起针数，在数字前后有“若干组”的字样。很多花样在钩编起针时，需要在这些基础针后，多织几个额外的锁针。

例如："起针，每组16个锁针，钩织若干组，再额外添加9个锁针。"
这表示如果你想钩织出正确的花样，起针时首先要织数量为16的倍数的锁针，如32、48、64或80个；之后再加额外的9个锁针。

注意：针上的第一个活结不算一针。开始时，先在针上套一个活结，然后再开始计算针数；最后一个锁针在针上。

如果你是个初学者，那么从编织一些小的物品开始吧，比如说一副手套的饰边，这样可以增强你解读花样的信心。

美国、英国钩编术语对比

书中的钩编花样是用美国术语编写的，与英国钩编术语有很大不同，所以英国和其他国家的编织者如果想要钩织出正确的花样需要格外注意。两者之间的转换经常让人感到混乱，因为在这两个体系里，相同的词会用来标识不同的针法。一种分辨方法是美国体系是由"SC（短针）"开始的，英国体系中没有这个词，而是用其他词表示短针，所以当你看到"短针"，你就可以确定你使用的是美国体系。造成进一步混淆的是，一些美国花样中使用"triple（长长针）"而不是"treble（长长针）",但在这本书里，我们使用"treble（长长针）"。

针法	美国（US）	英国（UK）
短针	single crochet（sc）	double crochet（dc）
中长针	half double crochet（hdc）	half treble（htr）
长针	double crochet（长针）	treble（tr）s
长长针	treble（tr）	double treble（dtr）
3卷长针	double treble（dtr）	triple treble（tr tr）
4卷长针	triple treble（tr tr）	quadruple treble (qtr)

钩编图解

书中的每个设计花样都有自己的图解，是花样的一种重要表现形式。按行编织的织物有每一行的图解，而基本花样的方形、六边形，则有每一圈的图解。每一个针法都被画在图里，而且很直观就可以看出每一针的位置。图解是由下向上看的，基础针是图形最下边的一行；对于基本花样来说，基础针是最里面的一圈。图解使用了两个颜色，不是意味你要在每一行或每一圈改变线的颜色，只是为了使图样更易于辨识。

每一种针法都用不同的符号表示，这些符号还展现了针法的高度，所以短针的符号要比长长针的符号短一些。每个图样都会配有一个符号表，解释每个符号所表示的意思。那些最常用的针法在每个图解里都用相同的符号表示。一些特殊的或不常用的针法有自己特有的符号表示。针法略有不同，那它们的表示符号也会相似，所以要经常检查图解符号表，确定自己的织法是否正确。当钩织遇到合并针或爆米花针时，这些针法也会用符号标识，出现在图解里。

行或圈会用数字标出，在基础针行也会标出一个重复的花样，这样就清晰地展示出需要重复的部分。但需要同时参考文字说明，确定是向左重复还是向右重复。

钩编图解符号

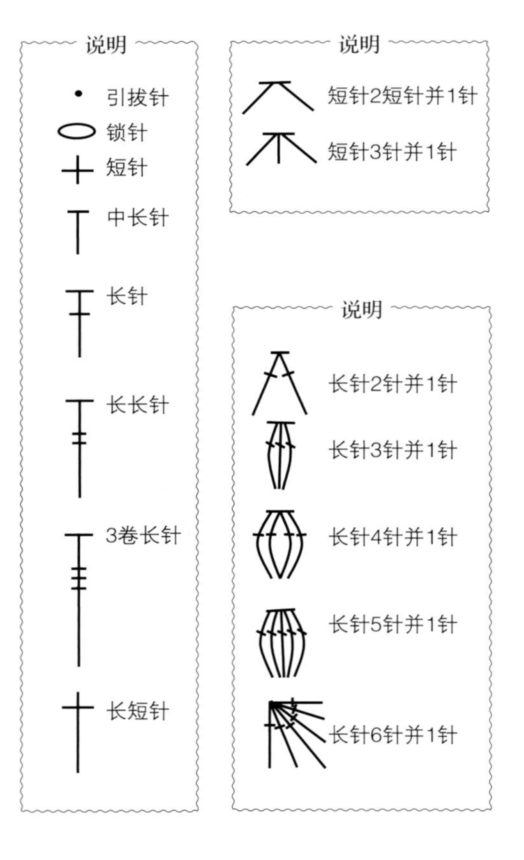

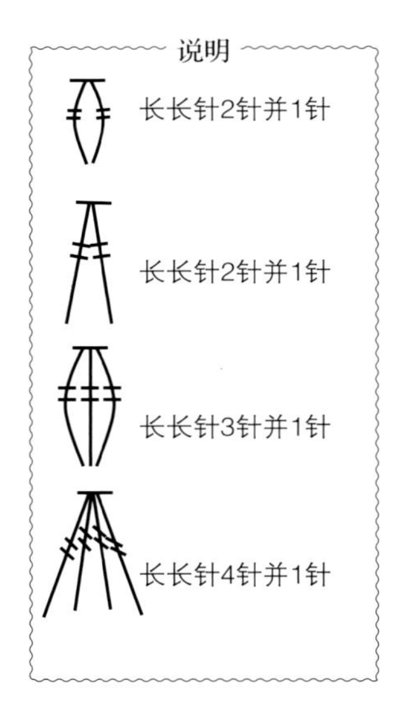

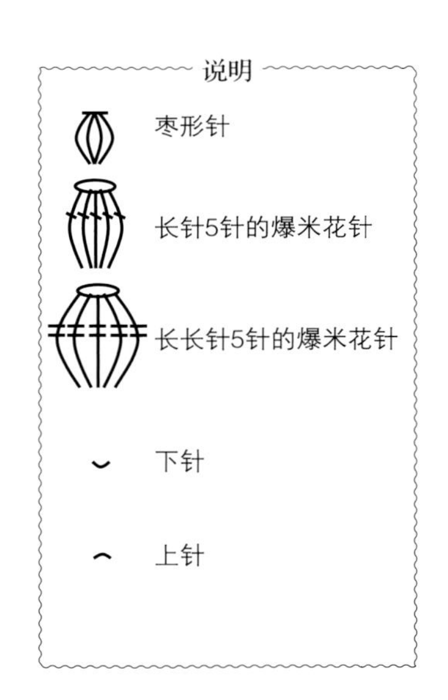

织片和花边的图解

织片和花边的设计图解是按行描画的，从底部的基础针开始。箭头表示每一行的钩织方向；每一行的开始都有一个起立针。下面我们以“海藻织片”为例，说明以行为单位的织物图解。

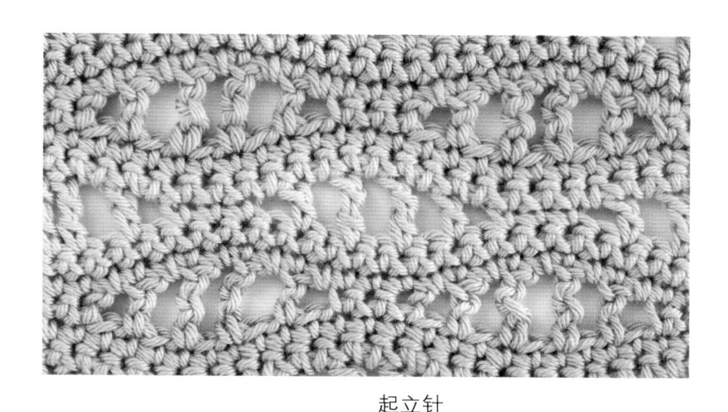

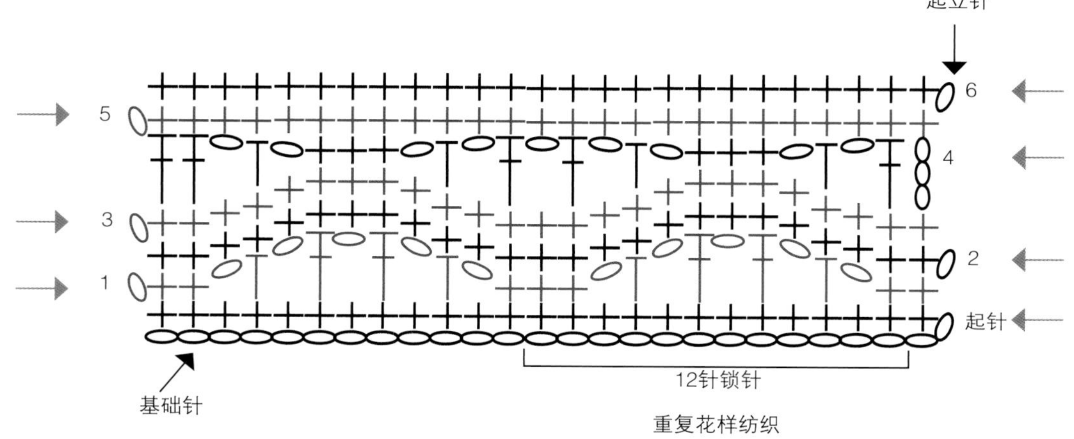

基本花样和钩织花朵的图解

基本花样和钩织花朵部分的很多设计的图解是按圆周来描画的，从最里面的基础针开始。每一圈都以一个起立针开始，然后逆时针钩织，用引拔针连接在一起。这里我们举“老奶奶方形花样”作为按圆周钩编的织物的例子。

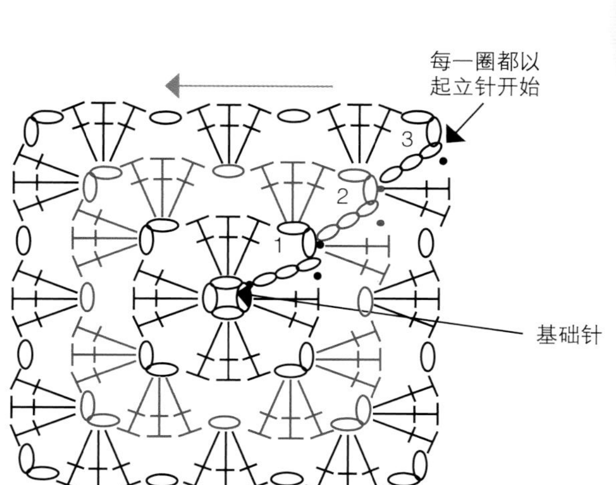

颜色搭配创意

编织书里的章节里往往含有众多的设计图样，但在这些章节中的设计图样使用的颜色搭配往往是有限的。有创意的运用颜色既展示了这些编织花样的不同视觉效果，也表明同一花样可以用不同的配色方案来诠释。以编织基本花样为例，可以全部使用一个颜色，可以在中心使用不同的颜色，还可以每一圈都使用不同的颜色。有些织物是由基本花样拼接而成的，这些基本花样可以使用相同配色，也可以每个花样各使用特有的配色。同时还可以使用不同长度的线用来编织，用短些的线编织花样的中心，而较长的线用来钩织环形外围等。

颜色的灵感

基本花样的设计示例就阐明了上文提到的配色变化。“摩尔式方形花样”使用了不同深浅的蓝色，从中心的浅蓝色到边缘的深蓝；“花朵六边形花样”中，在深蓝色边缘的映衬下，位于中央水绿色的花显得更突出。

大多数花朵都采用了自然中的颜色，但有些也出其不意地采用了其他的颜色。这些花的名字单纯只是描述性的，而不应阻碍你运用“不属于它的颜色”。书中呈现的“大马士革蔷薇”是深紫色花瓣配浅紫色边缘，然而织成鲜红色花瓣搭配梅红色边缘或金色花瓣搭配橄榄绿色边缘，就会呈现出完全不同的大马士革蔷薇。

编织花边时经常使用不同的颜色，某个花纹、某一条或边缘的最后一行都用不同的颜色点缀。“花冠花边”展现了如何用颜色点缀花朵这一行，凸显出花边的这一主要元素。书中“辫带”是用两种颜色编织的，但是如果使用金色，配以宝石红的环形边看起来会更引人注目。

带条纹的织物设计会用到一两种不同的颜色，使行与行之间更易于区分。比如“方形条纹织片”就使用了两种或更多的颜色，每一条花纹使用了一个颜色。当然，使用过多的颜色会影响织物的整体融合度，所以不适用于绣花织物。

在一行或环形开始端换色

钩针编织的性质就决定了每行最后一针的最后的线圈是下一行第一针的一部分。如果只用一个颜色编织，就不会特别注意到这一点，但如果你改变了线的颜色，这一点就会非常明显。为了使变线部分显得更干净利落，最后一针的钩织需要用新的颜色线来完成。

要做到这一点，在钩织最后一针

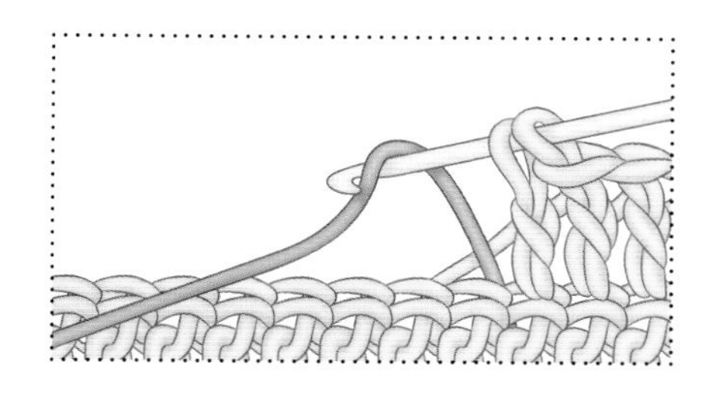

时，使用原来的线一直到最后一步，然后挂上新的配色线来完成这最后一针。

钩织条形花纹时如何替换颜色

按环来进行钩织的基本花样可以采用任意数量的颜色，因为一圈开始和结束的位置相同，所以在钩织下一圈时你可以使用没用过的颜色。在钩织条形花纹的织物时，可以每一行，每两行甚至更多行变换一次颜色，尽管钩织条形花纹组合也可以采用很多颜色，但是为了避免不断的剪线和接线，颜色的数量有一定规则。

单行或奇数行条纹如何换色

在织物中，单行条纹换色时选用颜色数为奇数，如“钩针筒护套”和“薰衣草香包”都交替使用了三种颜色。“桂花针织片”则是采用三种颜色织成的简简单单的织物。配色线在织物的一侧接入，使用奇数数量的颜色意味着下一行的配色线已经接入。如果在这种情况下你使用两种颜色，那么在每一行的开始都需要剪线和接线。所以为了不在换色时剪线，在单行或奇数行条纹替换颜色时要选择奇数数量的颜色。

偶数行条纹如何换色

当每两行、四行或六行条纹使用一个颜色钩织时，就意味着同种颜色的线回到织物的同一侧，所以只在一侧渡线即可。所以想要在偶数行条纹之间替换颜色的而又不剪断线的话，需要选择偶数数量的颜色。

如何处理多个线头

在编织同一织物时选用不同的颜色，可能会造成很多线头需要缝在里面。有一个处理这些线头的简便方法，就是在钩织过程中把它们隐藏在针目里。方法是将这些线头同时捏好，沿前一行或前一圈针目的顶部放置齐平。然后继续按设计说明钩织，这些线头就会藏在新钩织的针目里啦。修剪掉多余的部分，整个织物就显得整洁了。

如何编织织片

在编织书中的设计花样时，要确保每一针的位置都正确才能使钩织正常进行下去。每一组说明里都会告诉你每一针的钩织位置，但却没有告诉你采用何种手法。在这里我们会对如何正确使用钩织技巧给出一些提示，从而保证每个设计花样的编织都会成功。

开始起针吧

每个设计花样都是从起针开始，在这条基础锁针链上进行钩织，会创作出整齐的织物边缘。起针时如果钩织得太紧，织物或花边的底边就会卷曲不平整，所以通常我会使用大一号的钩针起针，使起针行更柔韧而不会显得太紧。这点在钩织带有大段空闲基础针的花边来说尤为重要，例如“大蛤贝花纹”和“扇形方眼花边”。与钩织织片不同，基本花样采用其他的开始方式，具体方法将在“如何钩织基本花样”章节说明。

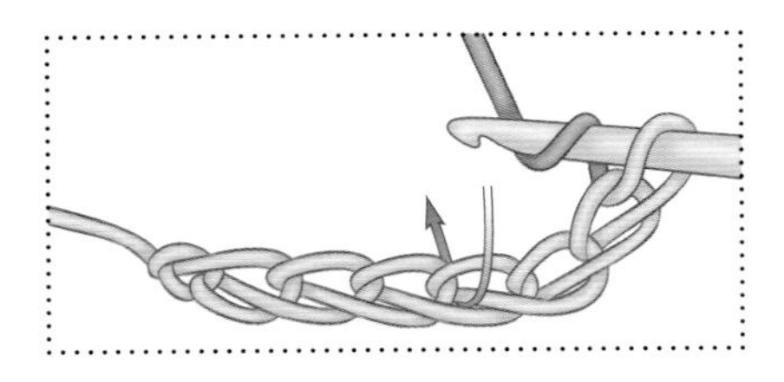

参考设计说明，为第1针钩织做好准备，然后将针插入指定的锁针中间，钩针进入锁针的两根线下面，按照设计说明完成这一针。

在针目顶部钩织

钩织针目绝大多数都是这样放置的，设计说明会告诉你是否要使用不同的方法。钩织针目的顶部都是平的，沿织物的一行看去，每个钩织针目都和一段锁针相连，就是在这些锁针之上我们进行钩织。

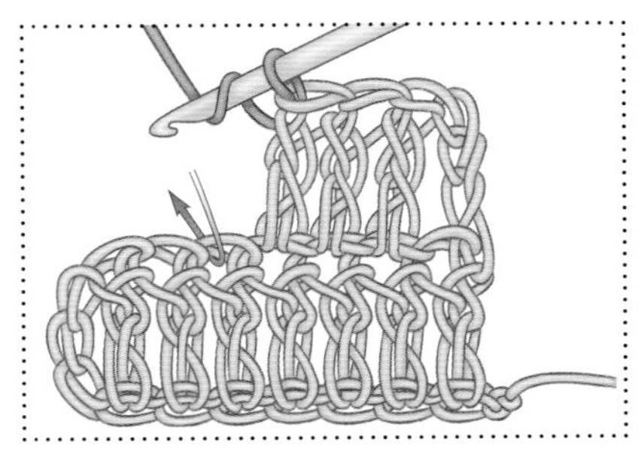

参考设计说明，为第1针钩织做好准备，用钩针挑起针目（这里是锁针）顶部的两根线，然后按照说明完成这一针。

仅在一个线圈中钩织

在针目的前后两个线圈中进行钩织，会织出两层的织物。本书中一些花朵钩织采用了这个手法。如钩织“褶边玫瑰”时，中心圆盘最后一圈就被重复使用两次，还有“喇叭花”中喇叭形花心和花瓣都是从相同位置钩织的。文字说明会告诉你什么时候用这样的手法，而图解也会使用特殊的符号表示。有时候这种层次在图解中很难阐述明白，这时图文结合就显得尤为重要。

仅在后面的线圈中钩织

参照设计说明，针上绕线，用针从前向后挑起下方针目的后面的一根线，按照说明完成这一针。

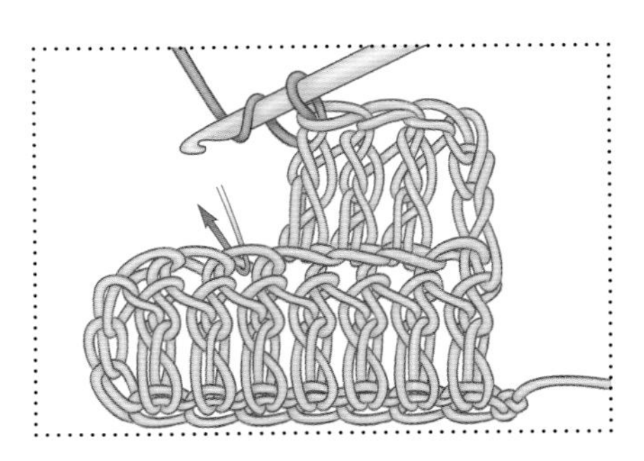

仅挑起前面的一个线圈钩织

参照设计说明，针上绕线，用针从前向后挑起下方针目顶部前面的一根线，按照说明完成这一针。

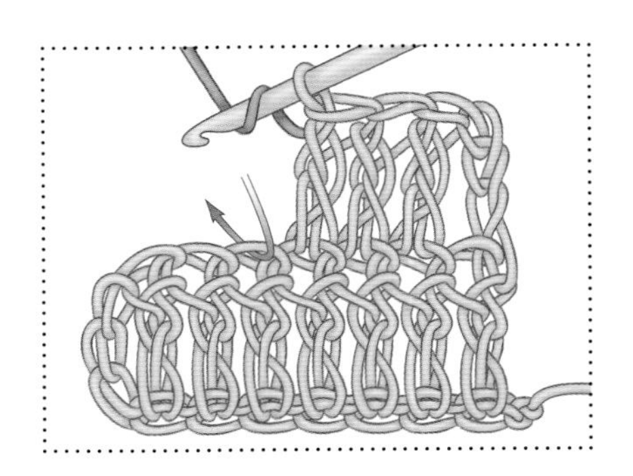

在相连锁针孔眼中钩织

本书中很多钩织的花边都是由较紧密的编织部分和一些由连续的锁针构成的孔眼组合而成。在这些相连锁针的孔眼中进行钩织能形成更疏松的网状织物。“小展开扇面花纹”就利用相连锁针的孔眼在扇形的底部形成小洞。很多基本花样也是这样构造的。相连锁针的孔眼能形成顶角，在其中还可以钩织很多针目，如“四瓣花方形花样”和“钻石方形花样”。花边里常常利用相连锁针的孔眼作为设计元素的基础，如“初日辫带”里的贝形和“环孔拱形花边”里的拱形都是以相连锁针的孔眼为基础钩织的。

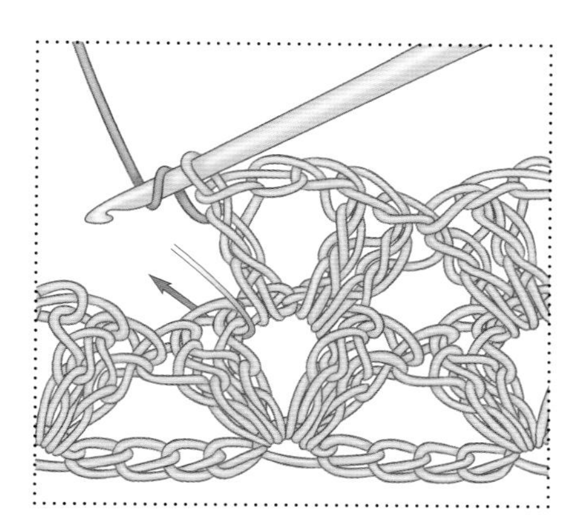

参照设计说明，针上准备好线，然后将针从前向后从相连锁针的孔眼里插入，按照说明完成这一针。注意这一针并不是插入锁针针目内，而是从下面很清楚的空间里穿过。刚刚完成的这一针把这些连续的锁针组成的链条封在里面。

按行钩织织片

本书的所有“织片”和其中一些花边和花朵都是扁平的，在一行顶部钩织下一行，如此往返钩织。完成起针后，钩织的第一行被称之为“基础行”，设计说明里不再重复。从下一行开始吧，为了使钩针抬升到针法需要的高度，我们需要织一小段锁针，这一小段锁针称为“起立针”。锁针的数目是由将要钩织的针法决定。起立针有时会被计为第一针。设计说明会告诉你起立针用来代替什么，可能是一个短针，其他针法，或者是一段锁针。例如在“大雏菊花纹织片”里，一个起立针代替的是合并针法中一部分，而在“小展开扇面”里，一个起立针代替的是一个长针和三个锁针。设计说明也会告诉你当下一行结束时（返回到这一行的起立针位置），如何在起立针中钩织。

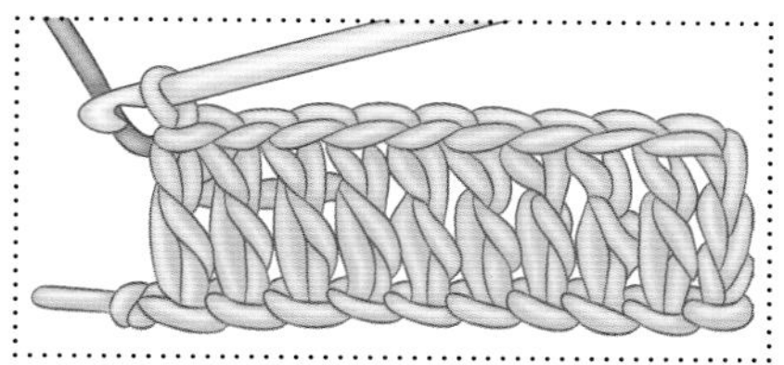

参考设计说明，起针并完成第一行，因为起立针已经包含在起针里，所以设计说明会告诉你在哪一个锁针中钩织第一针。

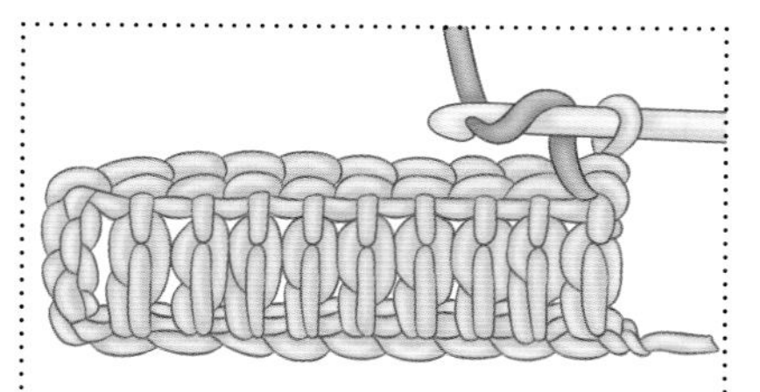

折回，开始织下一行，按照说明钩织起立针。

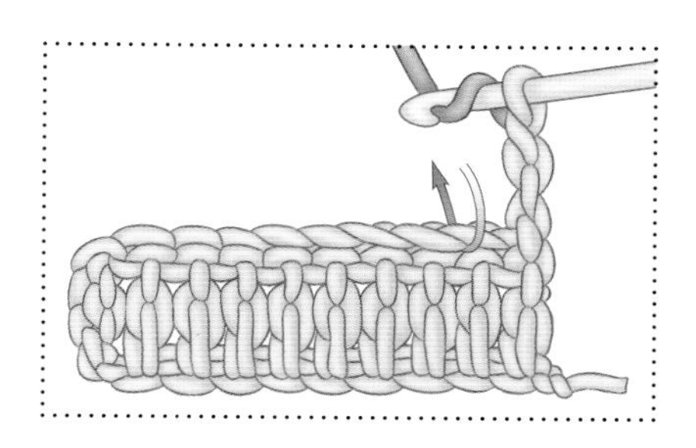

如果起立针计为第1针，就要在下方一行第二针的顶部钩织下一针。正确的织法是，跳过起立针底部的一针，将针从前向后插入在与起立针底部相邻的针目中进行钩织；如果起立针不计为一针，设计说明会告诉你在相同的位置钩织下一针。

如何钩织基本花样

基本花样和钩织花朵部分会举例说明如何使用不同的方法钩织一个基本花样，以及如何通过针目的不同组合排列方式得到变化的花样。在接下来的几页里我们将会讲解如何钩织基本花样，如何创造不同的形状，还有怎么把这些基本花样拼接在一起。基本花样是奇妙的组构模块，用于钩织各种织物。在每章的开始都会有若干示例创意，为你独有的设计带来启发。

基本花样的创意灵感

在改变花样的尺寸方面，这些设计不仅仅只能改小。试试使用大号钩针和较重的线来钩织一些纹理清晰的织物。一些立体钩织的花样，如“爱尔兰钩织玫瑰”和“爆米花针六角形花样”，用这种方式钩织更富渲染力。使用的颜色也做一下改变吧。“拼接方形花纹”可以使用另外四种颜色编织，或者钩织时选用一种变色的线，都会产生不同的效果。不要忘了经典的“老奶奶方形花样”，用一些零散的线来钩织，完美地诠释了复古风，而使用最流行的颜色又能钩织出新颖时尚的感觉。

花样中心

每一件织物都是从正确的起针开始。织片、花边和一些花朵都是从直直的起针开始，但是基本花样（还有其余的钩织花朵）是从环形起针开始钩织的。对于基本花样来说，起针行是用引拔针首尾连接而形成的环形。基本花样是一圈圈钩织而不是按行。将针目连接成环形构成第一圈，之后每一圈都是在前一圈的基础上钩织的。使用引拔针把每一圈的最后一针和第一针连接在一起。每一圈开始时都要织一小段锁针，使钩针与即将使用的钩织针法同高。

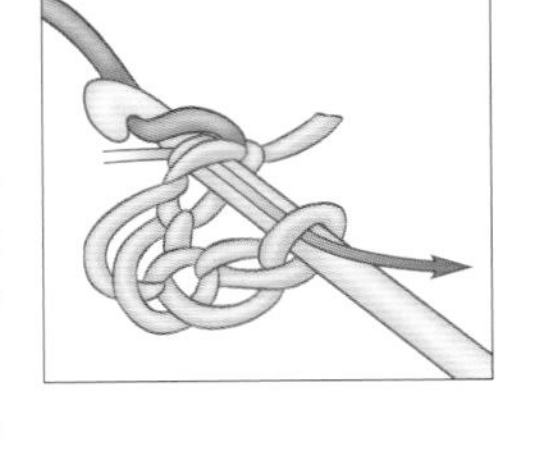

首先你要将这些锁针连成一个环，这时钩针上已经有一个来自基础针的线圈，将针插入这条链的第一针里；从后向前针上绕线，然后把线从插入的地方和针上的线圈同时拉出，一个引拔针就完成了，而这些基础针也被连成一个环。

开始钩织第一圈，按照设计说明，钩织正确数量的锁针，为钩织第一针做准备。将针插入圆环中，然后按照说明完成第一针的钩织。注意！你要确定钩针穿过的是圆环，而不是环上的锁针。均匀连续地编织第一圈针目，直到最后一针连接到第一针，使用引拔针将其连接在一起。

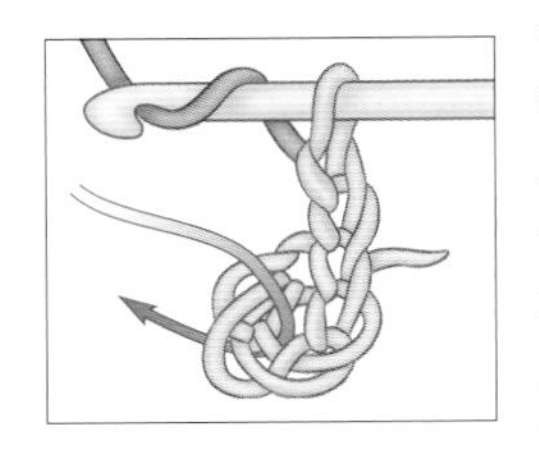

基础圆环含有的锁针数比第一圈少，这就是为什么基本花样的中心比较紧密，并且在环中编织形成的孔也比较小的原因。

如果中心的孔过大，你想把这个孔闭合时，用开始处的线头穿过第一圈针目的底部，然后把线拉紧。这样既能把孔闭合，同时也能把线头隐藏起来。

本书中的一些花朵的设计是用不同的方法起针的。开始时钩织一段锁针，但并不连接成环。而是在第一个锁针中钩织第一圈针目。“六瓣雏菊”就是以这种方式开始钩织的，此外还有“褶边玫瑰”和“兰花”。当整朵花钩织完成后，将开端处的线头拉紧，第一个锁针就会变紧，并且在花朵中心不会有孔眼。这根线头要牢牢缝好，避免织好的链条再次变得松散。

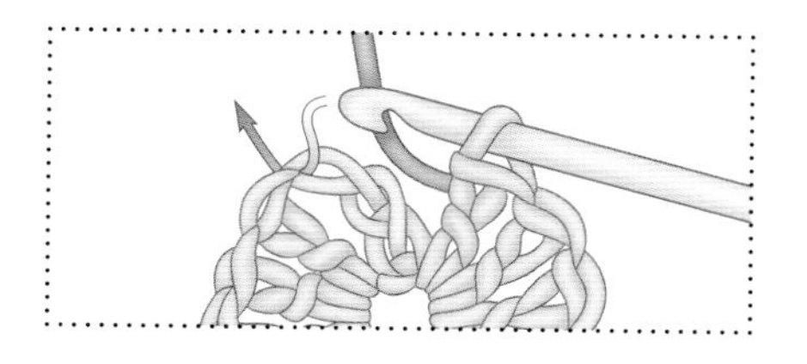

通过在第一针的顶部钩织一个引拔针，使每一圈首尾相连。

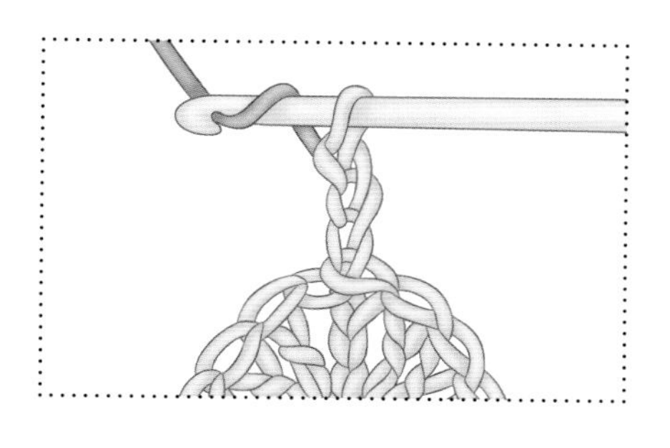

开始钩织每一圈时，都要先织出一段锁针。设计说明会告诉你是否起立针计为一个针目。

基本花样的形状

尽管所有基本花样开始的方式都差不多，但是以不同的方式组合排列每圈的针目就可以创造出不同的形状。只有当最后一圈钩织完成后，花样的最终形状才能显现出来。这本书会讲到花样的三种形状——方形、圆形和六边形。

方形花样有四个角，六边形花样有六个角。这些角是通过在同一位置钩织一簇针目而形成的。有时这簇针目会被一小段锁针分成两组，例如“老奶奶方形花样”的每个角都含两组针目，每组三个长针，被两个锁针分隔开。角就是这样钩织出来的。

圆形花样没有角，只要围绕中心均匀连续编织出针目组合即可。“双钩织圆形花样”和“老奶奶方形花样”使用的针法相同，但它们是沿整个圆周钩织的，所以没形成角。

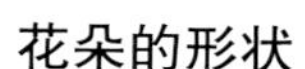

花朵的形状

尽管“钩织花朵”在这本书里独立成篇，但很多花朵的钩织方法和基本花样相同，大多数花朵都属于圆形花样。像“小太阳花”的不同颜色部分，就可以作为基本花样很容易地钩织出来，然后拼接为成幅的花形图案织物。“简单的环瓣花”也是如此。因为这两种花朵最后一圈都是锁针线圈，所以很容易边钩织边将它们拼接在一起。钩织一半数目的锁针，然后将钩针插入另一部分相对应的锁针线圈里，最后完成剩余锁针，两个部分就衔接在一起了。

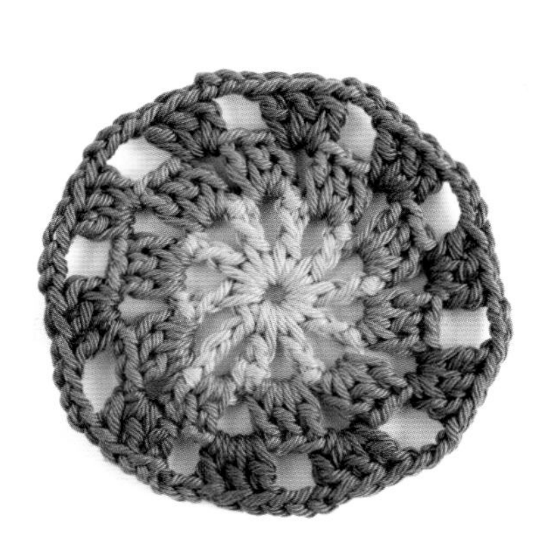

织物的拼接方法

单个基本花样可以做装饰品，可以镶上珠子，或用金银线穿起来，用它们在包包、饰品或衣服上做一些立体修饰。然而，如果把一些基本花样拼接成一条，就能做围巾或为织好的阿富汗毛毯镶边，这样几条花样拼接在一起，就做成一个靠垫套或一块地毯。使用小号钩针和精细的线把基本花样连成一圈，就能装饰袖口甚至做项链。根据花样的形状和最后一圈使用的针法，基本花样的拼接有以下几种不同的方法。

如何拼接基本花样

基本花样的拼接有两种方法：一种是当所有的花样都钩织完，然后拼接在一起，还有一种是一边钩织一边拼接。“裙装口袋”一例中使用了三个六边形花样，并直观地阐明了如何利用花样的形状将它们完美地组合在一起。将更多这样的组合拼接在一起，就能得到一条怀旧风格的拼接被子。例子中的花样是在完成后被缝在一起的，它们也可以被钩织在一起。而“衣领”中将圆形花样拼接成有曲度的长条，然后将长条添加在成衣的领口。这些花样是在钩织过程中连在一起的，因为花样的最后一圈有一段锁针，所以它们能够被一个个连在一起。

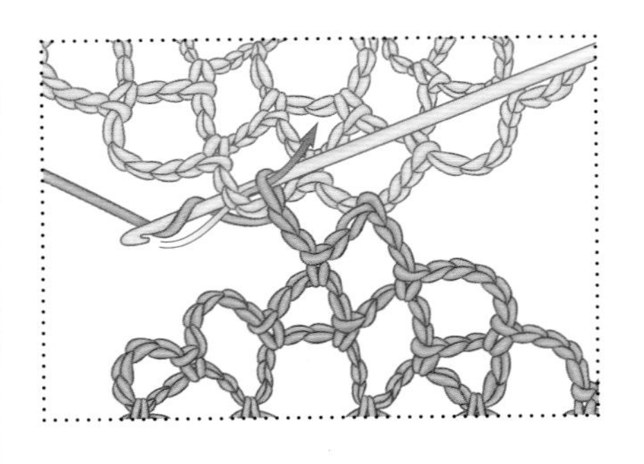

当花样的最后一圈含有锁针或环形时就可以使用这种拼接方法。先完成第一个基本花样的钩织；钩织第二个花样，直到要开始最后一圈；将两个花样并排放置。

钩织一半所需数量的锁针，将钩针插入第一个花样相对应的锁针孔眼，然后完成这一段锁针的钩织，两个花样被连接；继续钩织第二个基本花样，直到到达了另一个拼接位置，用同样的方法钩织，就与第一个花样拼接在一起。

很容易就能看出方形和六边形适合拼接的位置，因为它们都含有直边，沿着某一边拼接就可以了，而圆形花样的拼接点就没有那么明显。将两个圆形花样放在一起，因为是弧形的边，两个花样能够碰触的长度很短，所以只能在两三个地方进行拼接。当你要拼接两个圆形花样时，将它们铺平放置，确保拼接的位置不会过长或过多。“衣领”中每个花样都是从两个位置进行拼接的。

基本花样拼接成条

如前面介绍里所说的，一条基本花样能够制作围巾、腰带或者镶边。如果你织完了所有花样，将它们摆放好，从反面把它们缝或钩织在一起。如果你是一边钩织一边拼接的话，那么先完成第一个花样的钩织，然后在它的一侧接入第二个花样，用同样的方法接入第三个花样，以此类推，直到达到想要的长度。

基本花样拼接成环

一旦花样被拼接成长条，那么就很容易连接成环形了。可以用这种方法制作披肩，斗篷和精致的饰物环。很简单，只需将最后一个花样的相对的两边都用于拼接即可，其中一边和倒数第二个花样拼接，而另一边和第一个花样拼接在一起。

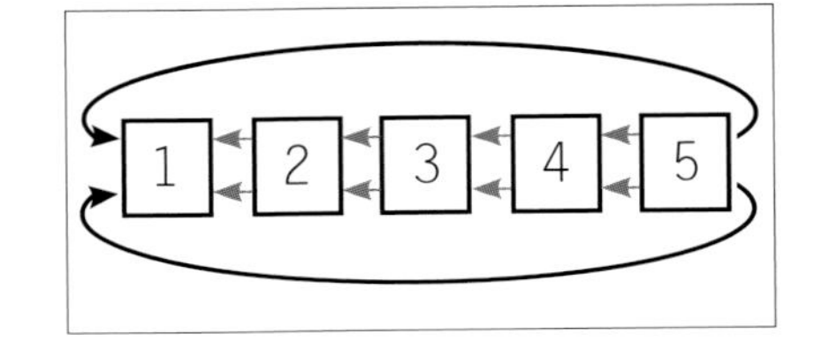

基本花样如何拼接为矩形

将若干长条拼在一起就成了长方形或正方形，用来制作靠垫、桌布、餐具垫，或者做更宽的围巾或披肩。把拼凑成的矩形对折，就可以做成包包，甚至衣服也可以完全由基本花样拼凑而成。看看现有的实例，从中领悟不同风格花样排列的创意。选做一个实例，保证花样的轮廓为清晰的几何图形，并且用于该实例所使用的基本花样与你选择的花样尺寸相同。

完成第一条花样的拼接，第二条中第一个花样按照下图拼接在第一条的花样上。

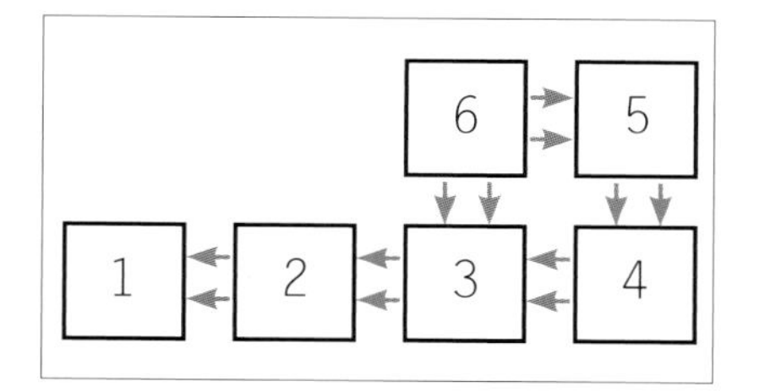

从现在起，第二条上的每个花样，同时与位于下方的第一条中的花样和第二条中前一个花样拼接。拼接时把这些花样放置齐平，确保正确的边缘被拼接在一起。

手缝针缝合方法

一种拼接方法是利用大号平头的手缝针和钩织用线将两部分缝合。若钩织时你使用的是蓬松线或毛茸茸的线，那么缝合时最好改用相同颜色的平滑纱线。

平式缝合

采用这种方法拼接，缝合处扁平不厚，而且缝合时，织物的正面向上。

针对针订缝：基本花样或编织物的上边缘。

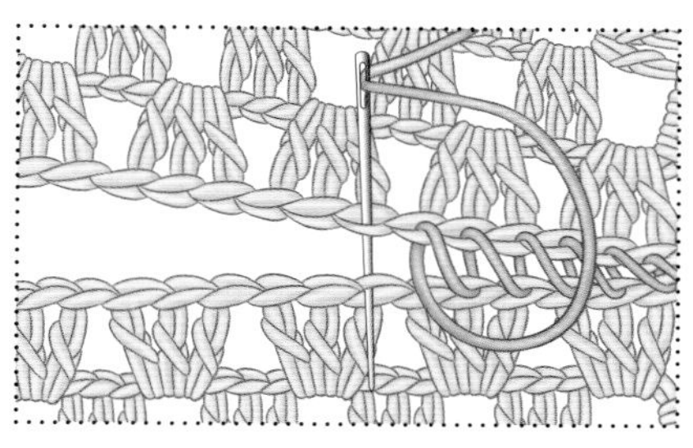

将两块要拼接的编织物正面向上边角对齐。针上穿线，固定到接缝的一端。对齐的两个边缘各有一行锁针，这些就是我们要缝合的针目。然而，我们只会用到这些锁针的其中一股线，就是边缘上最外面的那股线，而不是整个锁针。在其中一块编织物的边缘的第一个锁针顶部从上向下插入针，挑起位于外面的线圈，然后在另一块编织物边缘的第一个锁针顶部从下向上插入针，挑起外面的线圈，将线拉出两个边缘就被拉到一起。回到第一个边缘，重复刚才的动作，将第二对锁针缝在一起。以同样的手法完成缝合，两个边缘上每对相对应的锁针都被连在一起。采用这种针对针的订缝，针脚相互匹配，几乎看不见接缝。

行与行接缝：编织物的侧边缘

用平式缝合法把织物每一行花纹的顶端缝合在一起。将两块要拼接的编织物正面向上并排放好。针上穿线，固定到缝合处的一端。将针从一个边缘的第一针的末端从上往下穿入，然后在对边第一针的末端从下向上穿出，将线拉出，两个边缘被拉在一起；同样穿插，连接两行花纹的中间部分；然后再重复穿插，连接这两行花纹的顶端；以相同的方法缝合，把织物上每一行花纹的头针的首尾两端连接在一起。细心地完成行与行的缝合，使针脚相互匹配，接缝几乎不可见。

钩针拼接方法

使用钩针接缝要比用手缝针缝合快，但是接缝处变厚而且清晰可见。缝接既可以在织物正面也可以在反面进行。如果在正面缝接，那么钩织的边缘就会被显示出来，可以作为最终设计的一个特点。如果在反面缝接，那么在正面就不会被看到。接缝时使用的钩针和线与钩织时相同，使用的针法有两种：引拔针和短针。

使用引拔针缝合

使用引拔针可以沿着接缝形成一行紧密的锁边。有的时候，引拔针钩织的过紧而使接缝缩拢起皱，这时需要改用大一号的钩针使针法变得稍微松散。

针对针订缝：基本花样或织物的上边缘

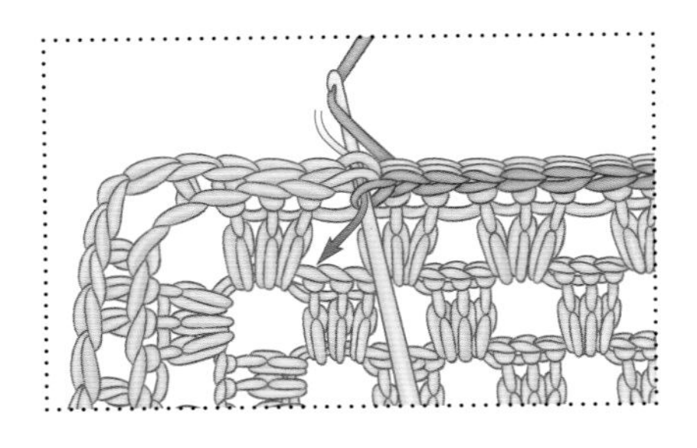

将要拼接的两块编织物放在一起，可以正面向上（接缝在里面），也可以反面向上（接缝在外面）。每个边缘都有一行锁针，这些就是我们需要接缝的针目。只会用到一股线，就是锁针的最外缘的那股线，而不是整个锁针。

从离你最近的编织物开始，将针从前向后插入第一针前面的线圈里，然后插入另一块织物第一针后面的线圈，从后向前在针上绕线，然后把线从针上的挑起的两股线里拉出。用同样的方法，从前向后把针插入两块编织物第二针顶端，从后向前在针上绕线，然后把线从针上挑起的两股线和针上的线圈里拉出。用同样的方法完成缝合，每一针都和另一块织物上对应的一针接在一起。细心地将每一针缝接，因为两块织物上的针脚相互匹配，所以接缝比较整齐。

行与行接缝：织物的侧边缘

将要拼接的两块编织物放在一起，可以正面向上（接缝在里面），也可以反面向上（接缝在外面）。如上文使用手缝针操作行与行接缝缝合时所描述的内容大致相同，不同的是用引拔针接缝时，是将钩针插入每行花纹的头针末端，再穿过中间部分，然后再穿过头针顶端。仔细完成行与行的缝合，因为两块织物上的针脚相互匹配，所以接缝比较整齐。

使用短针缝合

与使用引拔针拼接相比，使用短针拼接，使缝合处更有弹性，但更厚。最好用这种方法做花样之间的装饰性缝合。

针对针订缝：基本花样或织物的上边缘

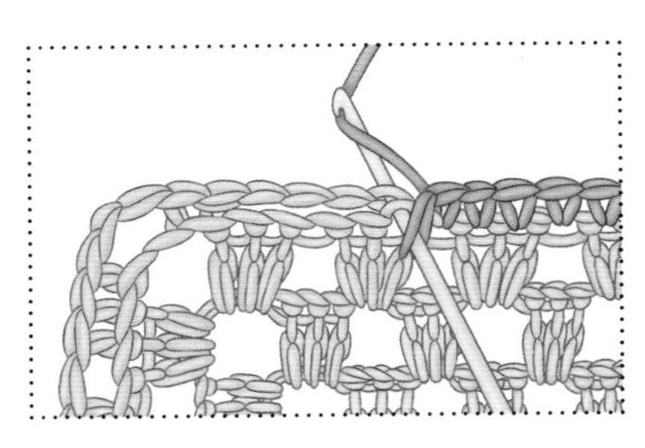

和使用引拔针的方法一样，只不过是用短针来代替引拔针。

行与行接缝：织物的边缘

和使用引拔针缝合相同，只不过钩织短针来代替引拔针。

使用装饰性缝合来拼接

这种方法在拼接基本花样时能产生特殊的效果，特别是那些带有花边的花样。方法是在两个基本花样之间，用一些锁针链条钩织出一行之字形图案。无论使用引拔针还是短针，都能将这些锁针链条连接在基本花样上。如果基本花样是使用相同颜色钩织的，那么选择相同的线用来拼接，可以使这些花样混合一体。如果花样是多种颜色的，那么缝合处选择对比色的线，就可以把接缝作为每个花样的边框。

把要拼接的两块编织物正面向上放好，每个边缘都有一行锁针，我们就是要利用这些锁针钩织接缝，整个锁针都会用到（不像其他类型的缝合）。

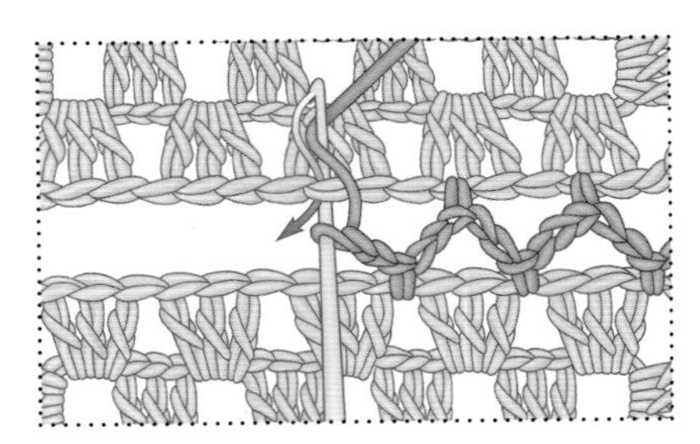

将钩针从前向后插入第一条边缘第一针顶部的锁针环里，从后向前针上绕线，从针上挑起的两条线里把线拉出；钩织要求数量的锁针；以同样的方法从前向后将针插入对边规定的那个锁针环里；钩织一个引拔针或短针；钩织指定数量的锁针；以同样的方法将针插入第一条边中规定的那个锁针环里。使用相同的方法完成缝合。将一组组锁针联结起来，然后均匀地将这些锁针间隔开，就形成了插图中展现的之字形缝合。

将钩编织品贴在纺织织物和弹性织物上

这本书里很多推荐设计都使用现成物品作为钩织织物，花边和基本花样的应用基础。一条花边被加在裙摆上，或用做靠垫的装饰；一幅织品可以缝在靠垫上也可以做窗帘；基本花样可以单独使用，如“针垫”；或成组使用，如制作个裙子口袋。最好手工缝在合适的地方，因为缝纫机可能会导致钩织制品拉伸太多。在拼接现成品和钩织品之前，先将它们按压一下效果更佳。

把要拼接的两块编织物正面向上放好，每条边都有一行锁针，就是我们要钩织缝合的地方，整个锁针都会用到（不像其他类型的接缝）。

缝合花边

花边应该编织得足够长，适合要修饰的边缘，这样无需产生伸展。如果花边太短就会被拉长，这样边缘就会起褶皱，这是在修饰衣服下摆或袖口时特别要注意的问题。将花边分为四部分，并用别针固定在合适的位置，保证每个部分都有相同数目的重复图案，那么花边沿着整个边缘分布均匀。如果你要把一条花边加在衣服上，那么可以参考前面的方法缝合，使花边平滑均匀。缝花边时通常选用引拔针和结实的缝纫棉线。

缝上钩织花样

用大头针将花样固定在现成品上，确定花样下面的织物没有被弄皱。使用引拔针和结实的缝纫棉线将花样牢固地缝在现成织物上。

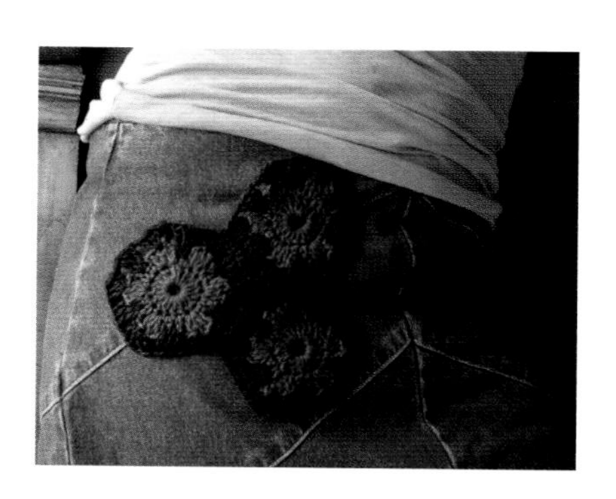

缝上成幅织品

钩织的成幅织品应该足够大，适合罩在现成物品上。将织品固定，保证它端正而没有偏斜，使用引拔针和结实的缝纫棉线将其牢固地缝上。如果成幅的织品是被加在纺织品的边缘或夹在两块纺织品之间，要确保织品足够大而无需伸展。将纺织品边缘分为四份，把要缝合在一起的两个物品对齐，使两个物品的边缘重合。确保每个部分都还有相同数目的重复图案，保证织品是平整的。挑起一小点纺织品和少量织品，小心地用引拔针缝合。缝合时要尽力保证针脚又小又均匀，不要将针脚拉得太紧，否则缝合处就会皱起。

钩织花朵

鲜花彩带

鲜花彩带很容易制作，并且在颜色和选用纱线上可以创新。示例设计采用同一种花朵，但你也可以加入其他花朵，产生一种花环效果。钩织图中的彩带选用的是颜色鲜艳的细丝光棉线和D3（3mm）钩针，钩织的花形是"环瓣雏菊"。钩织花朵的其中一个花瓣，进行到一半时将钩针插入前一朵花的一个花瓣中，然后完成正在钩织的花瓣，就这样一边钩织一边将这些花朵拼接在一起。

心形玫瑰饰物

这是情人节的礼物哟，用两朵"小玫瑰"和一朵"玫瑰花蕾"装饰在心形柳条编织物上。花朵钩织使用的是两股深红色细马海毛线和D3（3mm）钩针，而三片叶子的钩织则使用了深绿色轻质的丝和羊毛混纺线和G6（4.00mm）钩针。然后将叶子缝在心形编织物上。

胸花

用三朵"盛开的玫瑰"作为胸花，使一件炫目的晚装更为耀眼。参考图样，选用轻质金银线和D3（3mm）钩针，线的颜色与衣服相协调。将玫瑰缝在衣领边缘，或者把胸针扣缝在玫瑰的背面，这样胸花还可以被取下。

项链

钩织花朵可以制作简单却极富美感的首饰。这条项链就是由三种紫色色调的“六瓣雏菊”组成的。钩织用线为轻质羊毛线，使用钩针型号为D3（3mm）。剪一段适合制作项链长度的蜡线，配合蜡线长度钩织足够多的花朵；这些花可以连在一起也可以被间隔开。用平针把这些花穿在蜡线上，在每朵花的两端都打个结，防止这些花朵滑动。

包包装饰

一个普通的夏季包包经过几朵“拉菲亚花”的修饰，变得熠熠生辉。示例使用的是金色和绿色色调的线和G6（4mm）钩针，参考图样为“褶边玫瑰”。钩织几朵双层花瓣的花，其余的花做成单层，然后将这些花缝在包包上。

六瓣雏菊

钩织2个锁针。

第1圈 在针上的第2个锁针中钩织5个短针，在第2个锁针中钩织引拔针，连成一圈。计为6个短针。

第2圈 （织5个锁针,在针上第2个锁针中织1个短针，在接下来的2个锁针中各织1个长针，在最后的锁针中织1个中长针，在接下来属于第1圈的短针中钩织引拔针）6次。

收针。

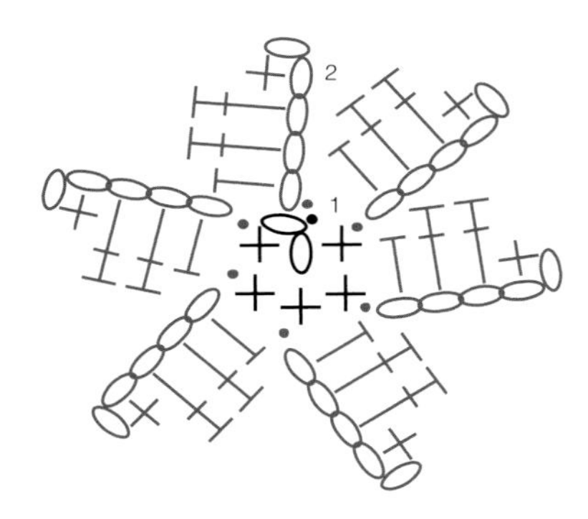

说明

- • 引拔针
- ⬭ 锁针
- ＋ 短针
- ⊤ 中长针
- ⫪ 长针

小太阳花

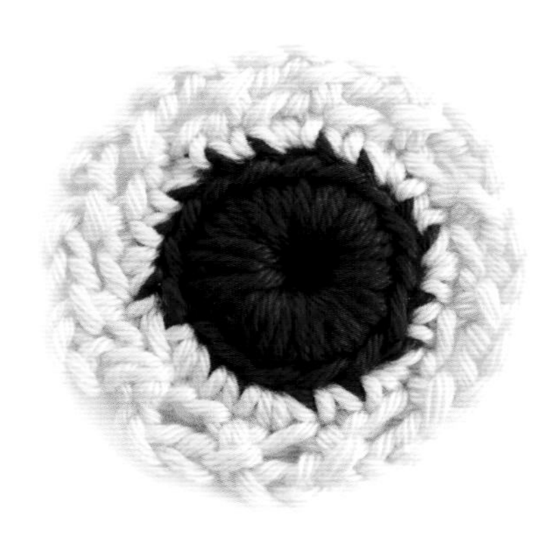

织4个锁针，用1个引拔针连结成环。

第1圈 织1个锁针，12个短针，在第1个短针中钩织引拔针。

第2圈 在环中织16个较长的短针，覆盖在第1圈的短针之上，在第1个短针中钩织引拔针。

第3圈 仅在后面的线圈中钩织，织1个锁针，在相同短针中钩织2个短针，在下一个短针中织1个短针，（在下一个短针中织2个短针，下一个短针中织1个短针）7次，在第1个短针中钩织引拔针。计为24个短针。

第4圈 （3个锁针，跳过1个短针，在下个短针中钩织引拔针）12次。

收针。

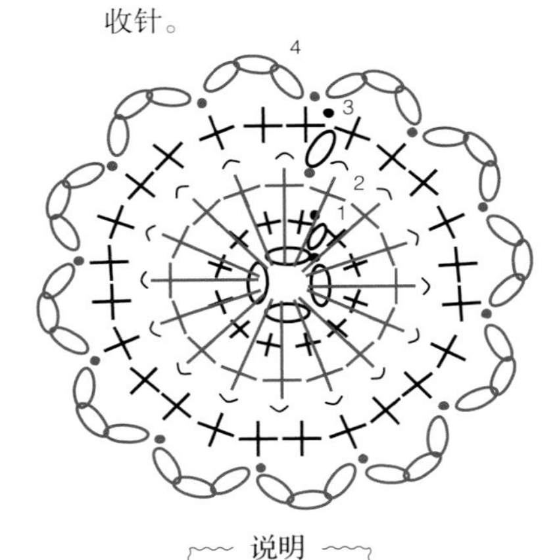

说明

- ⌢ 上针
- • 引拔针
- ⬭ 锁针
- ＋ 短针
- † 长短针

环瓣雏菊

织2个锁针。

第1圈 在针上的第2个锁针中钩织8个短针，用引拔针与第2个锁针相连成圈。计为9个短针。

第2圈 钩织2个锁针（计为1个短针），在相同的位置钩织1个短针；之后每个短针中各织2个短针，直到最后；在这一圈始端有2个锁针，在第2个锁针中钩织引拔针。计为18个短针。

第3圈 （10个锁针，在下一个短针中钩织引拔针）18次。

收针。

说明

- • 引拔针
- ⬭ 锁针
- ＋ 短针

莱夫玫瑰

织3个锁针。

第1圈 在针上第3个锁针中织11个长针，在第3个锁针中钩织引拔针，连成一圈。计为12个长针。

第2圈 织2个锁针（计为1个短针），在相同的位置织1个短针；接下来有11个长针，在每个长针中各织2个短针；在始端的第2个锁针中钩织引拔针。计为24个短针。

下面的一层花瓣

第3圈 仅在后面的线圈中钩织。织4个锁针。在相同的位置织1个长长针，下一个短针中织2个长长针，在下一个短针中织1个长长针、4个锁针，在同一个短针中钩织引拔针，在下一个短针中钩织引拔针；（在同一短针中织4个锁针和1个长长针，下一个短针中织2个长长针，下一个短针中织1个长长针、4个锁针，在同一个短针中钩织引拔针，在下一个短针中钩织引拔针）7次；在第2圈的第1个短针中钩织最后一个引拔针。

上面的一层花瓣

第4圈 仅在前面的线圈中钩织。织3个锁针，在相同的位置织入1个长针，下个短针中织1个长针、3个锁针。在同一个短针中钩织引拔针，在下个短针中钩织引拔针。（织3个锁针，在相同短针中织1个长针，下个短针中织1个长针，织3个锁针，在同一个短针中钩织引拔针，在下个短针中钩织引拔针）重复11次。在第2圈的第1个短针中钩织最后一个引拔针。

收针。

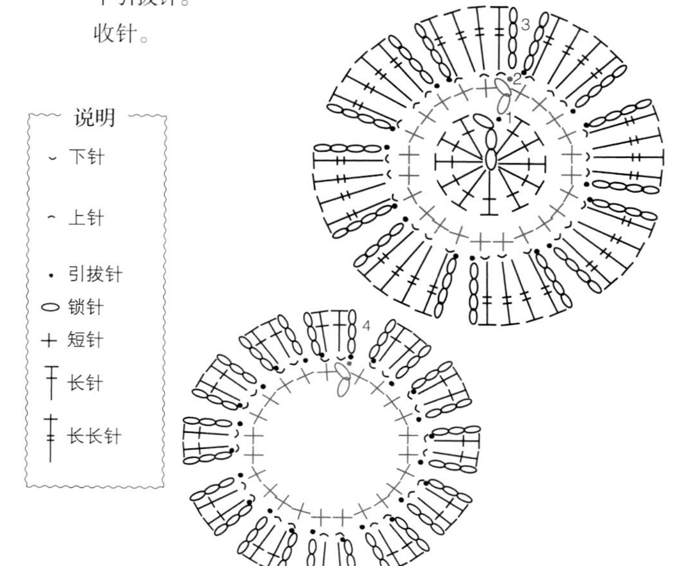

盛开的玫瑰

织4个锁针，用引拔针连接成圈。

第1圈 2个锁针（计为1个短针），在环中钩织7个短针，如下所述螺旋式钩织：在始端第2个锁针前面的线圈中织2个短针，接下来有7个短针，在每个短针前面的线圈中各织2个短针，在16个短针前面的线圈中各织1个短针。总共40个短针。

将织物翻过来，反面向上。仅在现在位于前面的空闲的线圈中钩织，而且从外围边缘向中心螺旋钩织。按照下面的说明，共需钩织20个花瓣【注意：图解中只画了前8个花瓣，仅作为参考指南】：织1个锁针，在第1个短针中织（1个中长针，3个长针，1个中长针），*下个短针中织1个短针，下个短针中织（1个中长针，3个长针，1个中长针）；再重复*步骤18次，在最后的短针中织1个短针。

收针。

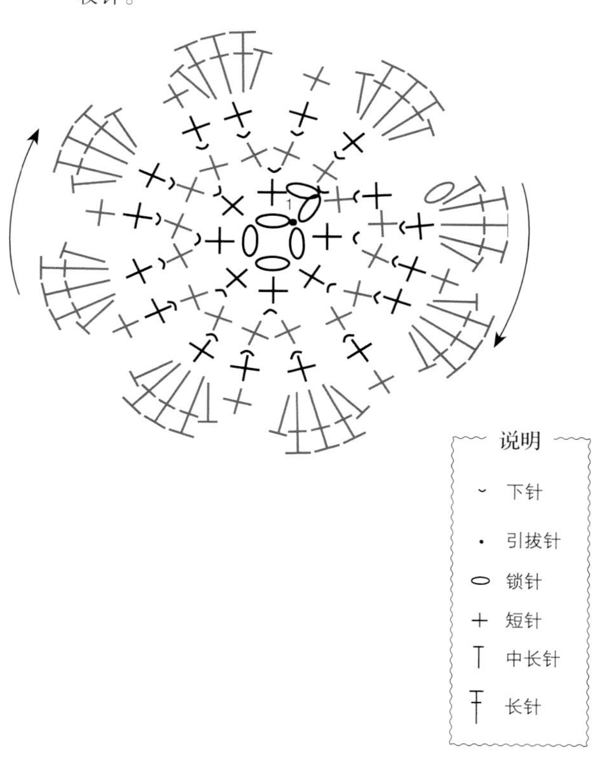

小玫瑰

织36个锁针。

第1行 从针上第2个锁针开始，在每个锁针中各织1个短针。计为35个短针。

第2行 织3个锁针，在同一短针中织3个长针，织3个锁针，在下一个短针中钩织引拔针，（织3个锁针，在下个短针中织3个长针，织3个锁针，在下一个短针中钩织引拔针）2次，（织3个锁针，在接下来的2个短针中各织2个长针，织3个锁针，在下一个短针中钩织引拔针）3次，（织4个锁针，在接下来的3个短针中各织2个长长针，织4个锁针，在下一个短针中钩织引拔针）5次。

收针。

从位于中心的小花瓣开始，将这一长条织物卷起。稍稍缝上几针，使织出的花朵更牢固。

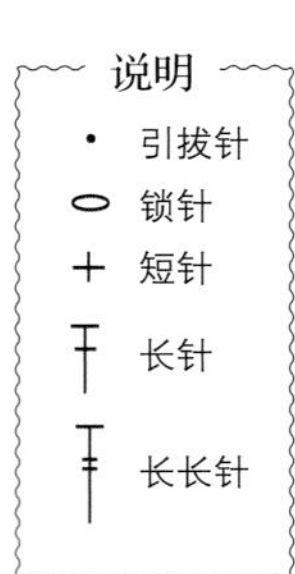

玫瑰花蕾

织16个锁针。

第1行 从针上第2个锁针开始，在每个锁针中织1个短针。计15个短针。

第2行 织3个锁针，在相同短针中织3个长针，织3个锁针，在下一个短针中钩织引拔针。（下个短针中织3个锁针和3个长针，织3个锁针，在下一个短针中钩织引拔针）2次，（织3个锁针，在接下来的2个短针中各织2个长针，织3个锁针，在下一个短针中钩织引拔针）3次。

收针。

从中心的小花瓣开始，将这一长条织物卷起。稍缝几针，使织出的花朵更牢固。

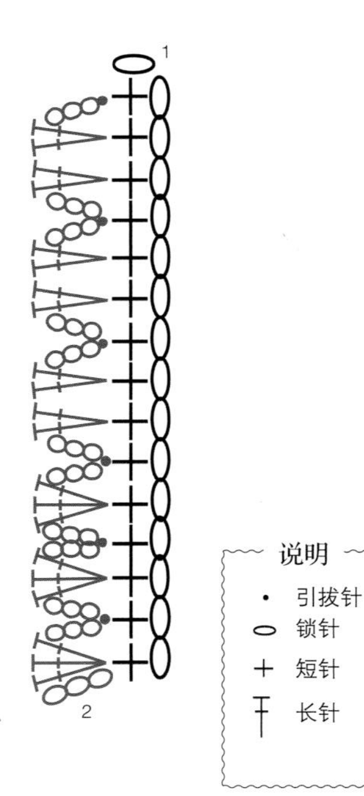

叶子

织10个锁针。

第1圈 在针上第2个锁针中织1个短针，在下个锁针中织1个中长针，在下个锁针中织1个长针，分别在接下来的3个锁针中各织1个长长针，在下个锁针中织1个长针，在下个锁针中织1个中长针，在最后一个锁针中织3个短针，按照下面的说明，在起针行的另一边继续钩织，在下个锁针中织1个中长针，在下个锁针中织1个长针，分别在接下来的3个锁针中各织1个长长针，在下个锁针中织1个长针，在下个锁针中织1个中长针，在最后一个锁针中织1个短针。

收针。

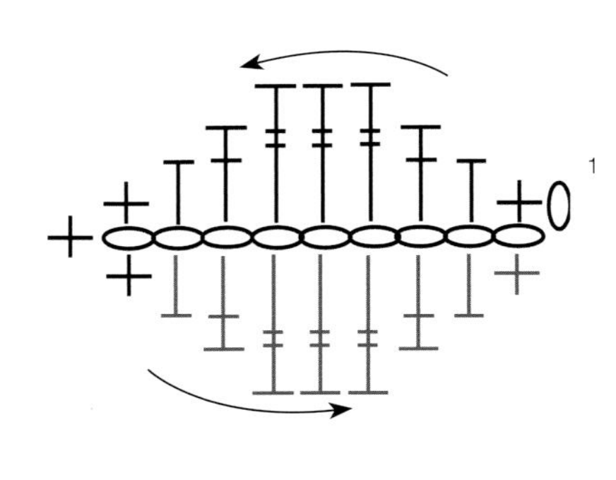

爱尔兰钩织玫瑰

织4个锁针，用引拔针连接成环。

第1圈 织3个锁针（计为1个长针），在环中钩织11个长针，使用引拔针与开端的第3个锁针连成环。

第2圈 织1个锁针，在相同位置织1个短针，织3个锁针，*跳过1个长针，在下个长针中织1个短针，织3个锁针；重复*步骤，直到这圈结束，在第1个短针钩织引拔针。

第3圈 *在相连的3个锁针孔眼中钩织引拔针，在同一组相连的3个锁针孔眼中织（1个锁针，2个中长针，1个长针，2个中长针，1个锁针，引拔针）；将*步骤再重复5次。

第4圈 织2个锁针，在第2圈第1个被跳过的长针中钩织引拔针，在相同的位置织1个锁针和1个短针，织4个锁针，*在下一个被跳过的长针中织1个短针，织4个锁针；重复*步骤直到结束，在第1个短针中钩织引拔针。

第5圈 *在相连的4个锁针孔眼中钩织引拔针，在相同的4个相连锁针孔眼中织（1个锁针，1个中长针，3个长针，1个中长针，1个锁针，引拔针）；将*步骤再重复5次。

收针。

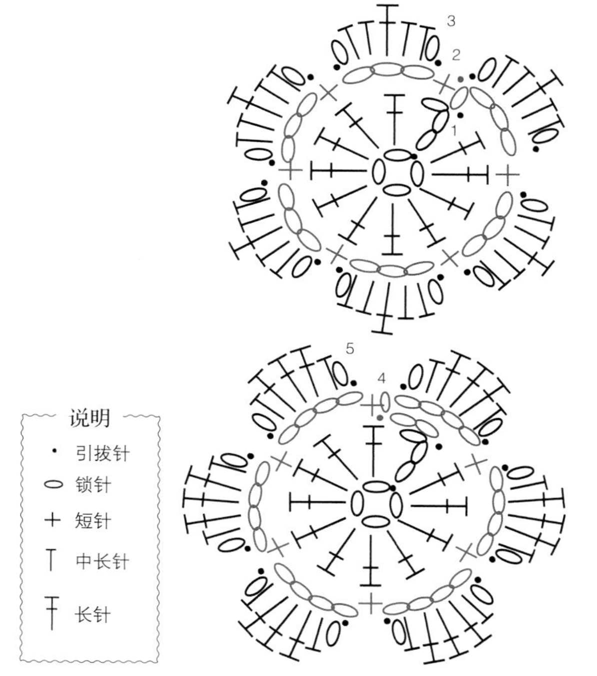

简单大花

织4个锁针，用引拔针连接成环。

第1圈 织3个锁针（计为1个长针），在环中织11个长针，用引拔针与开端第3个锁针相连。

第2圈 *在同一位置织（1个锁针，1个中长针，2个长针，2个长长针，2个长针，1个中长针，1个锁针）作为引拔针，跳过下一个长针，在下个长针中钩织引拔针；将*步骤再重复5次，在第一个引拔针中钩织最后一个引拔针。

收针。

星形花

织5个锁针，利用引拔针结成环。

第1圈 1个锁针，环中织10个短针，用引拔针连入第1个短针。

第2圈 织1个锁针，在每个短针中织2个短针，在第1个短针中钩织个引拔针。

第3圈 （织7个锁针，在针上第2个锁针中织1个短针，下个锁针中织1个短针，分别在接下来的2个锁针中各织1个中长针，在下2个锁针中各织1个长针，跳过环上的一个短针，在相隔的短针中钩织引拔针，往返钩织，织1个锁针，分别在接下来的2个长针中织1个短针，在接下来的2个中长针中各织1个短针，在接下来的2个短针中各织1个短针，再折回来，织1个锁针，分别在接下来的2个短针中各织1个短针，分别在下2个短针中各织1个中长针，在下2个短针中各织1个长针，跳过环上的1个短针，在下个短针中钩织引拔针）5次。

收针。

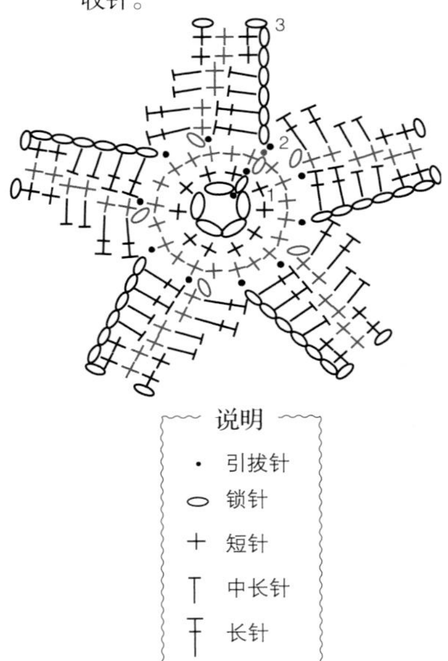

说明

- · 引拔针
- ⬭ 锁针
- ＋ 短针
- T 中长针
- ǂ 长针

三色堇

织4个锁针，用引拔针连接成环。

第1圈 织2个锁针（计为1个中长针），在环中钩织9个中长针，在第1个中长针钩织引拔针。

第2圈 织1个锁针，在相同的位置钩织1个短针，（织3个锁针，跳过1个中长针，在下个中长针中织1个短针）4次，织3个锁针，跳过1个中长针，用引拔针与第1个短针相连。

第3圈 分别在第一组和第二组相连的3个锁针孔眼中各钩织（引拔针，2个锁针，9个长长针，2个锁针，引拔针），分别在其余三组连着的3个锁针空眼里织（引拔针，2个锁针，7个长长针，2个锁针，引拔针）。

收针。

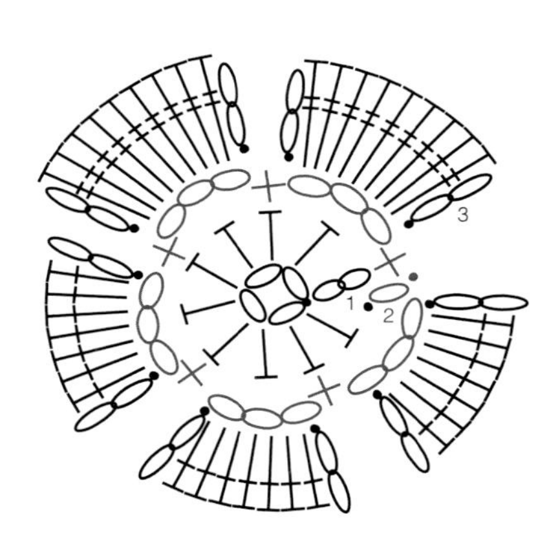

说明

- · 引拔针
- ⬭ 锁针
- ＋ 短针
- T 中长针
- ǂ 长针
- ǂ 长长针

大丽菊

织2个锁针。

第1圈 在针上第2个锁针中织9个短针，用引拔针和第1个短针连接。

第2圈 织4个锁针，在第1个短针前面的线圈里钩织引拔针，（织4个锁针，在下一个短针前面的线圈里钩织引拔针）8次，在第一个引拔针中钩织引拔针。

第3圈 织1个锁针，在第1个短针后面的线圈中织2个短针，对于其余8个短针，在每个短针后面的线圈中各织2个短针，在第一个短针中钩织引拔针。

第4圈 织6个锁针，在第1个短针前面的线圈里钩织引拔针，（织6个锁针，在下一个短针前面的线圈里钩织引拔针）再重复17次，在第一个引拔针中钩织引拔针。

第5圈 织8个锁针，在第1个短针后面的线圈中钩织引拔针，（织8个锁针，在下一个短针前面的线圈里钩织引拔针）再重复17次。

※这一圈没有出现在图解中，但应该在第4圈背面钩织。

收针。

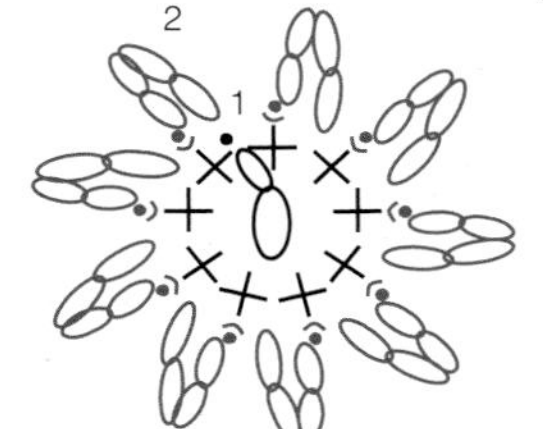

说明

- ˘ 上针
- ˆ 下针
- · 引拔针
- ⬭ 锁针
- ＋ 短针

四层鲜花

织2个锁针。

第1圈 在针上第2个锁针中织5个短针，在第1个短针前面的线圈中钩织引拔针。

第2圈 在第1个短针前面的线圈中钩织（1个短针，1个锁针，1个短针，引拔针），分别在其余4个短针前面的线圈中各钩织（1个短针，1个锁针，1个短针，引拔针），在第1个短针后面的线圈中钩织最后一个引拔针。

第3圈 （钩织2个锁针，在下一个短针后面的线圈中钩织引拔针）5次。

第4圈 在第1组相连的2个锁针孔眼中钩织（引拔针，1个锁针，4个中长针，1个锁针，引拔针），用同样的方法在其余4组相连的2个锁针孔眼中钩织。

第5圈 织3个锁针，在第一片花瓣的第二个和第三个中长针之间钩织引拔针，与花瓣后面连接，（织3个锁针，在下一片花瓣的第二个和第三个中长针之间钩织引拔针，连入花瓣后面）5次，以在第一组相连的3个锁针孔眼中钩织最后的引拔针结束。

第6圈 在第一组连着的3个锁针孔眼中钩织（1个锁针，1个中长针，4个长针，1个中长针，1个锁针，引拔针），分别在其余四组相连的3个锁针孔眼中钩织（引拔针，1个锁针，1个中长针，4个长针，1个中长针，1个锁针，引拔针）。

第7圈 织3个锁针，在第一片花瓣的第二个和第三个长针之间用引拔针和花瓣的后面连接，（织4个锁针，在下一花瓣的第二个和第三个长针之间用引拔针连入花瓣的后面）5次，以在第一组相连的4个锁针孔眼中钩织最后的引拔针结束。

第8圈 在第一组相连的4个锁针孔眼中钩织（引拔针，1个锁针，1个中长针，6个长针，1个中长针，1个锁针，引拔针），用同样的方法在在其余四组相连的4个锁针孔眼中钩织。

收针。

说明
- 下针
- 上针
- 引拔针
- 锁针
- 短针
- 中长针
- 长针

喇叭花

中心

钩织2个锁针。

第1圈 在针上第2个锁针中织6个短针，利用引拔针连入第1个短针。

第2圈 织1个锁针，在每个短针中各织2个短针，在第1个短针钩织引拔针。计为12个短针。

第3圈 织1个锁针，在每个短针前面的线圈中各织1个短针，在第1个短针中钩织引拔针。

第4圈 织1个锁针，分别在每个短针中织1个短针，在第1个短针钩织引拔针。

第5圈 织1个锁针，在第1个短针中织1个短针，织2个锁针，（在下个短针中织1个短针，2个锁针）11次，用引拔针连入第1个短针。

收针。

花瓣

在第3行任意一个长针后面的线圈中接线。

第6圈 织1个锁针，在相同位置钩织1个短针，（织2个锁针，在下2个短针后面的线圈中各织1个短针）5次，织2个锁针，在最后一个短针后面的线圈中织1个短针，在第1个短针钩织引拔针。

第7圈 在第一组相连的2个锁针孔眼中钩织引拔针，*在相连的2个锁针孔眼中织（1个锁针，1个中长针，1个长针，1个长长针，1个长针，1个中长针，1个锁针），在接下来的2个短针之间钩织引拔针；再重复5次*步骤。

第8圈 *在花瓣的1个锁针孔眼中钩织引拔针，（织2个锁针，在下个短针中钩织引拔针）5次，织2个锁针，在花瓣最后1个锁针孔眼中钩织引拔针；再重复5次*步骤。

收针。

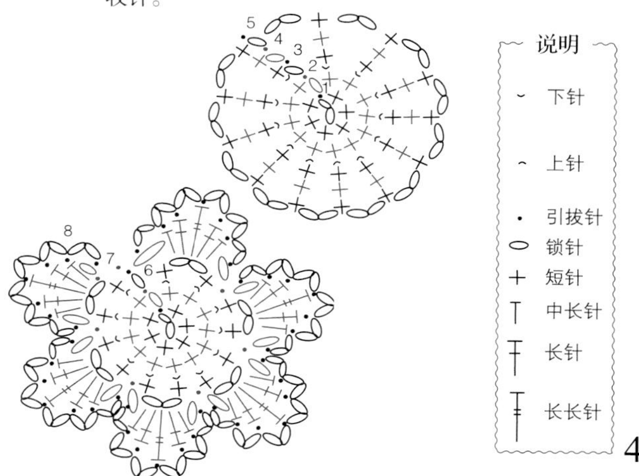

褶边玫瑰

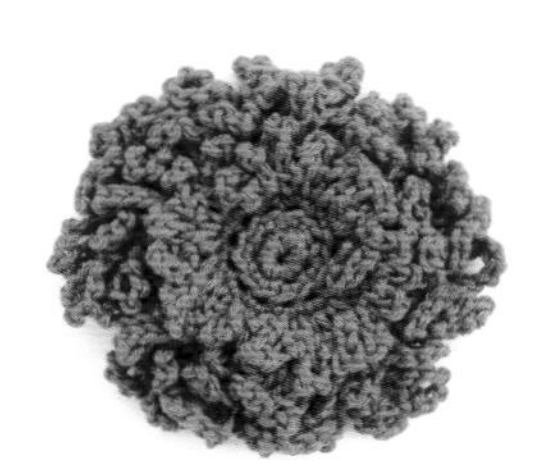

织4个锁针，用引拔针连接成环。

第1圈 织1个锁针，在环中织6个短针，在第1个短针后面的线圈中钩织引拔针。

第2圈 织1个锁针，在每个短针后面的线圈中各织2个短针，在第1个短针后面的线圈中钩织引拔针。计12个短针。

第3圈 织1个锁针，在每个短针后面的线圈中各织2个短针，在第1个短针后面的线圈中钩织引拔针。计24个短针。

第4圈 织1个锁针，在每个短针后面的线圈中各织1个短针，在第1个短针后面的线圈中钩织引拔针。

第5圈 （织14个锁针，在下个短针后面的线圈中织1个短针）24次，（织10个锁针，在下个短针前面的线圈中织1个短针）24次。外围双层花瓣就形成了。

※图中仅仅显示花瓣的第一层钩织图解。

第6圈 织1个锁针，接下来在第3圈钩织，在下个短针的前面线圈中织1个短针，（织6个锁针，在下个短针前面的线圈中织1个短针）24次。

收针。

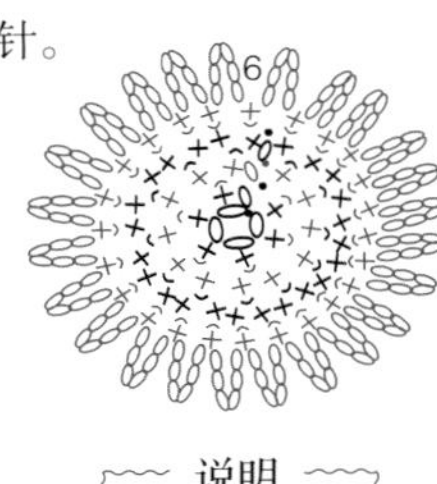

说明
- ⌣ 下针
- ⌢ 上针
- • 引拔针
- ⬭ 锁针
- ＋ 短针

简易织花

织4个锁针，用引拔针连接成环。

第1圈 织3个锁针（计为1个长针），在环中钩织11个长针，在始端第3个锁针中钩织引拔针。计为12个长针。

第2圈 织1个锁针，在相同位置织1个短针，（织4个锁针，在针上第4个锁针中织1个长针，跳过1个长针，在下一个长针中织1个短针）6次，省略最后1个短针，以在第1个短针中钩织引拔针结束。

收针。

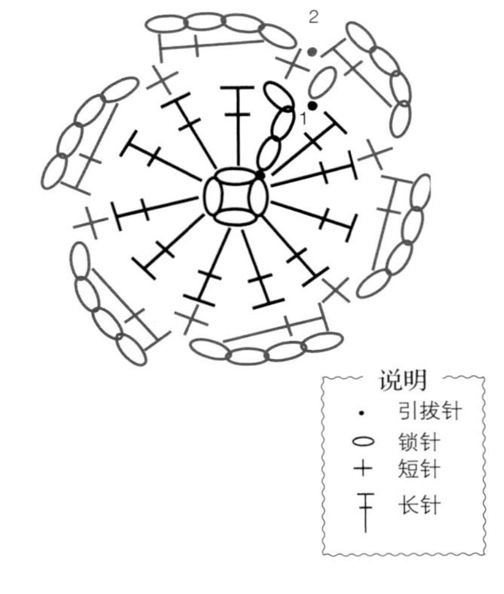

纽扣康乃馨

织2个锁针。

第1圈 在针上数第2个锁针中织6个短针，在第1个短针中钩织引拔针。

第2圈 织1个锁针，在6个短针中每个织2个短针，在第1个短针中钩织引拔针。计12个短针。

第3圈 织1个锁针，对于12个短针，在每个短针中各织1个短针，在第1个短针中钩织引拔针。

第4圈 织1个锁针，（在接下来的2个短针中各织1个短针，钩织短针2针并1针）3次，在第1个短针中钩织引拔针。计9个短针。

第5圈 （织2个锁针，1个长针，1个锁针，1个长长针，1个锁针，1个长针，2个锁针，在同一个短针中钩织引拔针，在下个短针中钩织引拔针）9次。

收针。

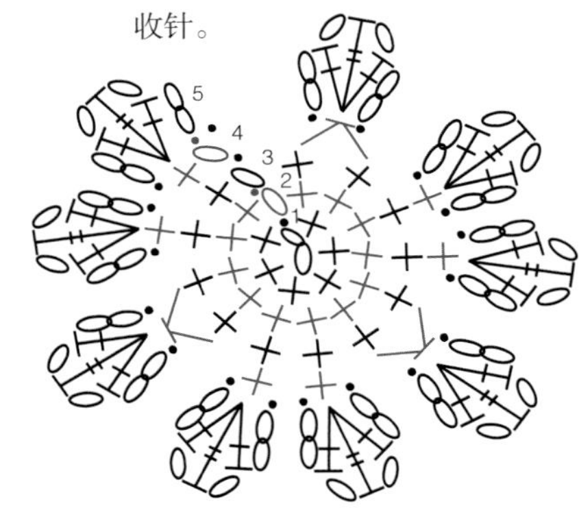

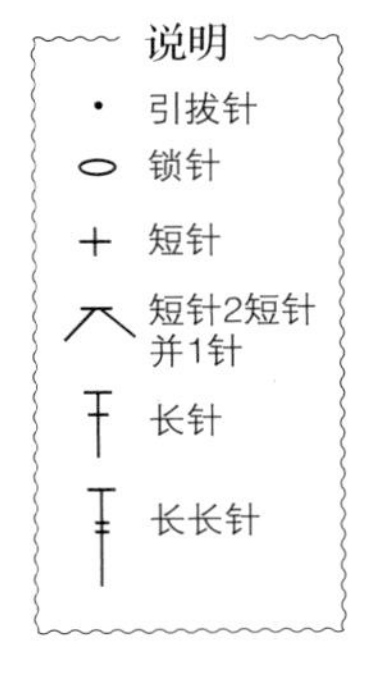

尖瓣雏菊

织4个锁针，用引拔针连接成环。

第1圈 织3个锁针（计为1个长针），在环中织11个长针，在第1个长针中钩织引拔针。计12个长针。

第2圈 织1个锁针，在相同位置织1个短针，（织2个锁针，跳过1个长针，在下一个长针中织1个短针）5次，织2个锁针，在第1个长针中钩织引拔针。

第3圈 在第1组相连的2个锁针孔眼中钩织引拔针，*在同一组相连的2个锁针孔眼中钩织（1个锁针，1个短针，2个锁针，1个长长针，3个3卷长针，1个长长针，2个锁针，1个短针，1个锁针），在下一组相连的2个锁针孔眼中钩织引拔针；再重复5次*步骤，在第1个短针中钩织引拔针。

第4圈 *在第1组相连的2个锁针孔眼中钩织引拔针，在同一组相连的2个锁针孔眼中织2个短针，在接下来的2个针目中各织1个短针，在下一个针目中织（1个短针，3个锁针，在针上数第三个锁针中钩织引拔针，1个短针），分别在在接下来的2个针目中各织1个短针，在相连的2个锁针孔眼中织2个短针，在花瓣之间的锁针中钩织引拔针；将*步骤再重复5次。

收针。

说明

- · 引拔针
- ⬭ 锁针
- + 短针
- 长针
- 长长针
- 3卷长针

传统钩花

织4个锁针，用引拔针连接成环。

第1圈 织1个锁针，在环中织8个短针，在第1个短针前面的线圈中钩织引拔针。

第2圈 （织3个锁针，在下个短针前面的线圈中钩织引拔针）8次。

第3圈 在第1组相连的3个锁针孔眼中织（1个锁针，2个短针，1个锁针，引拔针），分别在其余7组相连的3个锁针孔眼中织（引拔针，1个锁针，2个短针，1个锁针，引拔针）。

第4圈 织2个锁针，在第3圈第1个短针后面的线圈中织2个长针，在每个短针后面的线圈中各织2个长针，在第1个长针中钩织引拔针。

第5圈 （织3个锁针，在下个长针中钩织引拔针）16次。

第6圈 在第1组相连的3个锁针孔眼中织（1个锁针，2个短针，1个锁针，引拔针），分别在其余15组相连的3个锁针孔眼中织（引拔针，1个锁针，2个短针，1个锁针，引拔针）。

收针。

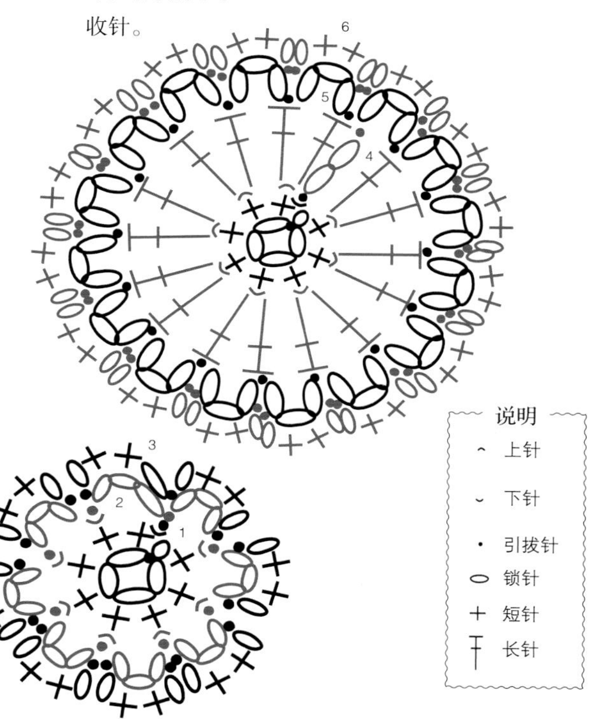

非洲菊

钩织6个锁针，用引拔针连接成环。

第1圈 织1个锁针，在环中织12个短针，在第1个短针中钩织引拔针。

第2圈 织1个锁针，在第1个短针中织1个短针，（织16个锁针，在下个短针中织1个短针）11次，织16个锁针，在第1个短针中钩织引拔针。

第3圈 按下面的说明，在16个相连锁针环中钩织：分别在前3个锁针中各织1个引拔针，在接下来的4个锁针中各织1个短针，在下2个锁针中各织2个短针，在最后3个锁针中各织1个引拔针。

收针。

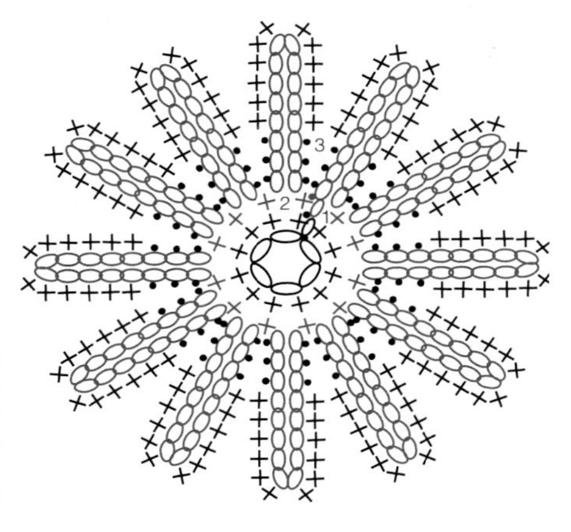

说明

- · 引拔针
- ⬭ 锁针
- ＋ 短针

纽扣雏菊

钩织2个锁针。

第1圈 在针上数第2个锁针中织6个短针，在第1个短针中钩织引拔针。

第2圈 织1个锁针，分别在6个短针中各织2个短针，在第1个短针中钩织引拔针。计12个短针。

第3圈 织1个锁针，分别在12个短针中各织1个短针，在第1个短针中钩织引拔针。

第4圈 钩织1个锁针，（分别在接下来的2个短针中各织1个短针，钩织短针2针并1针）3次，在第1个短针中钩织引拔针。计9个短针。

第5圈 （织6个锁针，在针上第2个锁针中钩织引拔针，分别在下2个锁针中各织1个短针，在下个锁针中织1个中长针，在下个锁针中织1个长针，在下个短针或者短针2针并1针中钩织引拔针）9次。

收针。

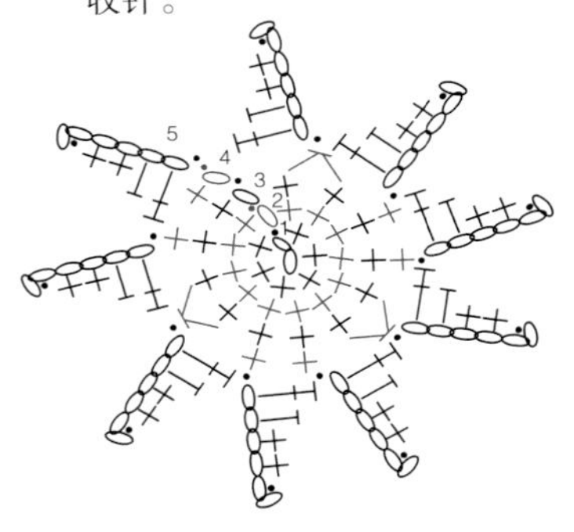

说明

- · 引拔针
- ⬭ 锁针
- ＋ 短针
- 短针2短针并1针
- 中长针
- 长针

盛开的鲜花

钩织4个锁针，用引拔针连接成环。

第1圈 织1个锁针，在环中织7个短针，在第1个短针中钩织引拔针。

第2圈 织1个锁针，分别在7个短针中各钩织2个短针，用引拔针与第1个短针相连。计14个短针。

第3圈 钩织1个锁针，（在下个短针中织1个短针，2个锁针，在下个短针中织1个长针，2个锁针）7次，用引拔针与第1个短针相连。

收针。

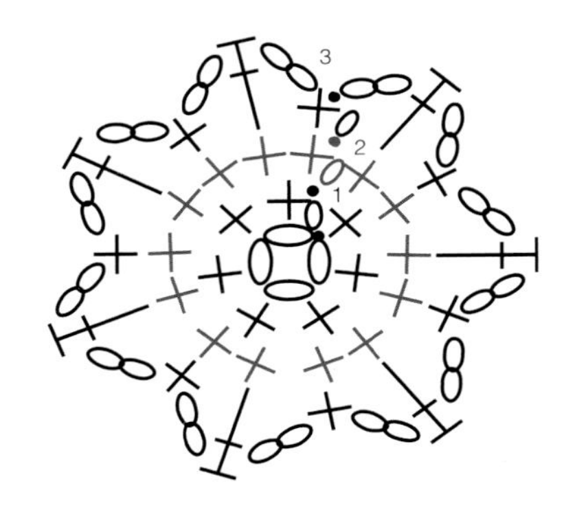

说明

- · 引拔针
- ⬭ 锁针
- ＋ 短针
- 长针

小兰花

钩织2个锁针。

第1圈 在针上数第2个锁针中织6个短针，在第1个短针中钩织引拔针。计6个短针。

第2圈 （织4个锁针，在针上数第2个锁针中织1个短针，在下一个锁针中织1个中长针，在下一个锁针中织1个短针，在相邻短针前面的线圈中钩织引拔针）重复6次，以在第1个短针后面的线圈中钩织引拔针结束。

第3圈 织1个锁针，分别在6个短针后面的线圈中各钩织2个短针，在第1个短针中钩织引拔针。计12个短针。

第4圈 （织5个锁针，在针上数第2个锁针中织1个短针，在下一个锁针中织1个中长针，在下一个锁针中织1个长针，在下一个锁针中织1个长长针，跳过第3圈中的1个短针，在下个短针后面的线圈中钩织引拔针）6次。

收针。

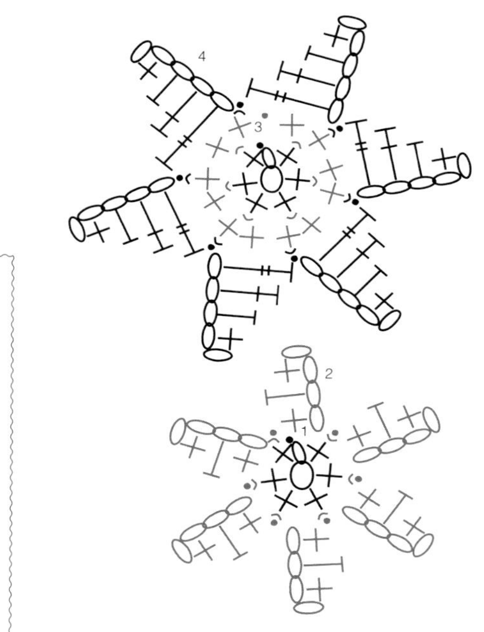

说明

- ⌣ 下针
- ⌢ 上针
- • 引拔针
- ⬭ 锁针
- + 短针
- T 中长针
- ǂ 长针
- ǂ 长长针

兰花

钩织3个锁针。

第1圈 在针上数第3个锁针中织7个长针，在始端第3个锁针中钩织引拔针连接成环。计8个长针。

第2圈 （织4个锁针，在针上数第2个锁针中织1个短针，在下一个锁针中织1个中长针，在下一个锁针中织1个短针，在下个长针前面的线圈中钩织引拔针）8次，以在第1个长针后面的线圈中钩织引拔针结束。

第3圈 钩织3个锁针（计为1个长针），在相同的位置织1个长针，分别在其余7个长针后面的线圈中各织2个长针，在第1个长针中钩织引拔针。计16个长针。

第4圈 （织5个锁针，在针上数第2个锁针中织1个短针，在下一个锁针中织1个中长针，在下一个锁针中织1个长针，在下一个锁针中织1个长长针，跳过第3圈中的1个长针，在下个长针中钩织引拔针）8次。

收针。

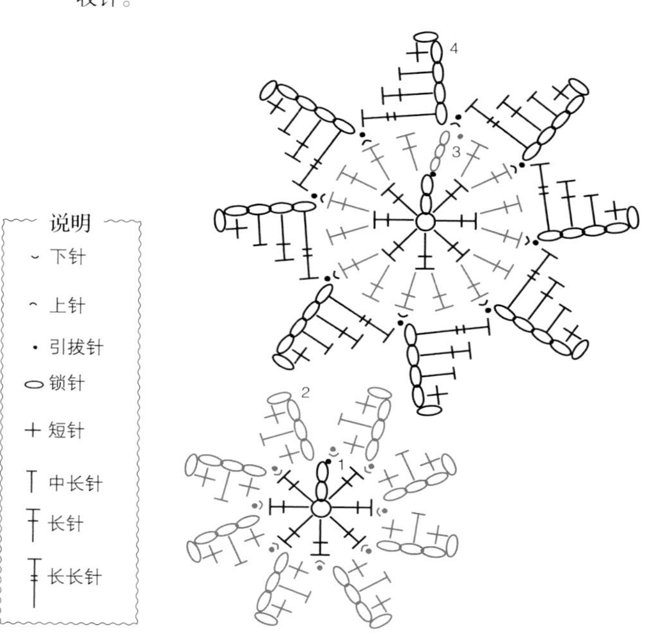

说明

- ⌣ 下针
- ⌢ 上针
- • 引拔针
- ⬭ 锁针
- + 短针
- T 中长针
- ǂ 长针
- ǂ 长长针

长春花

钩织4个锁针，用引拔针连接成环。

第1圈 织1个锁针，在环上5个短针，用引拔针与第1个短针连接。

第2圈 钩织1个锁针，分别在5个短针中各钩织（1个短针，1个锁针，2个长针，1个锁针），用引拔针与第1个短针连接。

收针。

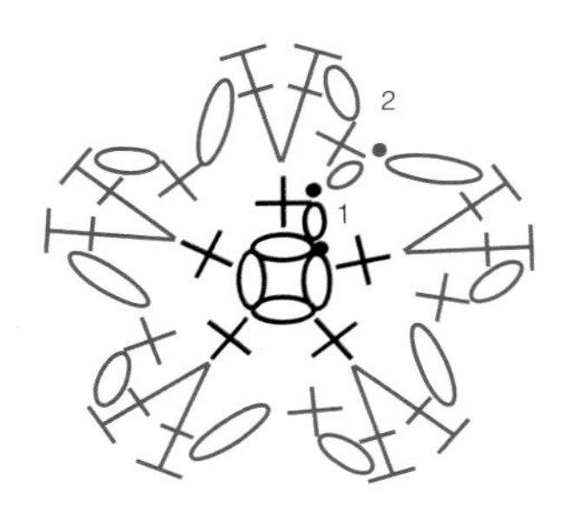

说明
· 引拔针
⬭ 锁针
+ 短针
长针

团伞花

钩织6个锁针，用引拔针连接成环。

第1圈 （钩织3个锁针，长长针3针并1针，3个锁针，在环中钩织引拔针）5次。

收针。

说明
· 引拔针
⬭ 锁针
长长针3针并1针

环孔雏菊

钩织5个锁针，用引拔针连接成环。

第1圈 织1个锁针，（在环中钩织1个短针，5个锁针）5次，用引拔针与第1个短针相连。

第2圈 *织3个锁针，在相连的5个锁针孔眼中织4个长长针，3个锁针，在短针中钩织引拔针；将*步骤再重复4次。

第3圈 织2个锁针，在相连的3个锁针孔眼中钩织引拔针，（织3个锁针，在针上第3个锁针中钩织引拔针，在下个长长针中钩织引拔针）4次，织3个锁针，在针上第3个锁针中钩织引拔针，在相连的3个锁针孔眼中钩织引拔针，织2个锁针，在花瓣之间的引拔针中钩织引拔针；再重复4次*步骤。

收针。

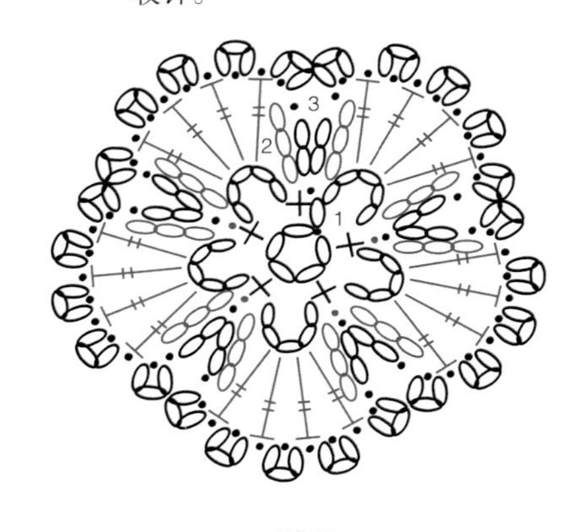

说明
· 引拔针
⬭ 锁针
+ 短针
长长针

大非洲菊

钩织6个锁针，用引拔针连接成环。

第1圈 钩织1个锁针，在环中织14个短针，用引拔针与第1个短针连接。

第2圈 钩织1个锁针，分别在每个短针前面的线圈中织（1个短针，6个锁针，1个短针），用引拔针与第1个短针连接。

第3圈 织1个锁针，分别在每个短针后面的线圈中织（1个短针，8个锁针，1个短针），用引拔针与第1个短针连接。收针。

说明

· 引拔针
○ 锁针
+ 短针
⌣ 下针
⌢ 上针

大马士革蔷薇

钩织39个锁针

第1行 在针上数第6个锁针中织1个长针，*织1个锁针，跳过2个锁针，在下个锁针中织（1个长针，2个锁针，1个长针）；重复*步骤，直至结束。

第2行 织3个锁针（计为1个长针），在第1组相连的2个锁针孔眼中织（1个长针，2个锁针，2个长针），*织2个锁针，在下一组相连的2个锁针孔眼中织（2个长针，2个锁针，2个长针）；重复*步骤，直至结束。

第3行 织3个锁针（计为1个长针），在第1组相连的2个锁针孔眼中织5个长针，（在下一组相连的2个锁针孔眼中织1个短针，在下组相连的2个锁针孔眼中织6个长针）2次，（在下组相连的2个锁针孔眼中织1个短针，在下组相连的2个锁针孔眼中织8个长针）4次，（在下组相连的2个锁针孔眼中织1个短针，在下组相连的2个锁针孔眼中织10个长针）5次。

收针，尾部留得长些以便缝合。

将尾部的线穿入手缝针中，然后从中心的小花瓣开始，将编织的花瓣卷起，在底部把每一层花瓣缝牢。

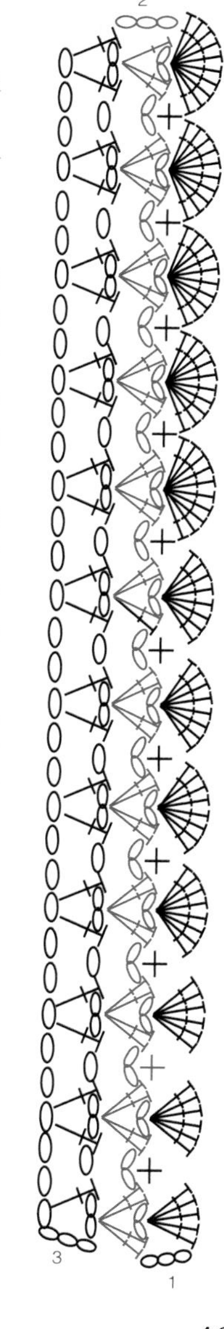

说明

○ 锁针
+ 短针
长针

长星形花

钩织3个锁针。

第1圈 在针上数第3个锁针中织19个长针，用引拔针与3个锁针顶部连接成环。

第2圈 *织10个锁针，在针上数第2个锁针中织1个短针，在余下的8个锁针中各织1个短针，在接下来的2个长针中各织入1个短针；重复*步骤直至结束，用引拔针与第1个短针相连。

收针。

说明

- • 引拔针
- ⬭ 锁针
- ＋ 短针
- 长针

树花

钩织5个锁针，用引拔针连接成环。

第1圈 织2个锁针，在相同位置织长针2针并1针（计为1个长针3针并1针），在环中织5个长针3针并1针，用引拔针与第1个长针3针并1针顶部相连。

第2圈 （在同一个长针3针并1针中织1个锁针，3个长针，1个锁针，引拔针，在下个长针3针并1针顶部钩织引拔针）6次。

收针。

说明

- • 引拔针
- ⬭ 锁针
- 长针
- 长针3针并1针

简单的环孔花

钩织4个锁针，用引拔针连接成环。

第1圈 织1个锁针，在环中织8个短针，用引拔针与第1个短针相连。

第2圈 织7个锁针，在针上数第3个锁针中钩织引拔针，在位于7个锁针底部的短针中织1个长针，1个锁针，分别在其余7个短针中钩织（1个长针，4个锁针，在针上数第3个锁针中钩织引拔针，1个锁针，1个长针，1个锁针），用引拔针与7个锁针中第3个锁针相连。

收针。

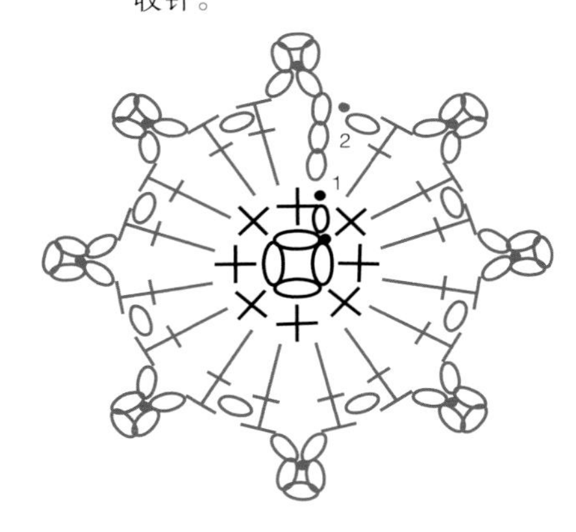

说明

- • 引拔针
- ⬭ 锁针
- ＋ 短针
- 长针

四瓣花

钩织2个锁针。

第1圈 在针上数第2个锁针中织7个短针，在第2个锁针中钩织引拔针使之连接成环。计8个短针。

第2圈 *钩织2个锁针，在下个短针中钩织（1个长针，3个锁针，在针上第3个锁针中钩织引拔针，1个长针），织2个锁针，在下个短针中钩织引拔针；将*步骤再重复3次。收针。

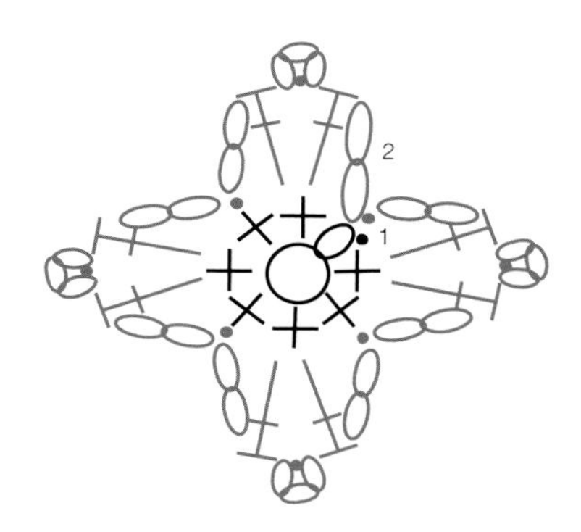

说明

- · 引拔针
- ⬭ 锁针
- + 短针
- Ŧ 长针

五瓣花

钩织2个锁针。

第1圈 在针上数第2个锁针中织9个短针，在第2个锁针中钩织引拔针使之连接成环。计10个短针。

第2圈 织1个锁针，在相同位置钩织1个短针，在其余9个短针中各钩织2个短针，在钩织第1个短针的位置织1个短针，用引拔针与第1个短针相连。计20个短针。

第3圈 （钩织3个锁针，在下2个短针上钩织1个长长针2针并1针，3个锁针，在接下来的2个短针中各钩织1个引拔针）5次，以在第1个短针中钩织引拔针结束。收针。

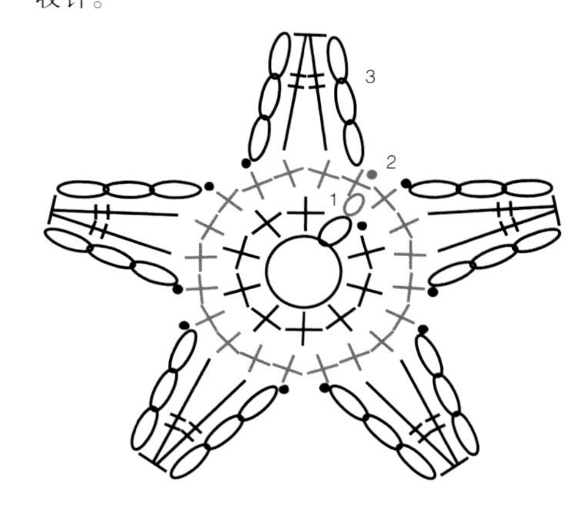

说明

- · 引拔针
- ⬭ 锁针
- + 短针
- 长长针2针并1针

八瓣花

钩织4个锁针，用引拔针连接成环。

第1圈 织1个锁针，在环中钩织1个短针，在环中钩织（3个锁针，1个短针）7次，织1个锁针，在第1组相连的3个锁针孔眼中织1个长针。

第2圈 织1个锁针，在长针顶部织1个短针，（织4个锁针，在针上数第3个锁针中钩织引拔针，织1个锁针，在下一组相连的3个锁针孔眼中织1个短针）8次，以在第1个短针中钩织引拔针结束。

收针。

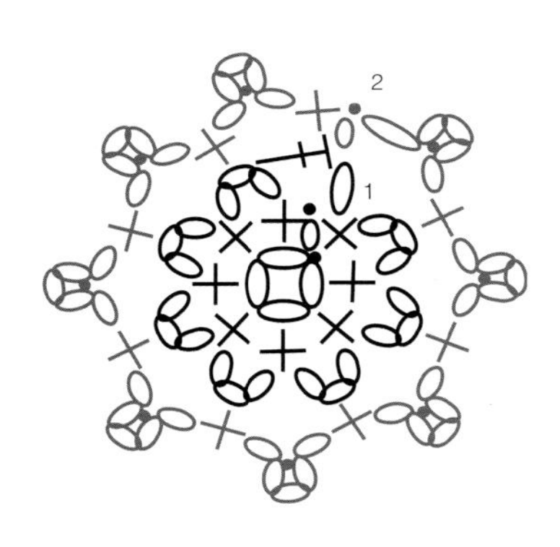

说明

- · 引拔针
- ⬭ 锁针
- ＋ 短针
- 长针

大团伞花

钩织4个锁针，用引拔针连接成环。

第1圈 织3个锁针，在环中织1个长长针（计为1个长长针2针并1针），（织3个锁针，在环中织1个长长针2针并1针）5次，织3个锁针，在第1个长针的顶部钩织引拔针。

第2圈 织1个锁针，在第1组相连的3个锁针孔眼中织（1个短针，1个中长针，3个长针，1个中长针，1个短针），用同样的方法在其余五组相连的3个锁针孔眼中钩织。

收针。

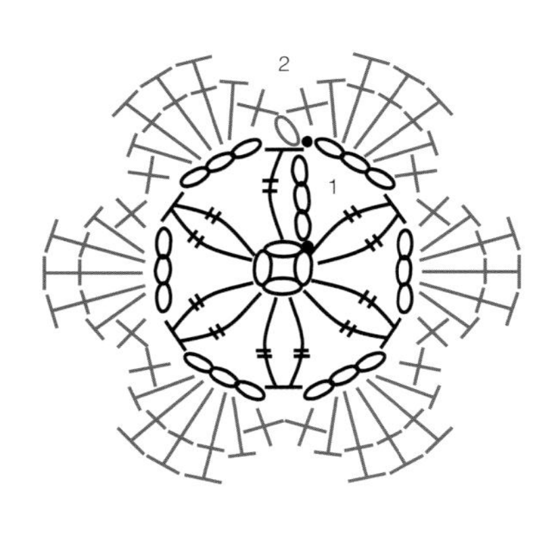

说明

- · 引拔针
- ⬭ 锁针
- ＋ 短针
- 中长针
- 长针
- 长长针2针并1针

纽扣非洲菊

钩织4个锁针，用引拔针连接成环。

第1圈 织2个锁针，在环中钩织长针2针并1针（计为1个长针3针并1针），在环中钩织5个长针3针并1针，用引拔针与第一个合并针相连。

第2圈 （织4个锁针，在针上数第2个锁针中织1个短针，在下个锁针中织1个中长针，在下个锁针中织1个长针，用引拔针与相邻合并针顶部相连）6次。

收针。

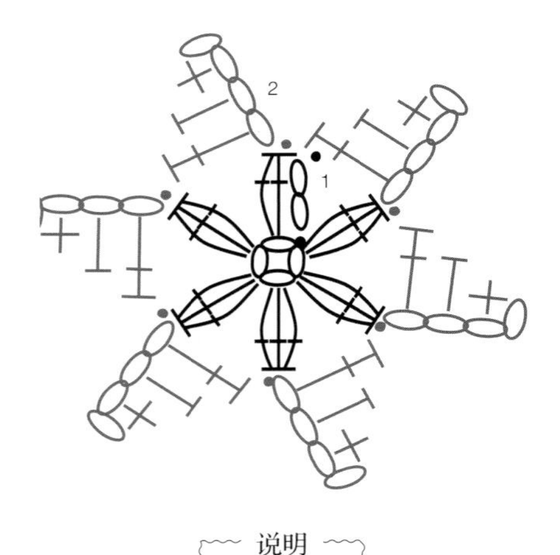

说明

- · 引拔针
- ⬭ 锁针
- ＋ 短针
- 中长针
- 长针
- 长针3针并1针

藜芦花

钩织5个锁针，用引拔针连接成环。

第1圈 织3个锁针（计为1个长针），在环中钩织14个长针，用引拔针与第1个长针相连。

第2圈 *织2个锁针，在相同位置织1个长针，在下个长针中织3个长针，在下个长针中钩织（1个长针，2个锁针，引拔针），在下个长针中钩织引拔针；将*步骤再重复4次。

收针。

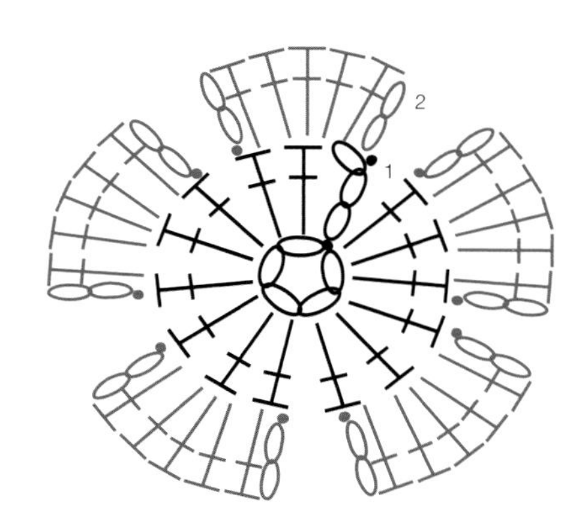

说明

- · 引拔针
- ⬭ 锁针
- Ŧ 长针

传统钩织玫瑰

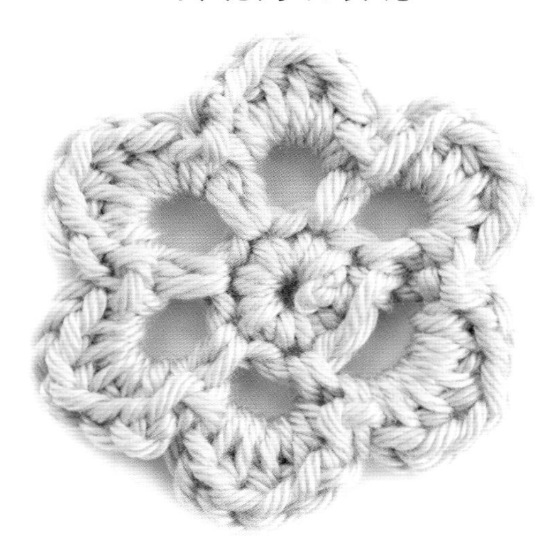

钩织4个锁针，用引拔针连接成环。

第1圈 织1个锁针，在环中织6个短针，用引拔针与第1个短针相连。

第2圈 织1个锁针，在同一短针中织1个短针，（在下个短针中织3个锁针，1个短针）5次，织3个锁针，在第1个短针中钩织引拔针。

第3圈 在第1组相连的3个锁针孔眼中钩织引拔针，在同一组相连的3个锁针孔眼中织（1个短针，3个中长针，1个短针，引拔针），分别在其余5组相连的3个锁针孔眼中织（引拔针，1个短针，3个中长针，1个短针，引拔针）。

收针。

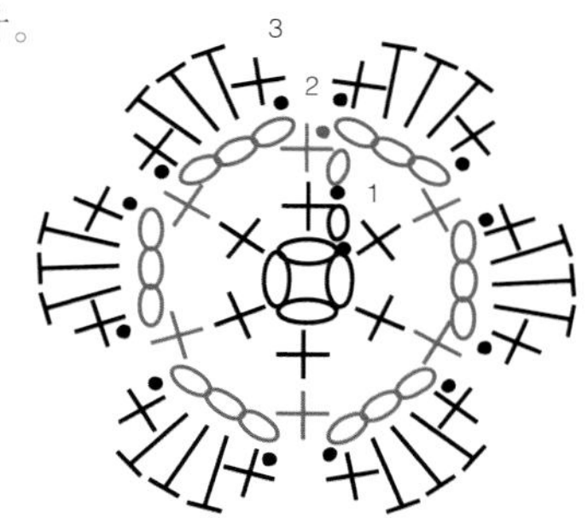

说明

- · 引拔针
- ⬭ 锁针
- + 短针
- T 中长针

太阳花

钩织4个锁针，用引拔针连接成环。

第1圈 织3个锁针（高度为1个长针），在环中钩织9个长针，用引拔针与第3个锁针相连。计为10个长针。

第2圈 织1个锁针，在第1个长针中钩织（1个短针，3个锁针，在针上数第3个锁针中钩织引拔针，1个短针），*织3个锁针，在针上数第3个锁针中钩织引拔针，在下个长针中织（1个短针，3个锁针，在针上数第3个锁针中钩织引拔针，1个短针）；将*步骤再重复9次，用引拔针与第1个短针相连。

收针。

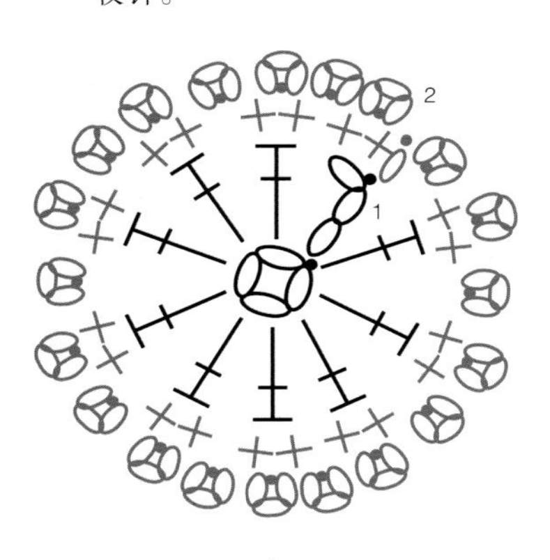

说明
- • 引拔针
- ⬭ 锁针
- + 短针
- Ŧ 长针

爱尔兰钩织绿叶

钩织8个锁针

第1行 在针上数第2个锁针中织1个短针，在接下来的5个锁针中各织1个短针，在最后1个锁针中织5个短针，围绕起针行钩织，在接下来的6个锁针中各织1个短针，在下个锁针中织3个短针，在接下来的5个短针中各织1个短针。

第2行 织1个锁针，在接下来的6个短针中各织1个短针，在下个短针中织3个短针，在接下来的6个短针中各织1个短针。

第3行 织1个锁针，在接下来的7个短针中各织1个短针，在下个短针中织3个短针，在接下来的5个短针中各织1个短针。

第4行 织1个锁针，分别在接下来的6个短针中织1个短针，在下个短针中织3个短针，在接下来的6个短针中各织1个短针。

收针。

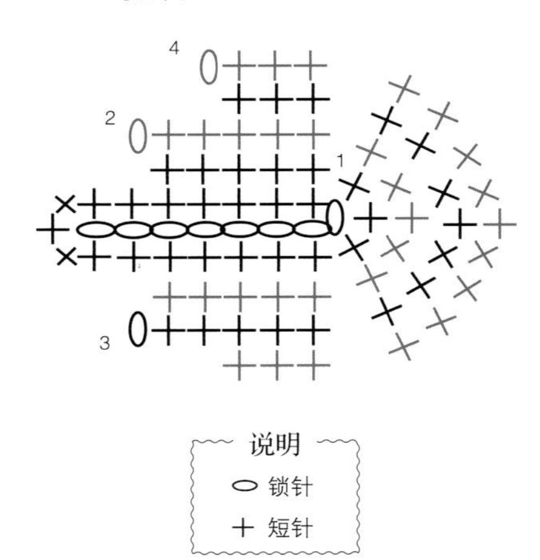

四叶小枝

钩织5个锁针。

第1行 织1个锁针，在针上数第2个锁针中织1个短针，在接下来的3个锁针中各织1个短针，（织6个锁针，在针上数第2个锁针中织1个短针，在下个锁针中织1个中长针，在下个锁针中织1个长针，在下个锁针中织1个中长针，在下个锁针中织1个短针，在下个锁针中钩织引拔针）3次。

收针。

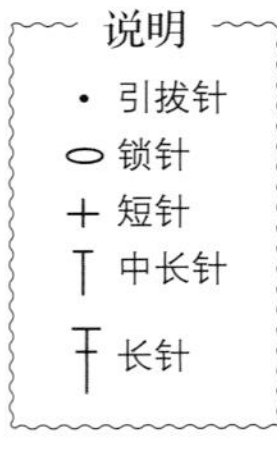

蕨叶

钩织8个锁针。

第1片叶片 在针上数第2个锁针中织1个短针，在下个锁针中织1个中长针，在下个锁针中织1个长针，织2个锁针，在下个锁针中钩织引拔针。

第2片叶片 织6个锁针，在针上数第2个锁针中织1个短针，在下个锁针中织1个中长针，在下个锁针中织1个长针，织2个锁针，在下个锁针中钩织引拔针。

第3片叶片 织4个锁针，在针上数第2个锁针中织1个短针，在下个锁针中织1个中长针，在下个锁针中织1个长针，织2个锁针，在前一个叶片结束时使用的锁针中钩织引拔针。

第4片叶片 织4个锁针，在针上数第2个锁针中织1个短针，在下个锁针中织1个中长针，在下个锁针中织1个长针，织2个锁针，在前一个叶片结束时使用的锁针中钩织引拔针。

第5片叶片 分别在接下来的2个锁针中钩织引拔针，在第1个叶片钩织引拔针的锁针中钩织引拔针，织4个锁针，在针上数第2个锁针中织1个短针，在下个锁针中织1个中长针，在下个锁针中织1个长针，织2个锁针，在第1个叶片钩织引拔针的锁针中钩织引拔针，分别在接下来的4个锁针中钩织引拔针。

收针。

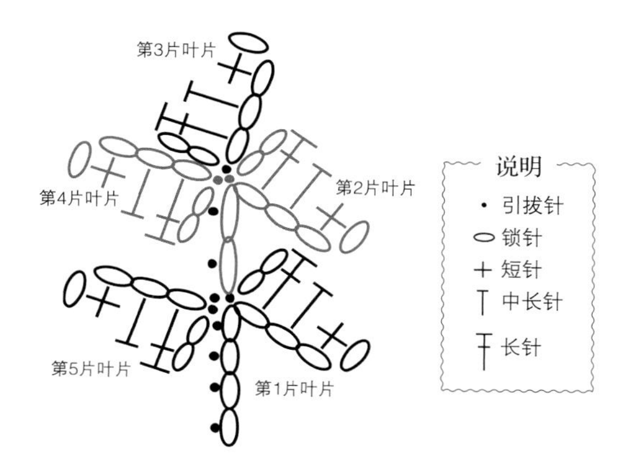

小环边绿叶

小环：织3个锁针，在针上第3个锁针中钩织引拔针。

钩织15个锁针。

第一行 在针上第2个锁针中钩织1个短针，*织一个小环，在下个锁针中织1个短针，在下个锁针中织1个中长针，织1个小环，在下个锁针中织1个中长针，在下个锁针中织1个长针，（织1个小环，分别在接下来的锁针中织1个长针）2次，织1个小环，在下个锁针中织1个长针，在下个锁针中织1个中长针，织1个小环，在下个锁针中织1个中长针，在下个锁针中织1个短针，织1个小环，*在最后的锁针中织（2个短针，1个小环，2个短针）。

第二行 在起针行的对边钩织，重复从*到*的步骤，在最后1个锁针中织1个短针。

收针。

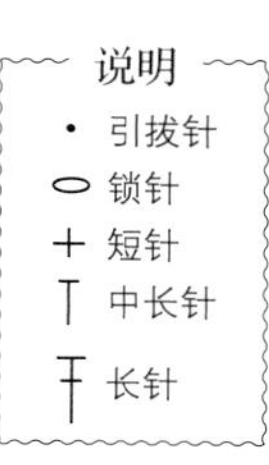

泡泡针织花

钩织4个锁针，用引拔针连接成环。

第1圈 *织2个锁针，按照下面方法钩织泡泡针：（针上绕线，将针插入环中，针上绕线，拉出一个线圈）4次，针上绕线，将线从针上的9个线圈中拉出，织2个锁针，在环中钩织引拔针；将*步骤再重复4次。

收针。

1

说明
- • 引拔针
- ⬭ 锁针
- 枣形针

简单的环瓣花

钩织4个锁针，用引拔针连接成环。

第1圈 织1个锁针，在环中钩织8个短针，在第1个短针中钩织引拔针。计8个短针。

第2圈 （织3个锁针，在下个短针中钩织引拔针）8次。

收针。

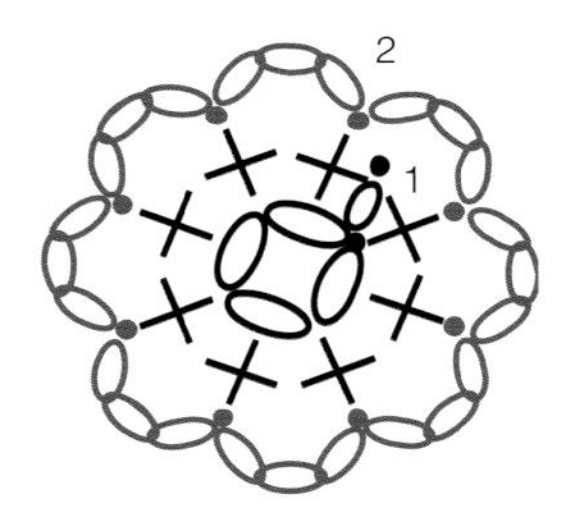

说明
- • 引拔针
- ⬭ 锁针
- ＋ 短针

六瓣花

钩织6个锁针，用引拔针连接成环。

第1圈 织1个锁针，（1个短针，4个锁针，在环中钩织1个短针）6次，在第1个短针中钩织引拔针。

第2圈 织1个锁针，（在相连的4个锁针孔眼中织6个短针，在前一圈的2个短针之间钩织引拔针）6次。

收针。

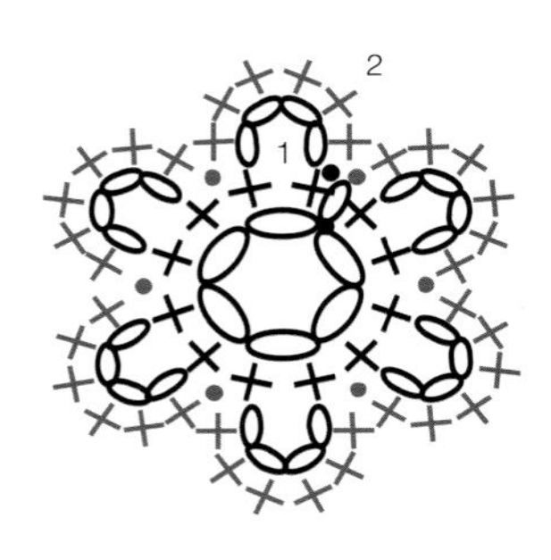

说明
- • 引拔针
- ⬭ 锁针
- ＋ 短针

康乃馨

钩织6个锁针，用引拔针连接成环。

第1圈 织1个锁针，在环中织15个短针，在第1个短针中钩织引拔针。计15个短针。

第2圈 织3个锁针（计为1个长针），在相同短针中织2个长针，分别在余下的14个短针中各钩织3个长针，在这一圈始端的第3个锁针中钩织引拔针。计45个长针。

第3圈 织3个锁针（计为1个长针），在相同长针中织2个长针，分别在余下的44个长针中各钩织3个长针，在这一圈始端的第3个锁针中钩织引拔针。计135个长针。

第4圈 *织4个锁针，在下个长针中钩织引拔针；重复*步骤，直至结束。

收针。

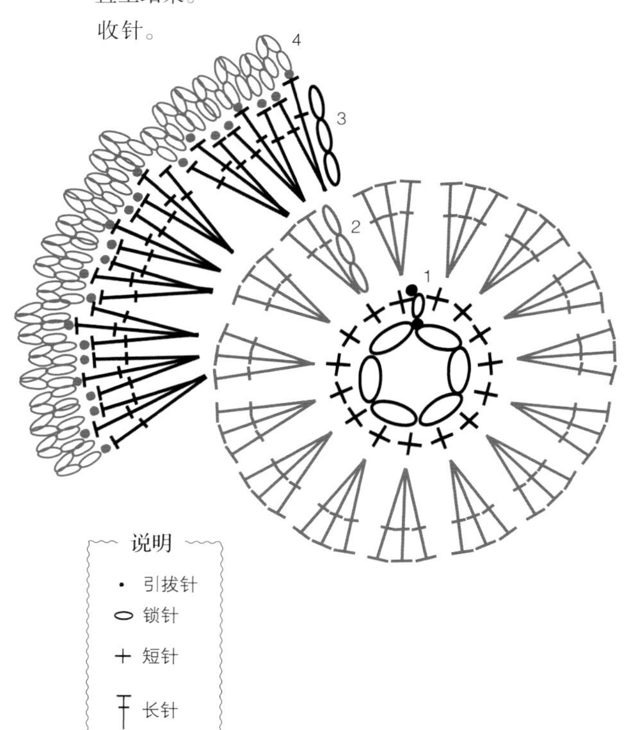

菊花

钩织6个锁针，用引拔针连接成环。

第1圈 织1个锁针，在环中钩织15个短针，在第1个短针中钩织引拔针。计15个短针。

上一层花瓣

第2圈 仅在前面的线圈中钩织，（织8个锁针，从针上数第2个锁针开始，在7个锁针中各钩织1个引拔针，在接下来的短针中钩织引拔针）14次，织8个锁针，从针上数第2个锁针开始，从针上数第2个锁针开始，在7个锁针中各钩织1个引拔针，在接下来的短针后面的线圈中钩织引拔针。

下一层花瓣

第3圈 仅在后面的线圈中钩织，钩织1个锁针，分别在15个短针中各织2个短针，用引拔针和第1个短针相连成环。计30个短针。

第4圈 （织8个锁针，从针上数第2个锁针开始，在7个锁针中各钩织1个引拔针，在接下来的短针中钩织引拔针）30次。

收针。

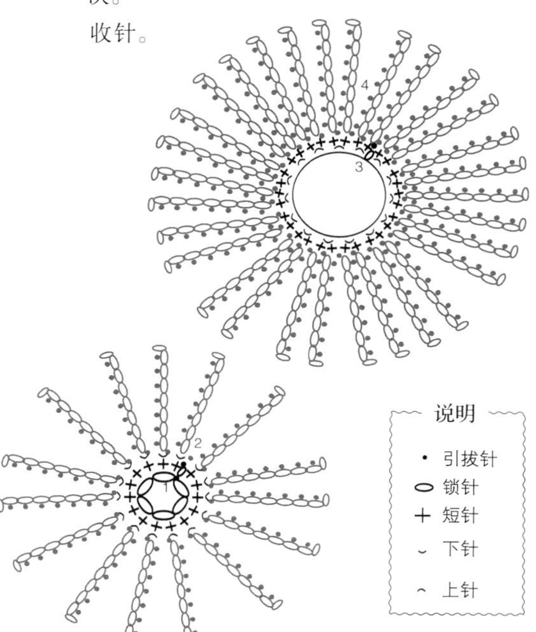

修饰花边

项链

修饰性的花边可以用来做一件很特别的首饰，钩织时要选用比较珍贵的线，如亚麻、丝线、金银丝又或是镶有串珠的线。制作这条长60英寸（150cm）的项链使用的是（4股）细亚麻线和B1（2mm）型号钩针，钩织图样为"锯齿辫带"。先做个小样，就能计算出钩织出你想要的长度需要的正确起针数目。和你估计的起针数相比，再多钩织几针，因为可能会拆掉那些用不着的针目。

围巾饰边

"蕾丝扇形辫带"饰边为这条羊毛围巾增添一抹华丽感，钩织这条饰边使用的是轻质（DK）纱线和G6（4mm）型号钩针。钩织一条适合围巾边缘长度的花边，然后将其缝在围巾的两端。如果采用的水平钩织的花边，起针的长度为几组重复图案的长度（再加些额外的锁针）。

衬衫修饰花边

有了花边的修饰，任何衣服都会变得更漂亮，图例中将"雏菊花链"缝在衣襟上来修饰衬衣。为了避免清洗的麻烦，修饰物的材质要和衣物的布料相同，棉线衣服选用丝光棉，羊毛衣服选用羊毛，以此类推。试试以不同的方法添加修饰花边吧，把它围绕在衣领处，袖口处（特别是短袖）或是加在口袋上。

裙摆饰边

通过在裙摆处添加一个花边使上一季的裙子焕然一新，或者为短裙增加点长度。这条“大扇形辫带”饰边是用橄榄绿色轻质（DK）棉线和G6（4mm）钩针钩织的。钩织到适合裙摆的长度，然后将其缝在裙摆上。如果是为了增加裙子的长度，适当放置花边，使它悬挂在裙摆下边。如果采用的水平钩织的花边，起针的长度为几组重复图案的长度（再加些额外的锁针）。

靠垫修饰花

使用轻质（双DK）丝质线和E6（3.5mm）钩针织成一条“简单贝形花边”，将它螺旋盘绕在靠垫上，就完成了图中靠垫的修饰。用粉笔在靠垫正面中心画出一系列同心圆，之间间隔为3/4英寸（2cm），起针的长度为若干组重复图案的长度（再加些额外的锁针），使其适合这些从中心到最外围的圆周长度。制作时比你需要的长度再长一些，因为花边会有轻微的集聚褶皱。将花边沿曲线放置，从中心部分开始，使其附着在靠垫上。

简单的贝形花边

起针，6个锁针一组，钩织若干组，再额外加1个锁针。

第1行 在针上数第3个锁针中织4个长针，跳过2个锁针，在下个锁针中织1个短针，*跳过2个锁针，在下个锁针中织5个长针，跳过2个锁针，在下个锁针中织1个短针；重复*步骤直至结束。

收针。

说明

- ⬭ 锁针
- ＋ 短针
- ⊤ 长针

1

6针锁针

简单的环形花边

起针，5个锁针一组，钩织若干组，再额外加3个锁针。

第1行 在针上数第2个锁针中织1个短针，在下个锁针中织1个短针，*织5个锁针，跳过3个锁针，在接下来的2个锁针中各钩织1个短针；重复*步骤直至结束。

第2行 织5个锁针，*在上一行“相连的5个锁针孔眼”的第3个锁针中钩织1个短针，3个锁针，在相同位置织1个短针，织5个锁针；重复*步骤直至结束。在最后的短针中钩织引拔针。

收针。

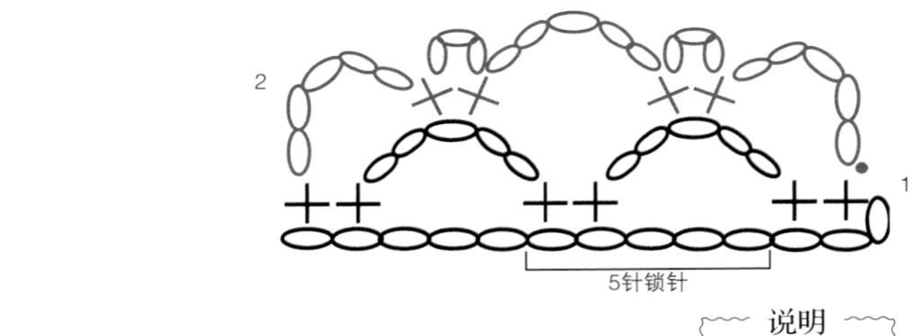

说明

- • 引拔针
- ⬭ 锁针
- ＋ 短针

饰有环孔的环形花边

起针，5个锁针一组，钩织若干组，再额外加2个锁针。

第1行 在针上数第2个锁针中织1个短针，*织5个锁针，跳过4个锁针，在下个锁针中织1个短针；重复*步骤直至这一行结束。

第2行 织1个锁针，在每个相连的5个锁针孔眼中钩织（3个短针，3个锁针，在针上第3个锁针中钩织引拔针，3个短针），直至结束。

收针。

2

1

5针锁针

说明

- • 引拔针
- ⬭ 锁针
- ＋ 短针

哥特式花形边

起针，8个锁针一组，钩织若干组，再额外加1个锁针。

第1行 从针上第2个锁针开始，分别在每个锁针中各织1个短针。

第2行 织3个锁针，跳过2个短针，在下个短针中织（长长针2针并1针，4个锁针，引拔针，4个锁针，长长针2针并1针），*织3个锁针，跳过7个短针，在接下来的短针中织（长长针2针并1针，4个锁针，引拔针，4个锁针，长长针2针并1针）；重复*步骤，直到剩余3个短针，跳过2个短针，在最后的短针中织1个长针。

第3行 织1个锁针，在长针中织1个短针，织5个锁针，在同一个短针中钩织长长针3针并1针，作为花瓣，*织5个锁针，分别在接下来的3个锁针中各织1个短针，织5个锁针，在同一个短针中钩织长长针3针并1针，作为花瓣；重复*步骤直至结束，织5个锁针，在上一行始端的第3个锁针中织1个短针。

第4行 织1个锁针，在相连的5个锁针孔眼中织7个短针，织5个锁针，在下一组相连的5个锁针孔眼中织7个短针，*跳过1个短针，在下个短针中钩织引拔针，跳过一个短针，在相连的5个锁针孔眼中织7个短针，织5个锁针，在下一组相连的5个锁针孔眼中织7个短针；重复*步骤直至结束，在最后1个短针中钩织引拔针。

第5行 织1个锁针，*跳过引拔针和1个短针，在接下来的5个短针中各钩织1个短针，跳过1个短针，在相连的5个锁针孔眼中织（3个短针，3个锁针，在针上第3个锁针中钩织引拔针，3个短针），跳过1个短针，在接下来的5个短针中各钩织1个短针；重复*步骤直至结束。

收针。

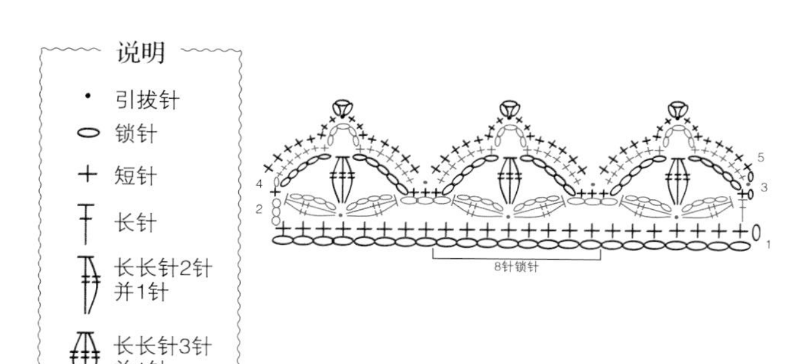

三叶草花边

起针，钩织13个锁针。

基础行 在针上第4个锁针中织1个长针，在下个锁针中织1个长针，织5个锁针，跳过6个锁针，在最后1个锁针中织（1个长针，3个锁针，1个长针，3个锁针，1个长针，3个锁针，1个长针），折回。

第1行 织1个锁针，分别在每组相连的3个锁针孔眼中钩织（1个短针，1个中长针，3个长针，1个中长针，1个短针），织5个锁针，跳过4个锁针，在第5个锁针中织1个长针，在接下来的2个长针中各织1个长针，在上一行始端的第3个锁针中织1个长针。

第2行 织3个锁针（计为1个长针），在接下来的3个长针中各织1个长针，在第1个锁针中织1个长针，织5个锁针，在第2个花瓣中间的长针中钩织（1个长针，3个锁针，1个长针，3个锁针，1个长针，3个锁针，1个长针）。

第3行 织1个锁针，分别在每组相连的3个锁针孔眼中钩织（1个短针，1个中长针，3个长针，1个中长针，1个短针），织5个锁针，跳过4个锁针，在第5个锁针中织1个长针，在接下来的4个长针中各织1个长针，在上一行始端的第3个锁针中织1个长针。

第4行 织3个锁针（计为1个长针），分别在接下来的5个长针中各织1个长针，在第1个锁针中织1个长针，织5个锁针，在第2个花瓣中间的长针中钩织（1个长针，3个锁针，1个长针，3个锁针，1个长针，3个锁针，1个长针）。

第5行 织1个锁针，分别在每组相连的3个锁针孔眼中钩织（1个短针，1个中长针，3个长针，1个中长针，1个短针），织5个锁针，跳过4个锁针，在第5个锁针中织1个长针，在接下来的6个长针中各织1个长针，在上一行始端的第3个锁针中织1个长针。

第6行 织3个锁针（计为1个长针），在接下来的2个长针中各织1个长针，织5个锁针，跳过4个长针，在下个长针中织（1个长针，3个锁针，1个长针，3个锁针，1个长针，3个锁针，1个长针）。

重复这6行。

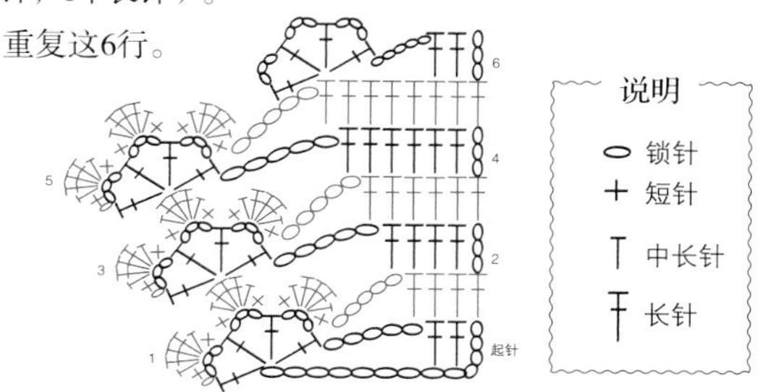

流苏

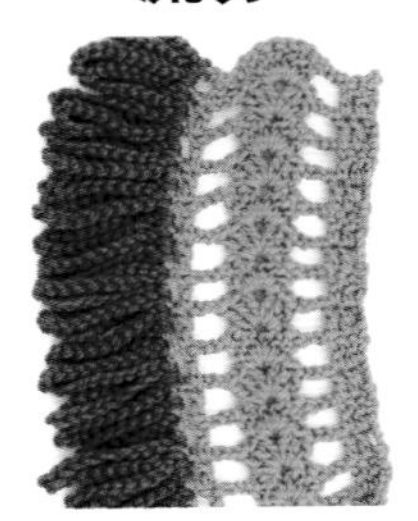

起针，钩织18个锁针。

基础行 在针上第5个锁针中钩织1个长针，在下个锁针中钩织1个长针，织3个锁针，跳过4个锁针，在下个锁针中织（3个长针，1个锁针，3个长针），织3个锁针，跳过4个锁针，在下个锁针中织1个长针，织1个锁针，跳过1个锁针，在下个锁针中织1个长针。

第1行 织4个锁针（计为1个长针和1个锁针），跳过锁针孔眼，在接下来的长针中织1个长针，织3个锁针，在扇形中央的锁针空眼中织（3个长针，1个锁针，3个长针），织3个锁针，在接下来的2个长针中各织1个长针，在第4个锁针中织1个长针。

第2行 织3个锁针（计为1个长针），在接下来的2个长针中各织1个长针，织3个锁针，在扇形中央的锁针空眼中织（3个长针，1个锁针，3个长针），织3个锁针，在下个长针中织1个长针，织1个锁针，在4个锁针中的第3个锁针中织1个长针。重复第1行和第2行，以第2行作为结束。

流苏是在每行顶端钩织的。

织10个锁针，在刚刚织完的这一行顶端的孔眼中钩织引拔针，*织10个锁针，在下面一行顶端的长针顶部钩织引拔针，织10个锁针，在接下来的孔眼中钩织引拔针；重复*步骤，直到起针行，在最后1个孔眼中钩织引拔针。

收针。

说明

· 引拔针
锁针
长针

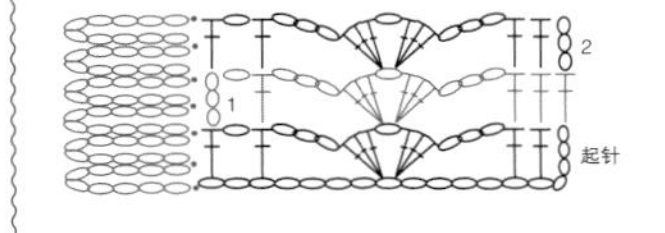

环孔流苏

起针，钩织7个锁针。

基础行 在针上第5个锁针中织1个长针，在最后2个锁针中各织1个长针。

第1行 织3个锁针（计为1个长针，分别在接下来的2个长针中织各1个长针），在第1个锁针的顶部织1个长针。

重复第1行的钩织，直到想要的长度。

收针。

边缘是在每行顶端钩织的。

在第1个长针的底部接线，在相同位置织4个锁针，1个长长针，*（织5个锁针，在长长针顶部钩织引拔针）3次，在上面一行的长针底部钩织（1个长长针，4个锁针，引拔针，4个锁针，1个长长针）；重复*步骤，直到最后一行，（织5个锁针，在长长针顶部钩织引拔针）3次，在最后一行的长针顶部织（1个长长针，4个锁针，引拔针）。

收针。

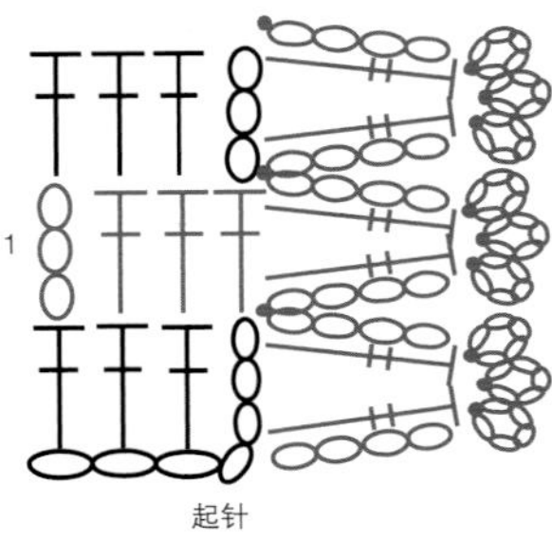

环孔贝壳花边

起针，每6个锁针一组，钩织若干组，再额外加2个锁针。

第1行 从针上第2个锁针开始，分别在每个锁针中钩织1个短针。

第2行 织1个锁针，在第1个短针中织1个短针，跳过2个短针，在下个短针织7个长针，跳过2个短针，*在下个短针中织1个短针，跳过2个短针，在下个短针织7个长针，跳过2个短针，在下个短针中织1个短针；重复*步骤，直至结束。

第3行 织1个锁针，在第1个短针中织1个短针，*跳过扇形的第1个长针，（在下个长针中织1个短针，3个锁针，在针上第3个锁针中钩织引拔针，在下个长针中织1个短针）2次，在下个长针中织1个短针，3个锁针，在第1个锁针中钩织引拔针，跳过扇形的最后一个长针，在扇形之间的短针中钩织短针；重复*步骤，直至结束。

收针。

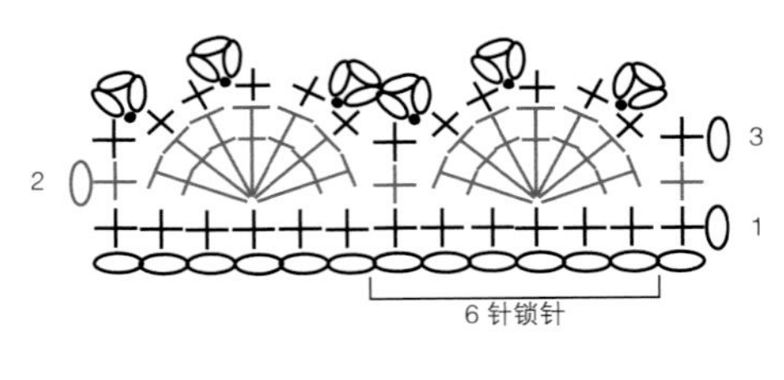

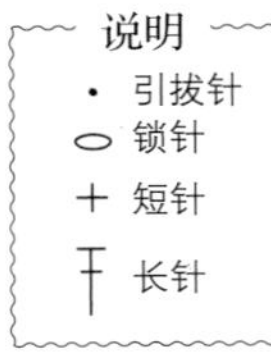

扇形双排编织花边

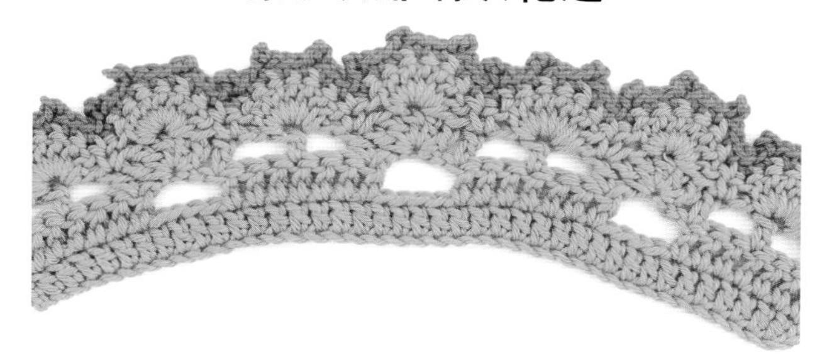

起针，每11个锁针一组，钩织若干组，再额外加9个锁针。

第1行 从针上第4个锁针开始，直至末尾，分别在每个锁针中织1个长针。

第2行 织3个锁针（计为1个长针），接下来的6个长针，分别在每个长针中织1个长针，*织4个锁针，跳过4个长针，在接下来的7个长针中各织1个长针；重复*步骤，直至结束，在第3个锁针中钩织最后1个长针。

第3行 织5个锁针（计为1个长针和2个锁针），跳过接下来的2个长针，在下个长针中织1个长针，2个锁针，跳过接下来的2个长针，在下个长针中织1个长针，*跳过1个锁针，在下个锁针中织5个长针，跳过2个锁针，在接下来的长针中织1个长针，织2个锁针，跳过2个长针，在下个长针中织1个长针；重复*步骤，直至结束，在第3个锁针中钩织最后一个长针。

第4行 织3个锁针（计为1个长针），跳过“相连的2个锁针孔眼”，在下个长针中织7个长针，跳过“相连的2个锁针孔眼”，*在下个长针中织1个短针，跳过2个长针，在下个长针中织7个长针，跳过2个长针，在下个长针中织1个短针，跳过“相连的2个锁针孔眼”，在下个长针中织7个长针，跳过“相连的2个锁针孔眼”；重复*步骤，直至结束，在5个锁针的第3个锁针中织1个短针。

第5行 织1个锁针（计为1个短针），*在扇形的第1个长针中织1个短针，（在下个长针中织1个短针，织3个锁针，在第1个锁针中钩织引拔针，在下个长针中织1个短针）3次，跳过扇形之间的短针；重复*步骤，直至结束，在第3个锁针中织1个短针。

收针。

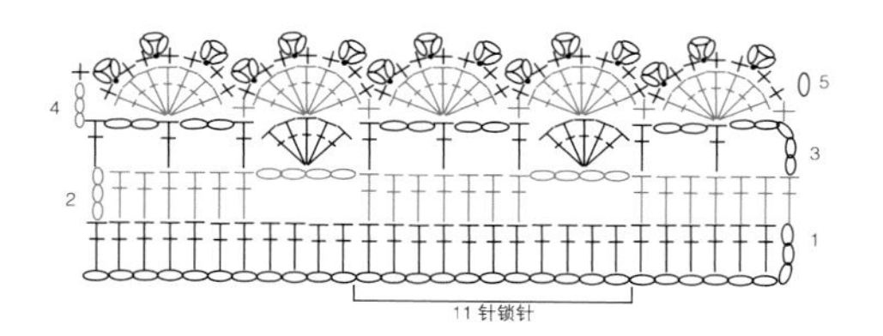

初日辫带

起针，钩织10个锁针。

基础行 在针上第7个锁针中织（3个长针，3个锁针，3个长针），跳过2个锁针，在最后一个锁针中织1个长长针。

第1行 织4个锁针（计为1个长长针），在贝形中央“相连的3个锁针孔眼”中织（3个长针，3个锁针，3个长针），在起立针顶部织1个长长针。

第2行 与第1行相同。

第3行 织4个锁针（计为1个长长针），在贝形中央“相连的3个锁针孔眼”中织（3个长针，3个锁针，3个长针），织1个锁针，在上一行始端“相连的4个锁针孔眼”中织（1个长针，1个锁针）8次，跳过下面第1行尾端的1个长长针，在下方第2行始端的第4个锁针中钩织引拔针。

第4行 织3个锁针，跳过1个锁针和1个长针，在锁针空眼中织1个短针，分别在其余6个“锁针孔眼”中织（3个锁针，1个短针），织4个锁针，跳过1个长针和1个锁针，在贝形中央“相连的3个锁针孔眼”中织（3个长针，3个锁针，3个长针），在起立针顶部织1个长长针。

重复以上4行。

收针。

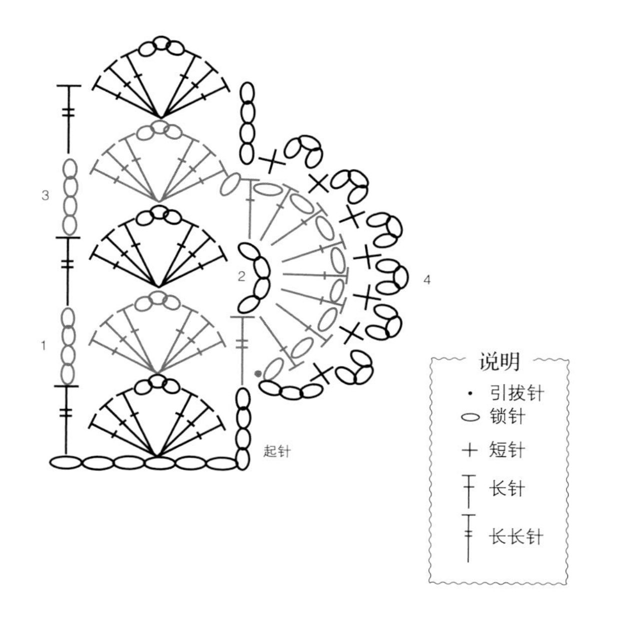

拱形花边

起针，每10个锁针一组，钩织若干组，再额外加7个锁针。

第1行 从针上第2个锁针开始，在每个锁针中织1个短针。

第2行 织1个锁针，在第1个短针中织1个短针，*织5个锁针，跳过4个短针，在下个短针中织1个短针；重复*步骤，直至结束。

第3行 织6个锁针（计为1个长针和3个锁针），在第1组相连的5个锁针孔眼中织1个短针，*织3个锁针，在下组相连的5个锁针孔眼中织（2个长针，4个锁针，2个长针），在下组相连的5个锁针孔眼中织1个短针；重复*步骤，直至最后3个短针，织3个锁针，在最后1个短针中织1个长针。

第4行 织1个锁针，在长针中织1个短针，织4个锁针，跳过一组相连的3个锁针孔眼和之后的短针，*在下组相连的3个锁针孔眼中织1个短针，在相连的4个锁针孔眼中织10个长针，在下组相连的3个锁针孔眼中织1个短针，织4个锁针；重复*步骤，直至第3行的起立针，在第3个锁针中织1个短针。

收针。

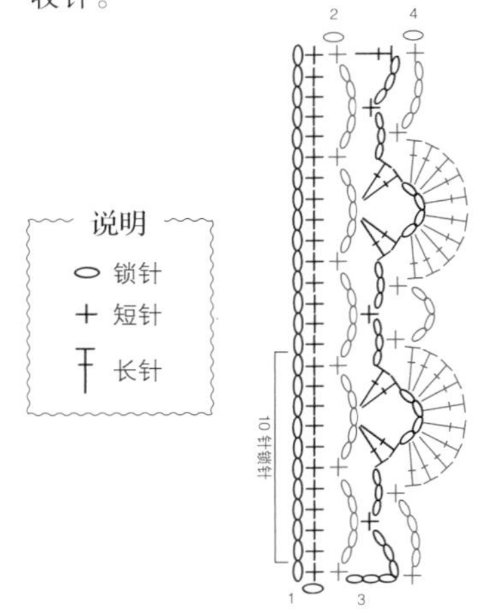

大扇形辫带

钩织5个锁针，用引拔针连接成环。

基础行 织8个锁针，在环中织（1个3卷长针，1个锁针）6次，在环中织1个3卷长针，9个锁针，在环中钩织引拔针，折回。

第1行 织1个锁针，在相连的9个锁针孔眼中钩织，（2个短针，4个锁针，在针上第4个锁针中钩织引拔针）4次，在相同相连锁针孔眼中织2个短针，（在下个3卷长针中织1个短针，在下个锁针孔眼中织1个短针）3次，织5个锁针，跳过1个长长针，（在下个锁针孔眼中织1个短针，在下个长长针织1个短针）3次，折回。

第2行 织8个锁针，在环中钩织（1个3卷长针，1个锁针）6次，在环中织1个3卷长针，9个锁针，在环中钩织引拔针，折回。

重复第1行和第2行。

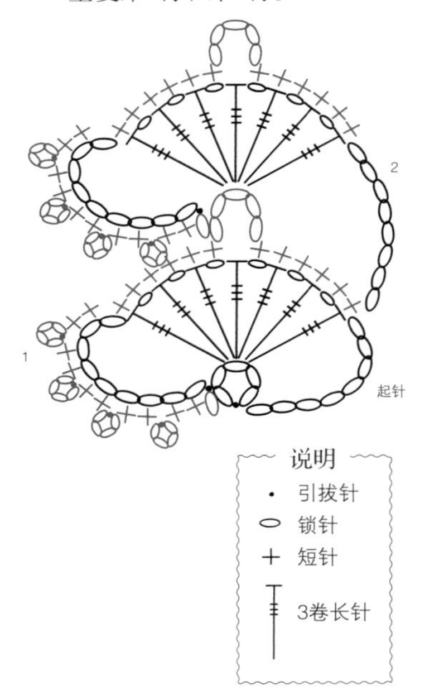

花朵辫带

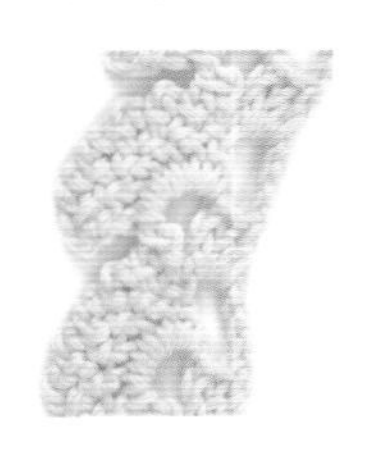

钩织9个锁针。

基础行 从针上第7个锁针中钩织1个长针，在最后2个锁针中各织1个长针。

第1行 织6个锁针，在相连的6个锁针孔眼中织6个长针。

第2行 分别在接下来的6个长针中钩织（3个锁针，在长针中钩织引拔针），织6个锁针，在相连的6个锁针孔眼中织3个长针。

重复第1行和第2行。

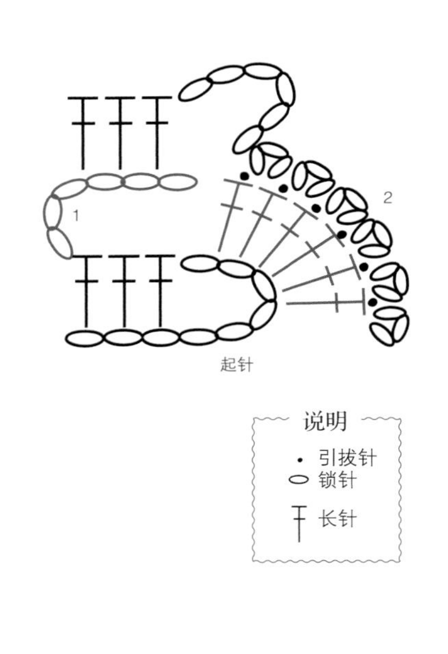

辫带

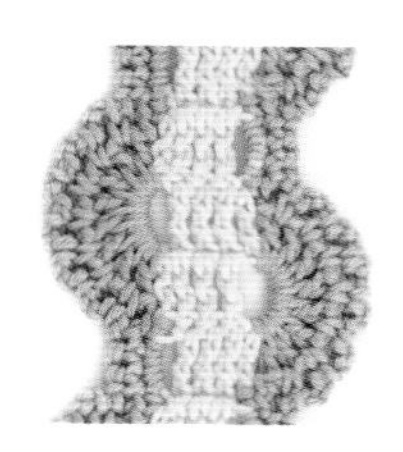

起针，钩织8个锁针。

基础行 从针上第5个锁针开始，分别在余下的锁针中钩织1个长长针。

第1行 织4个锁针（计为1个长长针），分别在其余4个长长针中各织1个长长针。

重复第1行的钩织，一直到满意的长度，但要保证行数为偶数。

第一条边

旋转辫带，所以每一行的顶端都是水平排列，然后从右向左钩织。

第1行 织1个锁针，跳过第1行始端的长长针，*在下一行顶端的锁针顶部织（1个锁针，1个长针）8次，织1个锁针，跳过下一行的长长针，在下一行的起立针顶部织1个短针，在起立针中钩织3个短针，在下个长长针顶部织1个短针，跳过下一行始端的长长针；重复*直至结束，在起针行的锁针中钩织最后一个短针，折回。

第2行 织1个锁针，跳过起立针底部的短针，分别在接下来的3个短针中各织1个短针，*织1个锁针，跳过1个短针、1个锁针和1个长针，在锁针孔眼中织1个短针，分别在其余6个锁针孔眼中织（3个锁针，1个短针），织1个锁针，跳过1个长针、1个锁针和1个短针；重复*步骤直至结束，以在最后一个长长针顶部钩织1个短针结束。

第2条边

在基础针的尾端接线，钩织方法同1行和第2行。

收针。

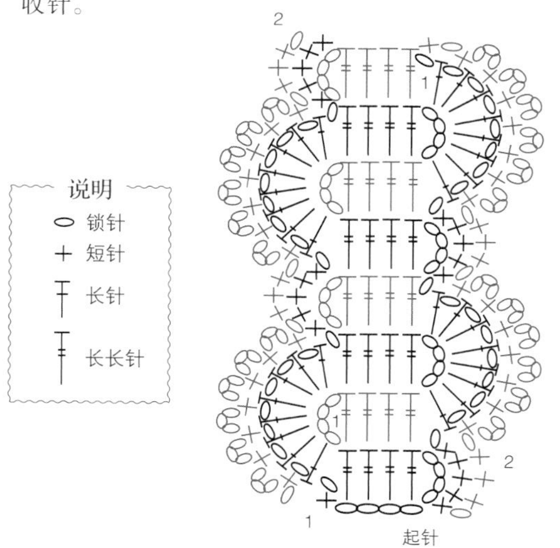

水滴花边

起针，每14个锁针一组，钩织若干组，再额外添加2个锁针。

第1行 从针上第2个锁针开始，依次在每个锁针中织1个短针。

第2行 织1个锁针，在第1个短针中织1个短针，*织1个锁针，跳过1个短针，在下一个短针中织1个短针；重复*步骤，直至结束。

第3行 织5个锁针（计为1个长针和2个锁针），跳过1个锁针孔眼，在下个锁针孔眼中织1个短针，织3个锁针，跳过下个锁针孔眼，在下个锁针孔眼中织6个长针，织3个锁针，跳过1个锁针孔眼，在下个锁针孔眼中织1个短针，*织5个锁针，跳过下2个锁针孔眼，在接下来的锁针孔眼中织1个短针，织3个锁针，跳过下个锁针孔眼，在下个锁针孔眼中织6个长针，织3个锁针，跳过1个锁针孔眼，在下个锁针孔眼中织1个短针；重复*步骤，直到最后一个锁针孔眼，织2个锁针，跳过最后的锁针孔眼，在最后的短针中织1个长针。

第4行 织1个锁针，在长针中织1个短针，*织5个锁针，在接下来的3个长针中各织1个长针，织5个锁针，在下一组相连的5个锁针孔眼中织1个短针；重复*步骤，直至这一行结束。

第5行 织3个锁针（计为1个长针），在第1组相连的5个锁针孔眼中织1个长针，*织5个锁针，在位于两组长针之间的相连5个锁针孔眼中钩织（2个长针，5个锁针，在针上第5个锁针中钩织引拔针）4次，在同一组锁针孔眼中织2个长针，织5个锁针，钩织长针2针并1针，合并针中的第一支在接下来的相连5个锁针孔眼中钩织，第二支在下一组相连5个锁针孔眼中钩织；重复*步骤，直至这一行结束，以在最后的合并针的第二支中钩织1个短针作为结束。

收针。

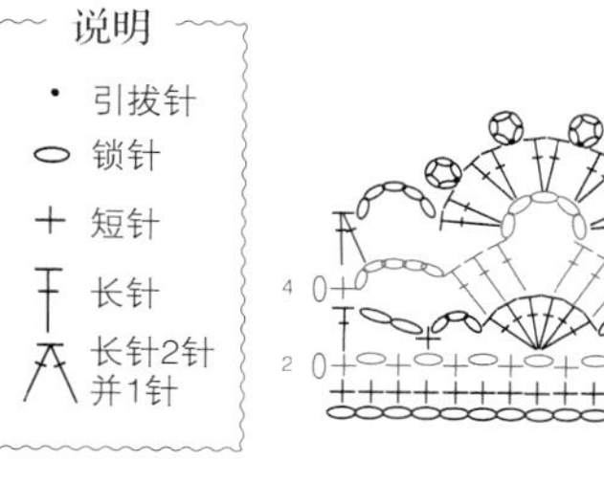

扇形方眼花边

起针，每6个锁针一组，钩织若干组，再额外添加4个锁针。

第1行 在针上第4个锁针中织1个长针，*织2个锁针，跳过2个锁针，在接下来的锁针中织1个长针；重复*步骤，直至这一行结束。

第2行 织3个锁针（计为1个长针），在同一长针中织8个长针，*跳过1个长针，在下个长针中织9个长针；重复*步骤，直至结束。

收针。

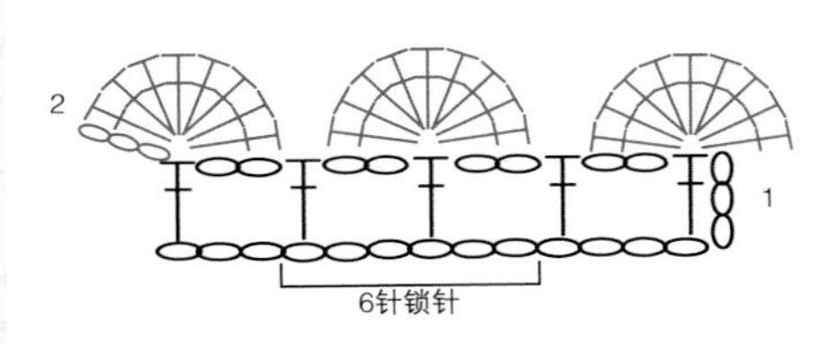

说明

○ 锁针

Ŧ 长针

金银丝拱形边

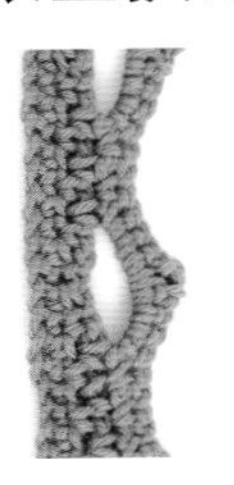

起针，每10个锁针一组，钩织若干组，再额外添加4个锁针。

第1行 从针上第2个锁针开始，直至最后，在每个锁针中各织1个短针。

第2行 织1个锁针，在第1个短针中织1个短针，*织1个锁针，跳过1个短针，在下个短针中织1个短针；重复*步骤，直至最后。

第3行 织1个锁针，在第1个短针和第1个锁针孔眼中各织1个短针，织1个锁针，在下个锁针孔眼中织1个短针，织6个锁针，跳过2个锁针孔眼，*（在下个锁针孔眼中织1个短针，织1个锁针）2次，在下个锁针孔眼中织1个短针，织6个锁针，跳过2个锁针孔眼；重复*步骤，直到最后2个锁针孔眼，在接下来的锁针孔眼中织1个短针，织1个锁针，在下个锁针孔眼中织1个短针，在最后的短针中织1个短针。

第4行 织1个锁针，在第1个短针中织1个短针，织1锁针，在下个锁针孔眼中织1个短针，*在相连的6个锁针孔眼中织（4个短针，3个锁针，4个短针），在接下来的锁针孔眼中织1个短针，织1个锁针，在下个锁针孔眼中织1个短针；重复*步骤，直到末尾，在最后的短针中钩织最后一个短针。

收针。

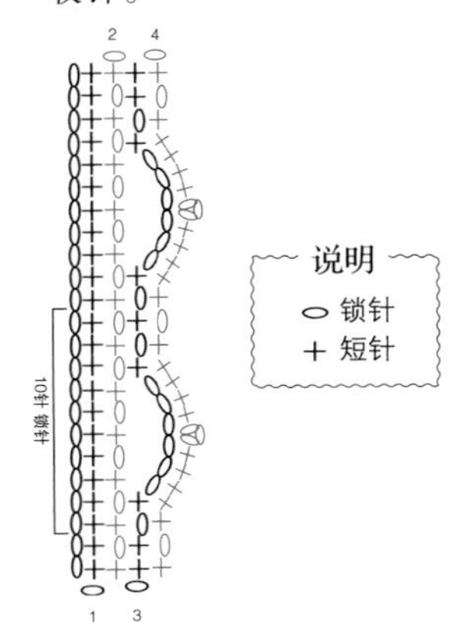

雏菊花链

钩织4个锁针。

第1行 在针上第4个锁针中织2个长针，织4个锁针，在针上第4个锁针中（2个长针，3个锁针，引拔针，3个锁针，2个长针），*织9个锁针，在针上第4个锁针中织2个长针，织4个锁针，在针上第4个锁针中织（2个长针，3个锁针，引拔针，3个锁针，2个长针）；重复*步骤，直到织出想要数目的雏菊花，无需折回。

第2行 （沿着第1行的底部钩织雏菊花）织3个锁针，在相同的位置钩织引拔针，作为第1朵雏菊的另一片花瓣，在同一位置钩织（3个锁针，2个长针，3个锁针，引拔针），织3个锁针，在这朵雏菊上一片花瓣的上边缘钩织引拔针，*织8个锁针，在针上第4个锁针中织（2个长针，3个锁针，引拔针，3个锁针）3次，在相同位置织（2个长针，3个锁针，引拔针），织4个锁针，在下一朵雏菊的第一片花瓣上边缘中钩织引拔针，织3个锁针，在这朵雏菊中心处钩织引拔针，在相同位置织（3个锁针，2个长针，3个锁针，引拔针），织3针锁针，在这朵雏菊最后一片花瓣上边缘钩织引拔针；重复*步骤，直到结束。

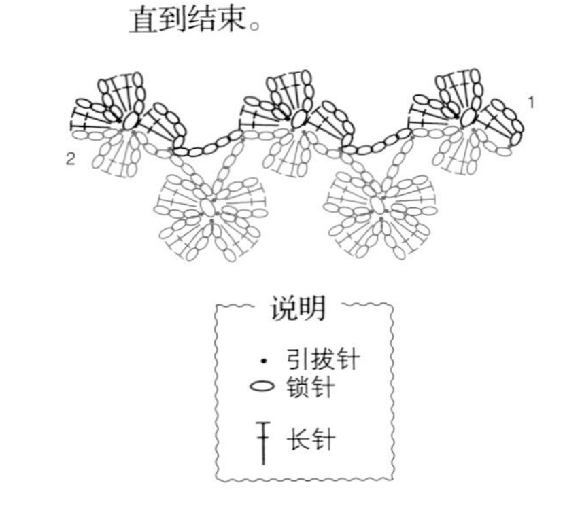

环饰孔眼花边

起针，每6个锁针一组，钩织若干组，再额外添加4个锁针。

第1行 在针上第4个锁针中织1个长针，*织1个锁针，跳过1个锁针，在下个锁针中织1个长针；重复*步骤直到这一行结束。

第2行 织1个锁针，在第1个长针中织1个短针，*织1个锁针，跳过1个锁针和1个长针，在接下来的锁针中织（2个长针，2个锁针，2个长针），织1个锁针，跳过1个锁针和1个长针，在下个长针中织1个短针；重复*步骤直到这一行结束。

第3行 织3个锁针，在第一个短针中钩织（1个长针，5个锁针，在针上第3个锁针中钩织引拔针，织2个锁针，1个长针），*织1个锁针，在下方扇形的2个相连锁针孔眼中织1个短针，织1个锁针，在下个短针中织（1个长针，5个锁针，在针上第3个锁针中钩织引拔针，织2个锁针，1个长针）；重复*步骤直到结束。

收针。

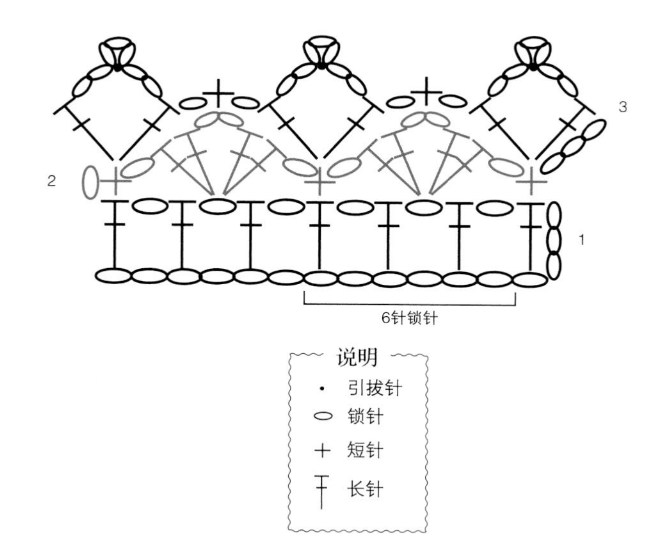

三叶草环形边

起针，每8个锁针一组，钩织若干组，再额外添加2个锁针。

第1行 从针上第2个锁针开始，在每个锁针中各织1个短针，直到结束。

第2行 织1个锁针，在第1个短针中织1个短针，*织9个锁针，跳过7个短针，在接下来的短针中织1个短针；重复*步骤直到这一行结束。

第3行 织4个锁针，在第1个短针中织1个长长针，织4个锁针，在第1组相连的9个锁针孔眼中织1个短针，*织9个锁针，在下组相连的9个锁针孔眼中织1个短针；重复*步骤直至最后，织4个锁针，在最后的短针中织1个长长针。

第4行 织1个锁针，在第1个长长针中织1个短针，*织7个锁针，在针上第3个锁针中织1个短针，（织3个锁针，在相同位置织1个短针）2次，织4个锁针，在接下来的相连的9个锁针孔眼中织1个短针；重复*步骤直至最后，以在最后的长长针中钩织1个短针结束。

收针。

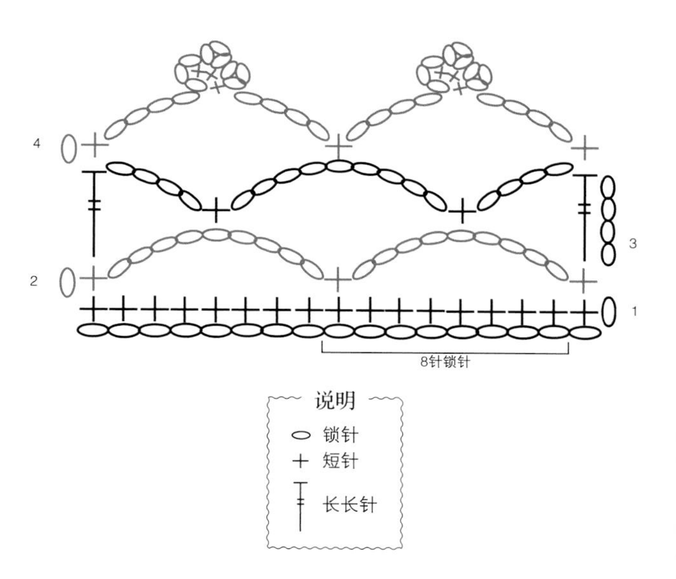

狗牙花边

起针，每5个锁针一组，钩织若干组，再额外添加1个锁针。

第1行 从针上第2个锁针开始，在每个锁针中织1个短针，直到最后。

第2行 织4个锁针，在第1个短针中织1个长长针，在下个短针中织1个长针，在下个短针中织1个中长针，在下个短针中织1个短针，在下个短针中钩织引拔针，*织4个锁针，在下个短针中织1个长长针，在下个短针中织1个长针，在下个短针中织1个中长针，在下个短针中织1个短针，在下个短针中钩织引拔针；重复*步骤直至结束。

收针。

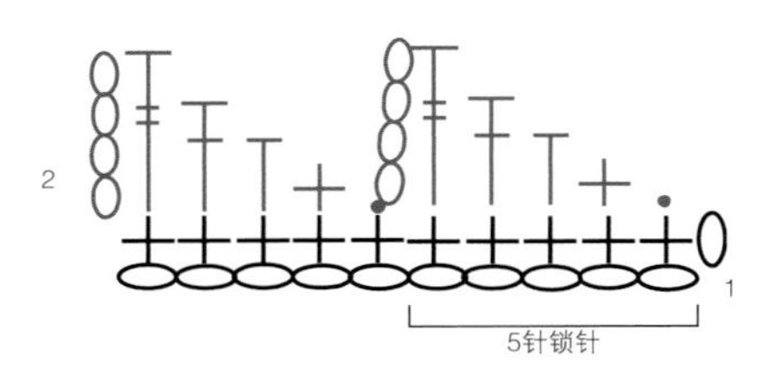

墨西哥花边

起针，每18个锁针一组，钩织若干组，再额外添加14个锁针。

第1行 从针上第2个锁针开始，在每个锁针中各织1个短针，直到最后。

第2行 织1个锁针，在第1个短针中织1个短针，*织5个锁针，跳过5个短针，在接下来的短针中织1个短针；重复*步骤直到这一行结束。

第3行 织3个锁针，在第1个短针中织1个长针，织3个锁针，在第1组5个相连锁针孔眼中织1个短针，*织10个锁针，在下组5个相连锁针孔眼中织1个短针，（织5个锁针，在下组5个相连锁针孔眼中织1个短针）2次；重复*步骤直到最后一组5个相连锁针孔眼，织10个锁针，在最后一组5个相连锁针孔眼中织1个短针，织3个锁针，在最后的短针中织1个长针。

第4行 分别在每组相连的10个锁针孔眼中钩织（长长针2针并1针，5个锁针）7次，省略最后5个锁针，在最后的长针中钩织引拔针。

收针。

说明
· 引拔针
锁针
短针
长针
长长针2针并1针

4
3
2
1
18针锁针

圆环花边

第1个 基本花样钩织8个锁针，在第1个锁针中钩织引拔针，连接成环，织1个锁针，在圆环中钩织4个短针，织4个锁针，织4个短针，织5个锁针，在最后短针中钩织引拔针，织7个锁针，在相同短针中钩织引拔针，织5个锁针，在相同短针中钩织引拔针，织4个短针，4个锁针，4个短针，在第1个短针中钩织引拔针，使圆周闭合。无需折回。

第2个 基本花样 *织18个锁针，在针上第8个锁针中钩织引拔针，织1个锁针，在圆环中钩织4个短针，2个锁针，在上一花样由4个锁针所形成的圆环中钩织引拔针，织2个锁针，4个短针，5个锁针，在最后短针中钩织引拔针，织7个锁针，在相同短针中钩织引拔针，织5个锁针，在相同短针中钩织引拔针，织4个短针，4个锁针，4个短针，在第1个短针中钩织引拔针，使圆周闭合；重复*步骤，直至达到满意的长度，无需折回。

上边缘织1个锁针，在每个顶部圆环中织10个短针。

收针。

第一环
第二环

说明
· 引拔针
锁针
短针

大环孔花边

钩织20个锁针。

基础行 在针上第5个锁针中织1个长长针，在下个锁针中织1个长长针，织3个锁针，跳过4个锁针，在下个锁针中织（1个长针，2个锁针，1个长针），织3个锁针，跳过4个锁针，在下个锁针中织（1个长针，2个锁针，1个长针），织6个锁针，在最后的锁针中钩织引拔针。

第1行 织1个锁针，在相连6个锁针构成的圆环中钩织（2个短针，4个锁针）3次，然后在相同圆环钩织2个短针，在下个长针中钩织引拔针，织5个锁针（计为1个长针和2个锁针），在相连的2个锁针孔眼中织（长长针3针并1针，2个锁针，1个长针），在下组相连的2个锁针孔眼中织（1个长针，2个锁针，长长针3针并1针，2个锁针，1个长针），1个锁针，分别在接下来的2个长长针中各织1个长长针，在下方4个锁针的顶端锁针中钩织1个长长针。

第2行 织4个锁针（计为1个长长针），分别在接下来的2个长长针中各织1个长长针，织3个锁针，在合并针顶部钩织（1个长针，2个锁针，1个长针），织3个锁针，在下个合并针顶部钩织（1个长针，2个锁针，1个长针，）织6个锁针，在上一行5个相连锁针的第3个锁针中钩织引拔针。

按照第1行和第2行，重复钩织。

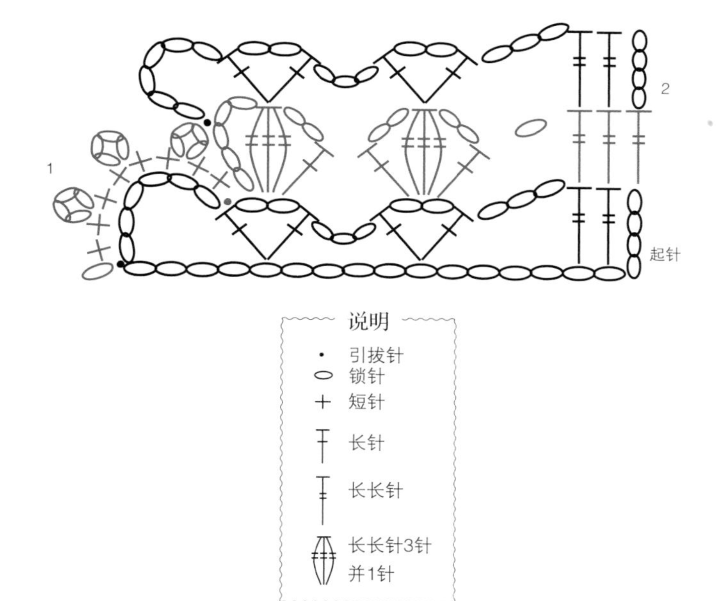

蕾丝扇形辫带

钩织11个锁针。

基础行 在针上第4个锁针中织1个长针，分别在接下来的3个锁针中各织1个长针，织2个锁针，跳过2个锁针，分别在接下来的2个锁针中各织1个长针。

第1行 钩织3个锁针（计为1个长针），在下个长针中织1个长针，分别在接下来的2个锁针中各织1个长针，织4个锁针，跳过4个长针，在第3个锁针中织1个长针。

第2行 织5个锁针，在第1个长针中织1个长针，分别在接下来的4个锁针中各织1个长针，织2个锁针，跳过2个长针，在下个长针中织1个长针，在第3个锁针中织1个长针。

第3行 钩织3个锁针（计为1个长针），在下个长针中织1个长针，分别在接下来的2个锁针中各织1个长针，织4个锁针，跳过4个长针，在最后的长针中织1个长针，在5个相连锁针构成的圆环中钩织（1个锁针，1个长针）9次，在下方一行的长针底部钩织引拔针。

第4行 织3个锁针，跳过1个长针和1个锁针，（在下个长针中织1个短针，3个锁针）8次，在第1个长针中织1个长针，分别在接下来的4个锁针中各织1个长针，织2个锁针，跳过2个长针，在下个长针中织1个长针，在第3个锁针中织1个长针。

重复第1行到第4行的钩织，直到满意的长度。

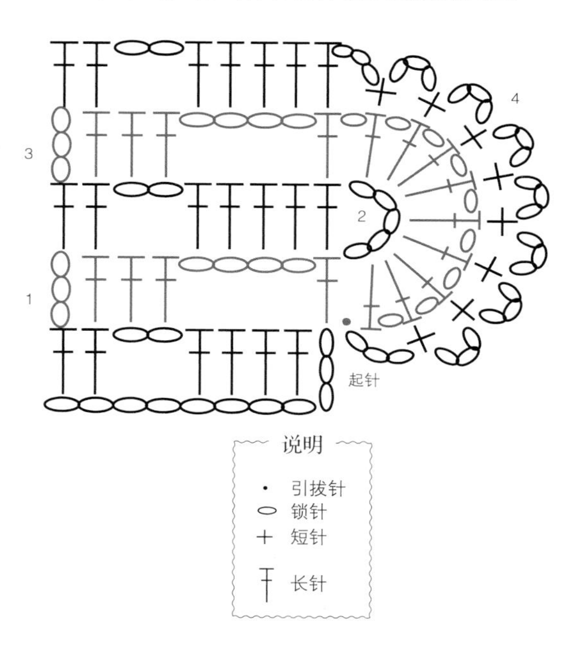

上下交错花边

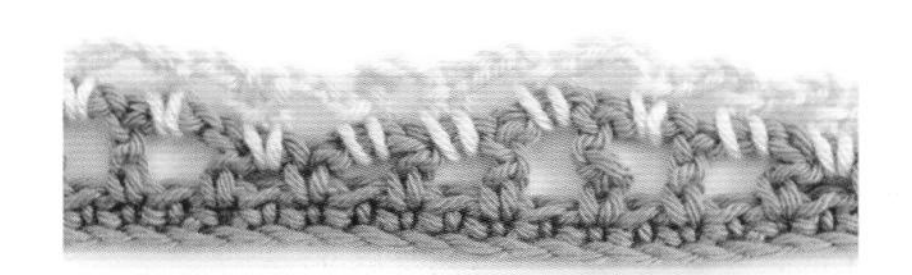

起针，每12个锁针一组，钩织若干组，再额外加2个锁针。

第1行 从针上第2个锁针开始，在每个锁针中各织1个短针，直到最后。

第2行 织1个锁针，在第1个短针中织1个短针，*织2个锁针，跳过1个短针，在下个短针中织1个中长针，织2个锁针，跳过1个短针，在下个短针中织1个长针，织2个锁针，跳过1个短针，在下个短针中织1个长长针，织2个锁针，跳过1个短针，在下个短针中织1个长针，织2个锁针，跳过1个短针，在下个短针中织1个中长针，织2个锁针，跳过1个短针，在下个短针中织1个短针；重复*步骤，直至这一行结束。

第3行 *织5个锁针，在相连的2个锁针孔眼中织1个短针；重复*步骤，直至最后，织5个锁针，在最后的短针中钩织1个引拔针。

收针

2 3 1

12针锁针

说明

- · 引拔针
- ⬭ 锁针
- ＋ 短针
- 中长针
- 长针
- 长长针

花冠花边

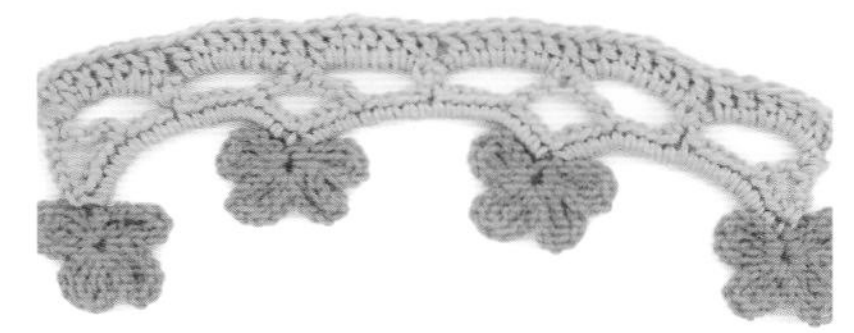

花朵行 织5个锁针，*在针上第5个锁针中织一个长长针2针并1针，织4个锁针，在位于合并针底部的锁针中钩织引拔针，（织4个锁针，长长针2针并1针，4个锁针，在同一个锁针中钩织引拔针）3次，20个锁针；重复*步骤直到想要的长度，省略最后20个锁针。

第2行 织1个锁针，在每个由15个相连锁针构成的圆环中钩织（10个短针，3个锁针，10个短针）。

第3行 织4个锁针（计为1个长长针），跳过底部的1个短针和接下来的3个短针，在下个短针中1个长长针，*织7个锁针，在3个相连锁针构成的圆环中织1个短针，织7个锁针，长长针2针并1针，从3个相连锁针构成的圆环的位置开始数，在第6个短针中钩织长长针2针并1针的第1支，在花朵另一边数第5个短针中钩织长长针2针并1针的第2支；重复*步骤直到最后，结束时在最后的短针中钩织长长针2针并1针的第2支。

第4行 织3个锁针（计为1个长针），*在相连的7个锁针孔眼中织6个长针，在短针中织1个长针，在相连的7个锁针孔眼中织6个长针，在合并针顶部织1个长针；重复*步骤直至结束。

收针。

说明

- · 引拔针
- ⬭ 锁针
- ＋ 短针
- 长针
- 长长针2针并1针
- 长长针2针并1针

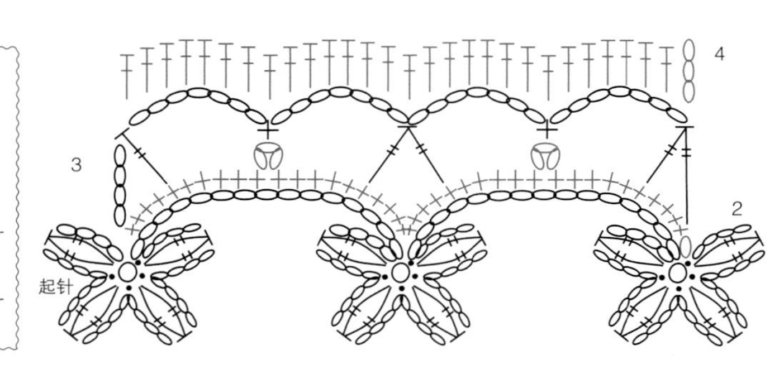

环孔拱形边

起针，每8个锁针一组，钩织若干组，再额外加2个锁针。

第1行 从针上第2个锁针开始，在每个锁针中各织1个短针，直到最后。

第2行 织1个锁针，在第1个短针中织1个短针，*织10个锁针，跳过7个短针，在下个短针中织1个短针；重复*步骤直至这一行结束。

第3行 织1个锁针，分别在每个相连的10个锁针孔眼中钩织14个短针，直至最后。

第4行 织1个锁针，*跳过2个短针，（分别在接下来的2个短针中各织1个短针，织4个锁针）4次，分别在接下来的2个短针中各织1个短针，跳过最后2个短针；按照*步骤，以相同方法在每个由相连的14个短针构成的拱形中钩织，直到最后，织1个锁针，在最后的短针中钩织引拔针。

收针。

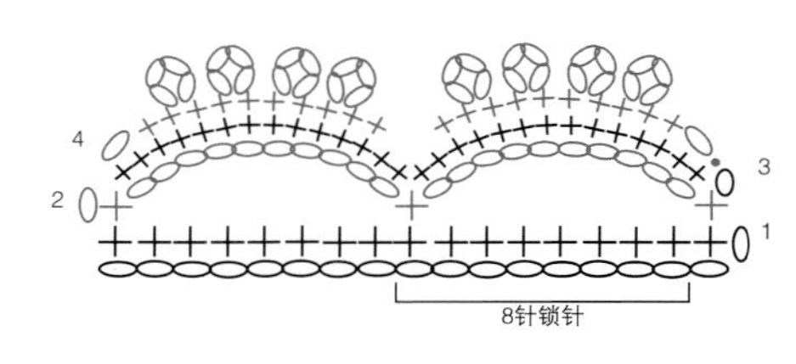

说明

- · 引拔针
- ⬭ 锁针
- ＋ 短针

斜纹方块边

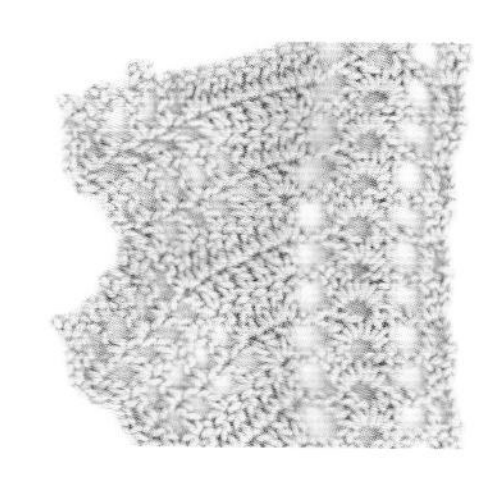

钩织19个锁针。

基础行 在针上第4个锁针中织1个长针，织2个锁针，跳过2个锁针，在下个锁针中钩织（2个长针，2个锁针，2个长针），织2个锁针，跳过3个锁针，在下个锁针中织3个长针，织1个锁针，跳过1个锁针，（在下个锁针中织1个长针，1个锁针，跳过1个锁针）3次，在最后锁针中织2个长针。

第1行 织3个锁针（计为1个长针），（在下个锁针中织1个长针，1个锁针）4次，在下个长针中织2个长针，在下个长针中织1个长针，在下个长针中织2个长针，织2个锁针，在贝形中央相连的2个锁针孔眼中织（2个长针，2个锁针，2个长针），织2个锁针，在下个长针中织1个长针，在第3个锁针中织1个长针。

第2行 织3个锁针（计为1个长针），在下个长针中织1个长针，织2个锁针，贝形中央相连的2个锁针孔眼中织（2个长针，2个锁针，2个长针），织2个锁针，在下个长针中织2个长针，分别在接下来的3个长针中各织1个长针，在下个长针中织2个长针，（1个锁针，在下个长针中织1个长针）4次，在第3个锁针中织1个长针。

第3行 织3个锁针（计为1个长针），（在下个长针中织1个长针，织4个锁针，在针上第4个锁针中钩织引拔针）4次，在下个长针中织2个长针，分别在接下来的5个长针中各织1个长针，在下个长针中织2个长针，织2个锁针，在贝形中央相连的2个锁针孔眼中织（2个长针，2个锁针，2个长针），织2个锁针，在下个长针中织1个长针，在第3个锁针中织1个长针。

第4行 织3个锁针（计为1个长针），在下个长针中织1个长针，织2个锁针，在贝形中央相连的2个锁针孔眼中织（2个长针，2个锁针，2个长针），织2个锁针，在下个长针中织3个长针，（织1个锁针，跳过1个长针，在下个长针中织1个长针）3次，织1个锁针，跳过1个长针，在下个长针中织2个长针。

重复第1行到第4行的钩织，直到想要的长度。

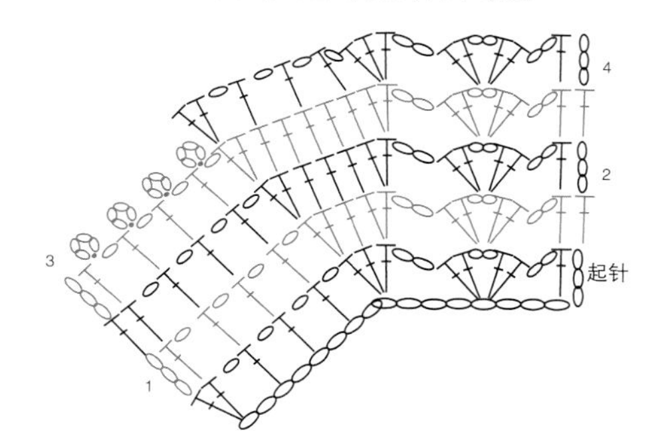

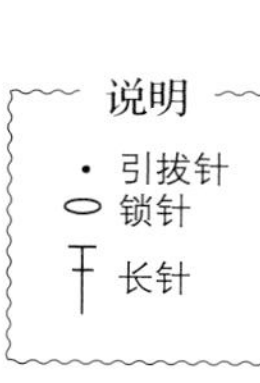

桥形花边

起针，每6个锁针一组，钩织若干组，再额外添加4个锁针。

第1行 从针上第2个锁针开始，在每个锁针中各织1个短针，直到最后。

第2行 织4个锁针（计为1长针和1个锁针），跳过锁针底部的短针和下一个短针，在接下来短针中织1个长针，*织1个锁针，跳过1个短针，在接下来短针中织1个长针；重复*步骤直至这一行结束。

第3行 织3个锁针（计为1个长针），在第1个锁针孔眼中织2个长针，*织5个锁针，跳过接下来的2个锁针孔眼，在下个锁针孔眼中织2个长针；重复*步骤直至最后，在第3个锁针中织1个长针。

第4行 织1个锁针，分别在每组相连5个锁针孔眼中钩织（1个短针，1个中长针，5个长针，1个中长针，1个短针），直到最后，织1个锁针，在第3个锁针中钩织引拔针。

收针。

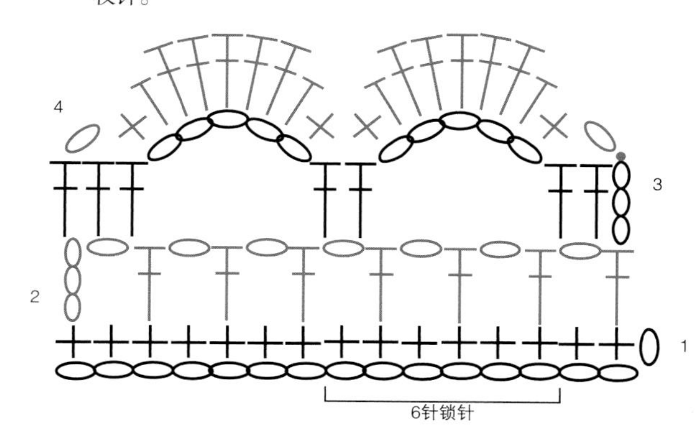

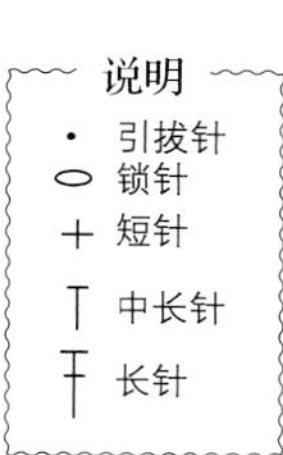

简单环形花边

起针，每3个锁针一组，钩织若干组，再额外添加2个锁针。

第1行 从针上第2个锁针开始，在每个锁针中各织1个短针，直到最后。

第2行 织1个锁针，在第1个短针中织1个短针，*织5个锁针，跳过2个短针，在接下来的短针中织1个短针；重复*步骤直至这一行结束。

第3行 织1个锁针，在每个相连的5个锁针孔眼中织（3个短针，3个锁针，3个短针），直到结束。

收针。

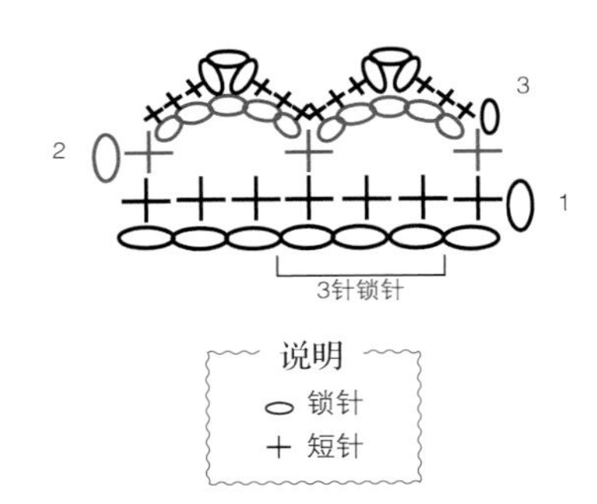

三条钩织链花边

起针，每10个锁针一组，钩织若干组，再额外添加3个锁针。

第1行 从针上第2个锁针开始，在每个锁针中各织1个短针，直到最后。

第2行 织3个锁针（计为1个长针），分别在接下来的2个短针中各织1个长针，*织3个锁针，跳过2个短针，分别在下3个短针中各织1个长长针，织3个锁针，跳过2个短针，分别在下3个短针中各织1个长针；重复*步骤直到最后，以在锁针中钩织最后一个长针结束。

第3行 织1个锁针，在第1个长针中织1个短针，在下个长针中钩织（1个短针，3个锁针，1个短针），在下个长针中织1个短针，*在相连的3个锁针孔眼中钩织3个短针，在第1个长长针中织1个短针，在下个长长针中织（1个短针，3个锁针，1个短针），在下个长长针中织1个短针，在相连的3个锁针孔眼中钩织3个短针，在第1个长针中织1个短针，在下个长针中钩织（1个短针，3个锁针，1个短针），在下个长针中织1个短针；重复*步骤直到最后，以在第3个锁针中钩织最后一个短针结束。

收针。

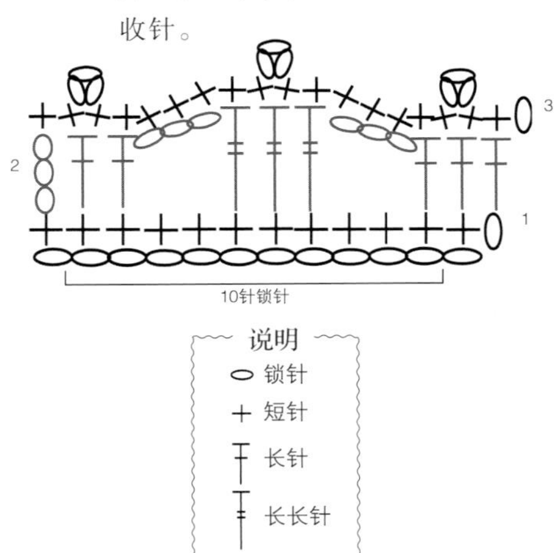

小孔眼辫带

钩织6个锁针。

第1行 在针上第4个锁针中织1个短针，织2个 锁针，在最后的锁针中织1个长针，*织5个锁针，在针上第4个锁针中1个短针，织2个锁针，在最后一个长针顶部钩织1个长针；重复*步骤直到想要的长度。

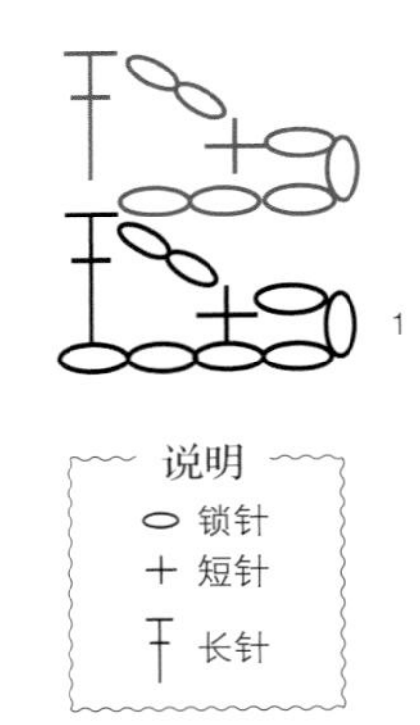

蕾丝合并针花边

起针，每6个锁针一组，钩织若干组，再额外添加2个锁针。

第1行 从针上第2个锁针开始，在每个锁针中各织1个短针，直到最后。

第2行 织3个锁针，在第1个短针中钩织（1个长针，5个锁针，在长针顶部钩织长长针3针并1针，1个长针），*织3个锁针，跳过5个短针，在下个短针中织（1个长针，5个锁针，在长针顶部钩织长长针3针并1针，1个长针）；重复*步骤，直至结束。

收针。

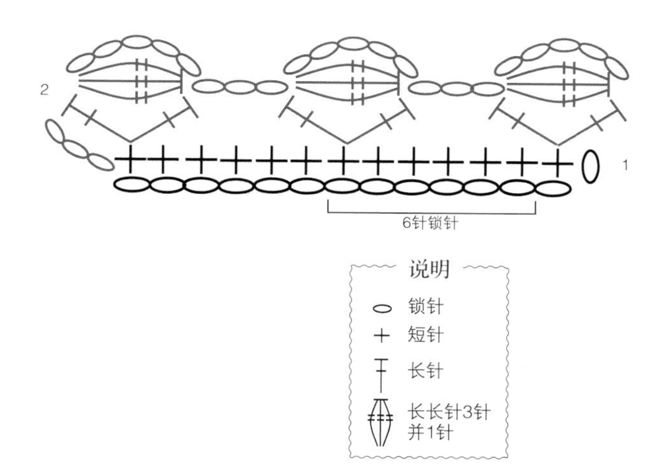

三环辫带

钩织5个锁针。

第1行 在针上第5个锁针中织1个长针，*织4个锁针，在长针顶部钩织引拔针，织4个锁针，在相同位置钩织1个长针，在钩织的第1个长针底部织1个长长针，织8个锁针，在针上第5个锁针中织1个长针；重复*步骤直到想要的长度，省略掉最后8个锁针。

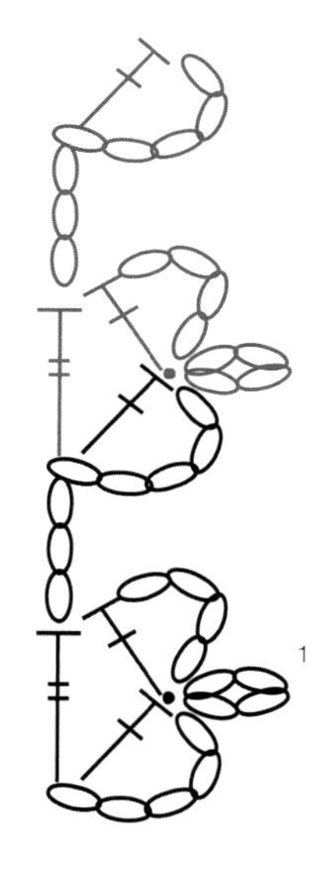

简易圆环花边

起针，每4个锁针一组，钩织若干组，再额外添加2个锁针。

第1行 从针上第2个锁针开始，在每个锁针中各织1个短针，直到最后。

第2行 织1个锁针，在第1个短针中织1个短针，*织4个锁针，在针上第3个锁针中织1个短针，2个锁针，跳过3个短针，在下个短针中织1个短针；重复*步骤，直至结束。

收针。

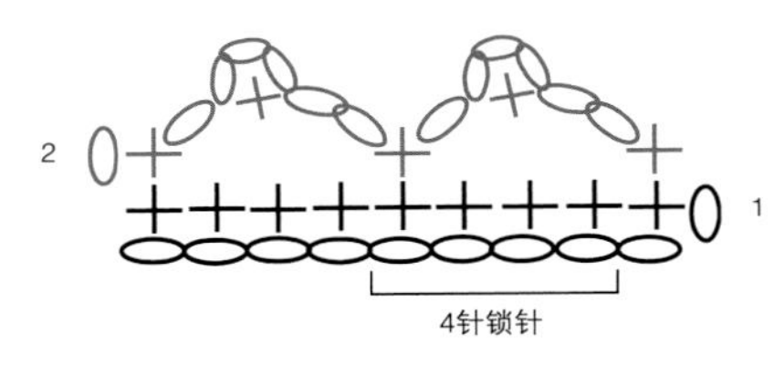

蛤贝花边

起针，每3个锁针一组，钩织若干组。

第1行 从针上第2个锁针开始，在每个锁针中各织1个短针，直到最后。

第2行 织1个锁针，在前两个短针中各织1个短针，*织11个锁针，将针插入针上第2个锁针中，针上绕线，拉出1个线圈，再分别把针插入其余9个锁针，各拉出1个线圈，针上绕线，从针上的11个线圈中拉出，织1个锁针，跳过1个短针，在接下来的2个短针中各织1个短针；重复*步骤，直至结束。

收针。

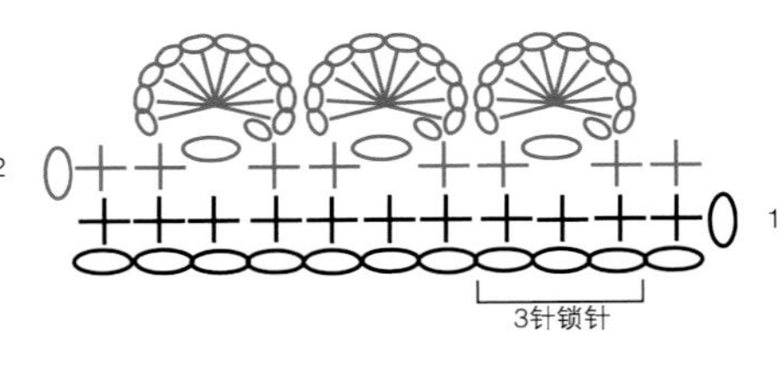

扇贝花边

起针，每11个锁针一组，钩织若干组，再额外添加4个锁针。

第1行 从针上第2个锁针开始，在每个锁针中各织1个短针，直到最后。

第2行 织1个锁针，在第1个短针中织1个短针，织1个锁针，跳过1个短针，在下个短针中1个短针，*织5个锁针，在刚刚织完的短针顶部织1个长针，跳过2个短针，在下个短针中织1个长针，织5个锁针，在刚刚织完的长针顶部织1个长针，跳过2个短针，在下个短针中织1个长针，织5个锁针，在刚刚织完的长针顶部织1个长针，跳过2个短针，在下个短针中织1个短针，跳过1个短针，在下个短针中织1个短针；重复*步骤，直至结束。

收针。

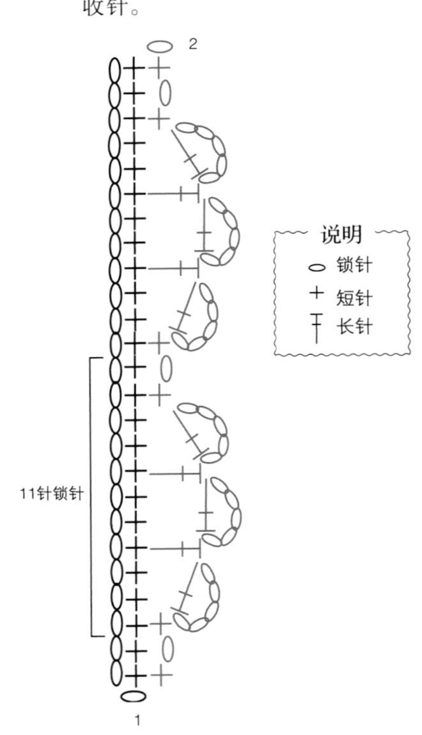

环孔贝壳花边

起针，每6个锁针一组，钩织若干组，再额外添加2个锁针。

第1行 在针上第2个锁针中织1个短针，分别在下2个锁针中各织1个短针，*织5个锁针，跳过1个锁针，分别在接下来5个锁针中各织1个短针；重复*步骤，直至最后，以3个短针作为结束。

第2行 织1个锁针，在第1个短针中织1个短针，*在相连的5个锁针孔眼中钩织（1个短针，3个锁针）5次，在相同的锁针孔眼中织1个短针，跳过2个短针，在下个短针中织1个短针；重复*步骤，直至结束。

收针。

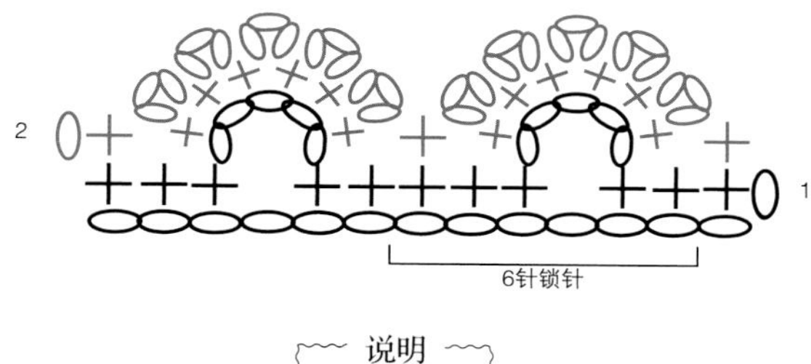

说明
- 锁针
- 短针

花朵环饰花边

起针，每6个锁针一组，钩织若干组，再额外添加1个锁针。

第1行 从针上第2个锁针开始，在每个锁针中各织1个短针，直到最后。

第2行 织3个锁针（计为1个长针），*跳过2个短针，在下个短针中钩织（长长针2针并1针，4个锁针，在针上第3个锁针中织1个短针）2次，钩织长长针2针并1针，跳过2个短针，在下个短针中织1个长针；重复*步骤，直至最后，以在锁针中钩织最后一个长针结束。

收针。

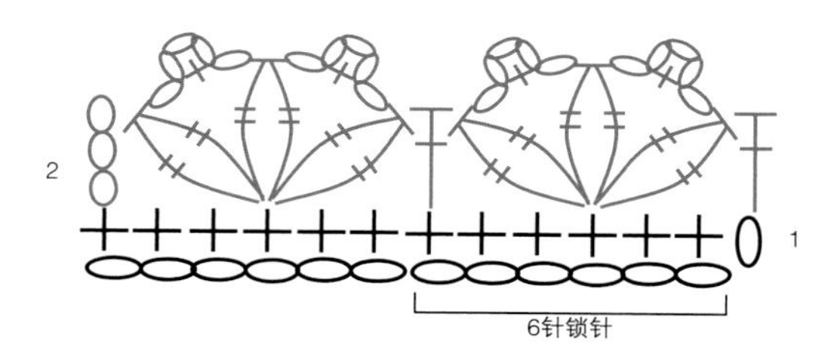

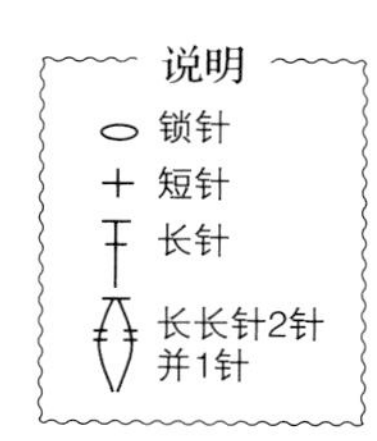

蝴蝶花边

起针，每8个锁针一组，钩织若干组，再额外添加2个锁针。

第1行 从针上第2个锁针开始，在每个锁针中各织1个短针，直到最后。

第2行 织1个锁针，在第1个短针中织1个短针，*跳过3个短针，在下个短针中钩织（2个长长针，4个锁针，1个短针，4个锁针，2个长长针），跳过3个短针，在下个短针中织1个短针；重复*步骤，直至这一行结束。

第3行 织1个锁针，在第1个短针中织1个短针，*分别在前2个长长针中各织1个短针，分别在下两组相连的4个锁针孔眼中各钩织（1个短针，3个锁针，在针上第3个锁针中钩织引拔针，1个短针，3个锁针，在针上第3个锁针中钩织引拔针，1个短针），分别在接下来的2个长长针中各织1个短针，在两个贝形中间的短针中钩织1个短针；重复*步骤，直至结束。

收针。

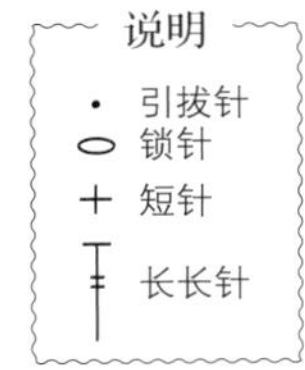

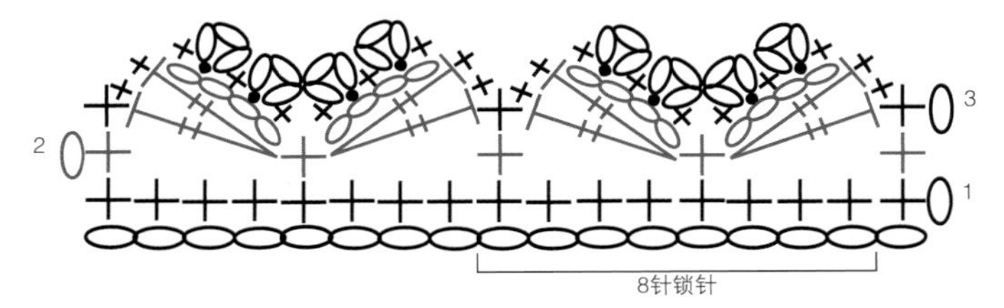

锯齿辫带

基础行织5个锁针，在针上第5个锁针中钩织（1个长针，1个锁针）2次和1个长针。

第1行 织1个锁针，跳过1个长针、1个锁针和1个长针，在贝形中央锁针孔眼中钩织（1个长针，1个锁针）3次和1个长针。

按照第1行，重复钩织，直到满意的长度。

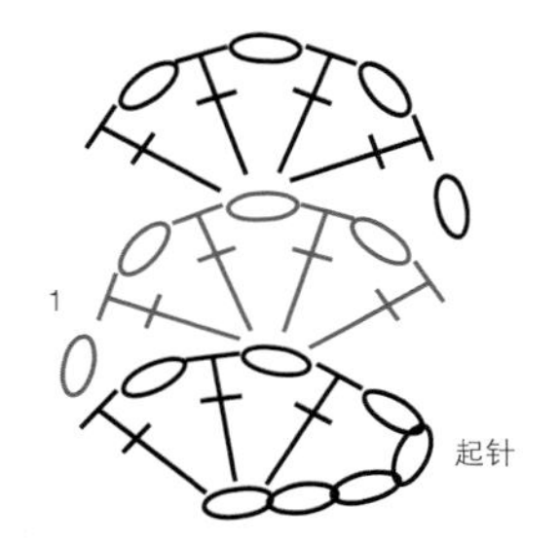

说明
- 锁针
- 长针

简单环饰花边

起针，钩织的锁针数目必须为奇数。

第1行 从针上第2个锁针开始，在每个锁针中各织1个短针，直到最后。

第2行 织1个锁针，分别在接下来2个短针中各织1个短针，*织3个锁针，在针上第3个锁针中钩织引拔针，分别在接下来2个短针中各织1个短针；重复*步骤直至结束。

收针。

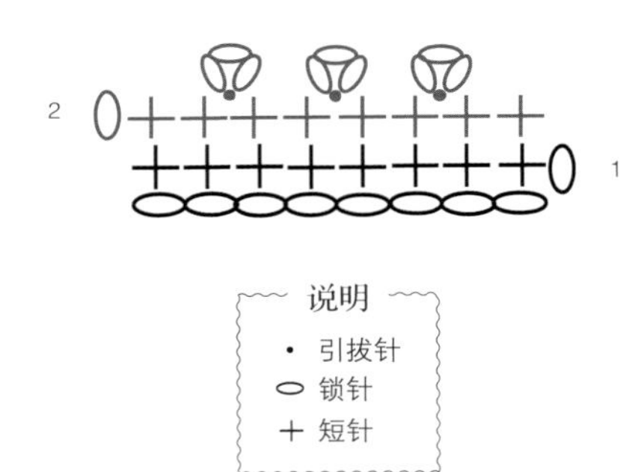

皇冠花边

起针，每8个锁针一组，钩织若干组，再额外添加6个锁针。

第1行 在针上第2个锁针中织1个短针，*织5个锁针，跳过3个锁针，在下个锁针中织1个短针；重复*步骤，直至这一行结束。

第2行 织3个锁针，在第一组相连的5个锁针孔眼中钩织（1个长针，2个锁针，1个长针，5个锁针，在针上第4个锁针中织1个短针，2个锁针，1个长针，2个锁针，1个长针），*跳过一组相连的5个锁针孔眼，在下一组相连的5个锁针孔眼中钩织（1个长针，2个锁针，1个长针，5个锁针，在针上第4个锁针中织1个短针，2个锁针，1个长针，2个锁针，1个长针）；重复*步骤，直至最后，在最后一个短针中织1个长针。

收针。

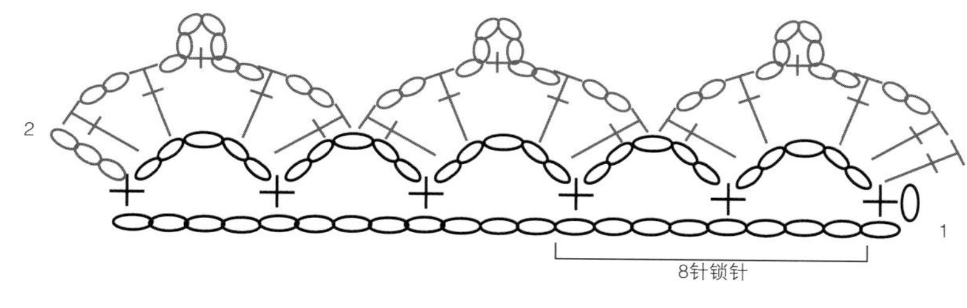

说明
- ⬭ 锁针
- + 短针
- 长针

鲨鱼牙花边

钩织7个锁针。

基础行 在针上数第2个锁针中织1个短针，在下个锁针中织1个中长针，在下个锁针中织1个长针，织1个锁针，跳过1个锁针，分别在最后2个锁针中各织1个长针。

第1行 织1个锁针，分别在前2个长针中各织1个短针，在锁针孔眼中织1个短针。

第2行 织4个锁针，在针上数第2个锁针中织1个短针，在下个锁针中织1个中长针，在下个锁针中织1个长针，织1个锁针，跳过1个短针，分别在最后2个短针中各织1个长针。

按照第1行和第2行，重复钩织。

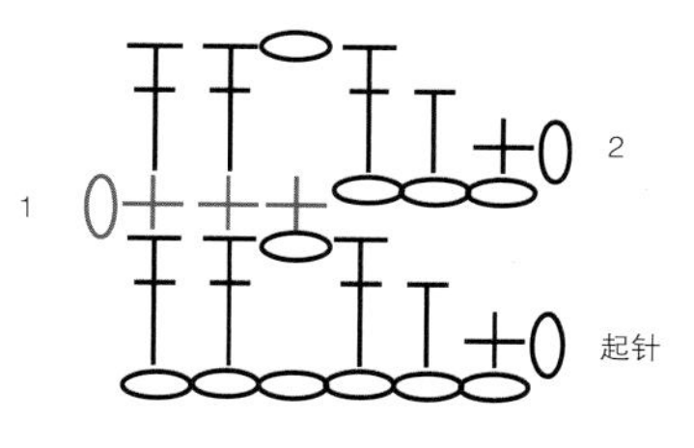

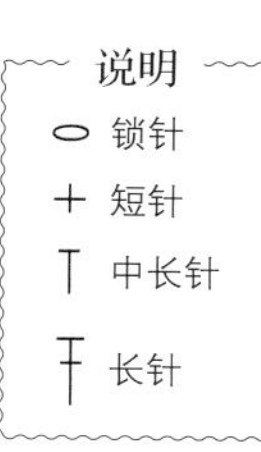

V形针钩边

起针，每3个锁针一组，钩织若干组。

第1行 从针上第2个锁针开始，在每个锁针中各织1个短针，直到最后。

第2行 织3个锁针（计为1个长针），跳过1个短针，在下个短针中织（1个长针，1个锁针，1个长针），*跳过2个短针，在下个短针中织（1个长针，1个锁针，1个长针）；重复*步骤，直到剩余最后2个短针，跳过1个短针，在最后一个短针中织1个长针。

第3行 织1个锁针，在第1个长针中织1个短针，*在V字中间的锁针孔眼中钩织（1个锁针，1个短针，3个锁针，在针上第3个锁针中钩织引拔针，1个短针，1个锁针），在两个V字之间的锁针孔眼中钩织1个短针；重复*步骤，直到最后，在第3个锁针中钩织最后的短针。

收针。

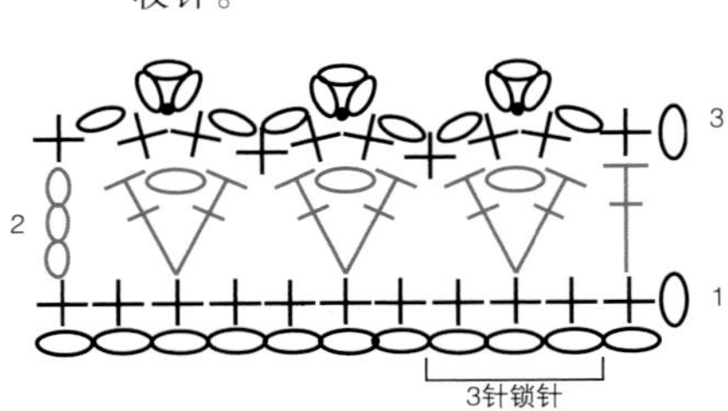

说明

- • 引拔针
- ⬭ 锁针
- ＋ 短针
- ⫪ 长针

简单锯齿辫带

起针，每8个锁针一组，钩织若干组，再额外添加1个锁针。

第1行 钩织短针3针并1针，合并针的第1支在针上第2个锁针中钩织，在下个锁针中织第2支，在下个锁针中织第3支，分别在接下来的2个锁针中各织3个短针，*（在接下来3个锁针中钩织短针3针并1针）2次，分别在接下来的2个锁针中各织3个短针；重复*步骤，直到剩余最后3个锁针，在最后3个锁针中钩织短针3针并1针。

收针。

说明

- ⬭ 锁针
- ＋ 短针
- 短针3针并1针

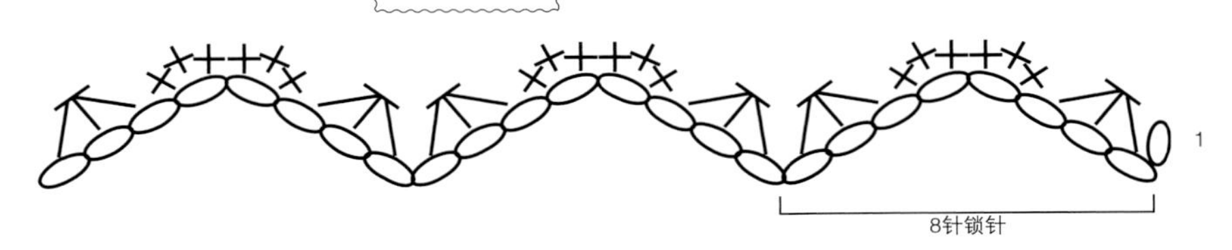

苜蓿叶花边

起针，每6个锁针一组，钩织若干组，再额外添加4个锁针。

第1行 从针上第2个锁针开始，在每个锁针中各织1个短针，直到最后。

第2行 织1个锁针，在第1个短针中织1个短针，分别在下2个短针中各织1个短针，*跳过1个短针，在下个短针中织（1个短针，4个锁针，1个短针，6个锁针，1个短针，4个锁针，1个短针），跳过1个短针，分别在接下来3个短针中各织1个短针；重复*步骤，直至结束。

收针。

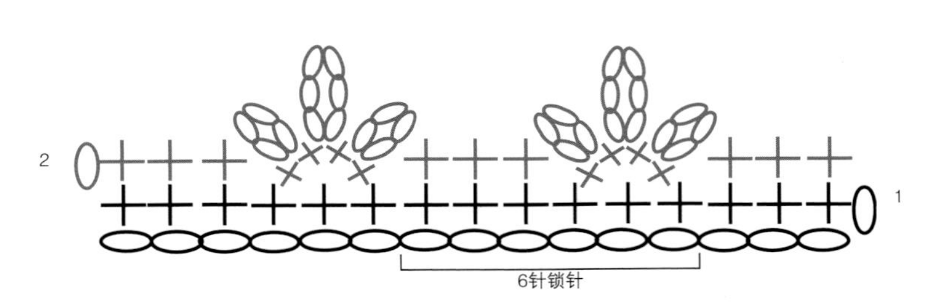

说明

- ⬭ 锁针
- ＋ 短针

西班牙花边

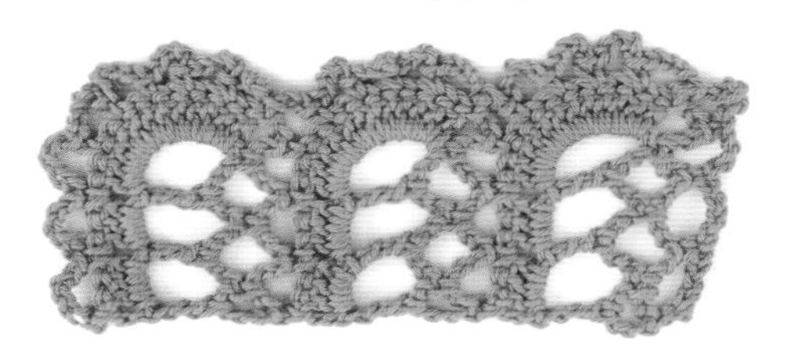

钩织22个锁针。

基础行 在针上数第10个锁针中织1个短针，（5个锁针，跳过3个锁针，在下个锁针中织1个短针）3次。

第1行 织5个锁针（计为1个短针和3个锁针），在第1组相连的5个锁针孔眼中织1个短针，（织5个锁针，在下一组相连的5个锁针孔眼中织1个短针）2次。

第2行 织7个锁针，在第1组相连的5个锁针孔眼中织1个长长针，织3个锁针，在下一组相连的5个锁针孔眼中织1个长长针，织3个锁针，在5个锁针中第2个锁针中织1个长长针。

第3行 织3个锁针，在第1组相连的3个锁针孔眼中织3个长针，在下一组相连的3个锁针孔眼中织3个长针，在相连7个锁针构成的圆环中织12个长针，在下方一行始端相连的5个锁针孔眼中钩织引拔针。

第4行 （织5个锁针，跳过1个长针，在下个长针中织1个短针）5次，织5个锁针，跳过2个长针，在下两个长针之间钩织1个短针，织5个锁针，跳过3个长针，在下两个长针之间钩织1个短针，织5个锁针，跳过3个长针，在第3个锁针中织1个短针。

重复第1行到第4行的钩织。

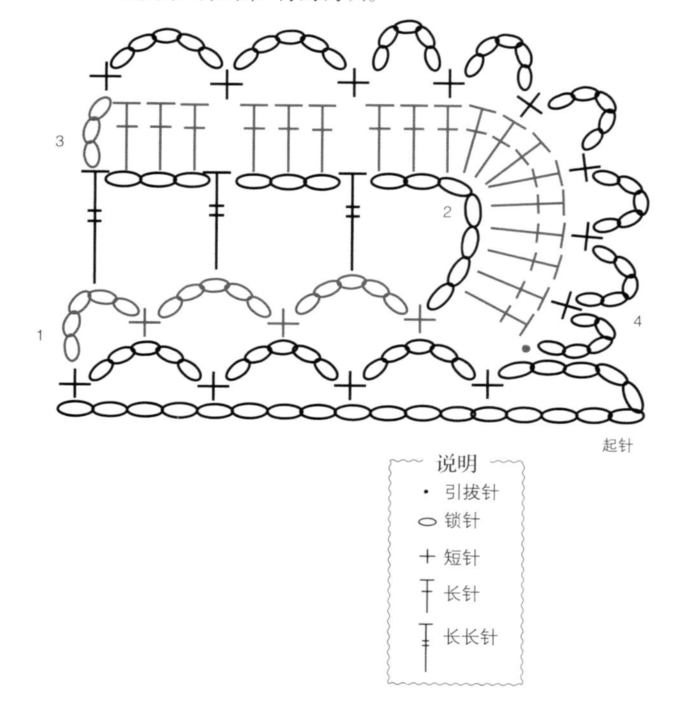

环链褶边

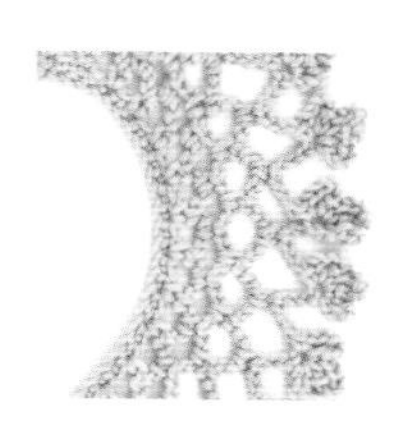

起针，每4个锁针一组，钩织若干组。

第1行 从针上第2个锁针开始，在每个锁针中织1个短针，直到最后。

第2行 织1个锁针，在第1个短针中织1个短针，*织4个锁针，跳过1个短针，在下个锁针中织1个短针；重复*步骤，直到这一行结束。

第3行 织5个锁针（计为1个长针和2个锁针），在第1组相连4个锁针孔眼中织1个短针，*织4个锁针，在下一组相连4个锁针孔眼中织1个短针；重复*步骤，直到最后，织2个锁针，在最后一个短针中织1个长针。

第4行 织1个锁针，在长针中织1个短针，织6个锁针，*在下一组相连4个锁针孔眼中织1个短针，织6个锁针；重复*步骤，直到起立针，在5个锁针的第3个锁针中织1个短针。

第5行 织6个锁针（计为1个长针和3个锁针），在第1组相连6个锁针孔眼中织1个短针，*织9个锁针，在针上数第6个锁针中织1个短针，织6个锁针，在同一个锁针中织1个短针，织5个锁针，在同一个锁针中织1个短针，织3个锁针，在下一组相连6个锁针孔眼中织1个短针；重复*步骤，直到最后，织3个锁针，在最后一个短针中织1个长针。

收针。

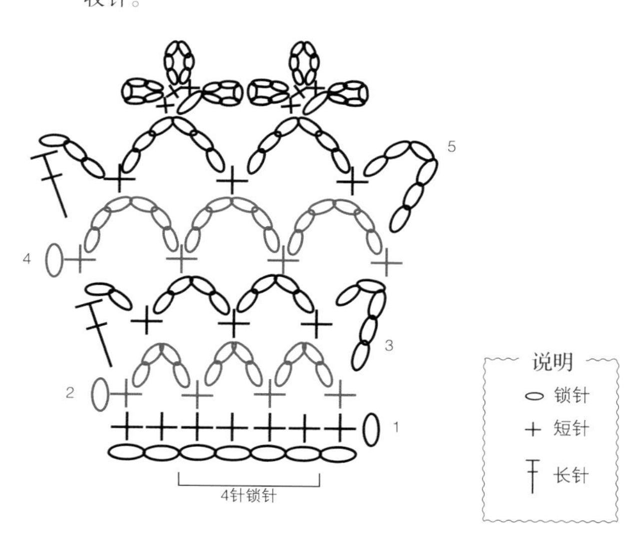

织片

靠垫饰带

首先选择任意一种针法，然后开始钩织，起针长度为几组重复图案的长度（再额外添加几个锁针），大约为靠垫边长的三分之一。钩织饰带，直到长度适合靠垫的边长，在把它缝在靠垫上。图中设计采用的是“花形装饰纹”，所用钩针型号为F（4.5mm），配合轻质羊毛线；这个垫子的尺寸为15平方英寸（$38cm^2$）。

钩针筒护套

这个护套钩织的“波浪形花纹”，用了三种轻质纱线，使用的钩针为D3（3mm）。依据针筒高度确定起针长度和所需重复的整个图案数目，比预计的多织出几组重复图案的长度以便能够折回到筒里（在末端再多添加几个锁针）。开始钩织后，每一行使用不同的颜色，在侧边渡线，直到展开的织物能围住针筒，将两端缝合在一起，套在针筒外面，然后将上面多出部分折到针筒里面。

围巾

混合使用几种针法来钩织一条拼接围巾吧。首先确定你要使用的针法，接着开始钩织，起针长度为两三个重复图案，钩织到你想要的宽度。然后钩织足够多的拼块，直到围巾达到你满意的长度，最后将它们缝合或钩织在一起。示例中这条宽3英寸，长59英寸（7.5cmX150cm）的围巾是用两种颜色的轻质羊毛呢线，配合G6（4mm）型号针钩织而成的。

窗帘

西块老式的亚麻布，中间夹上一幅钩编织片，就做成了一幅新款时尚的窗帘。图中窗帘钩织的花纹为“星形格”，用的是轻质丝光棉和G6（4mm）型号针钩；尺寸为8英寸宽，22英寸长（即20cmx55cm）。起针，根据窗帘宽度确定起针数目，长度为几个重复图案（再额外添加几个锁针），钩织到和亚麻布的长度相同即可，然后将其缝在两块亚麻布之间。悬挂时，如果使用的是窗帘环，那么添加若干扣钩，如果要挂在窗帘杆上，可以缝上些布带环或铜环。

薰衣草香包

钩织这些丰富多彩的香包可选的花纹很多，从简单的“矩形花纹”到传统的“老奶奶花纹”。这些香包由三种颜色的条纹组合而成，使用的是轻质丝光棉和E4（3.5mm）号针。起针数目为44个锁针，每行使用一种颜色，在侧边渡线，钩织到5英寸（12.5cm）长。将织物对折，然后沿底部和两个侧边钩织短针，使前后两片连在一起。用一段钩织链或缎带做拉绳，最后把装薰衣草的小袋放入里面。

修饰花边

菲力网纹织片

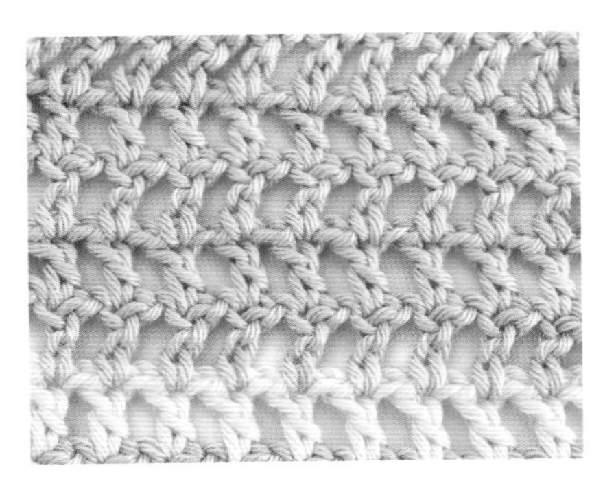

起针，每2个锁针一组，钩织若干组，再额外添加1个锁针。

基础行 织4个锁针（计为1个长针和1个锁针），在针上数第6个锁针中织1个长针，*织1个锁针，跳过1个锁针，在下个锁针中织1个长针；重复*步骤，直到这一行结束，折回。

第1行 织4个锁针（计为1个长针和1个锁针），跳过锁针孔眼，*在下个长针中织1个长针，织1个锁针；重复*步骤，直到最后，在上一行始端4个锁针中第3个锁针中织1个长针。

按照第1行，重复钩织。

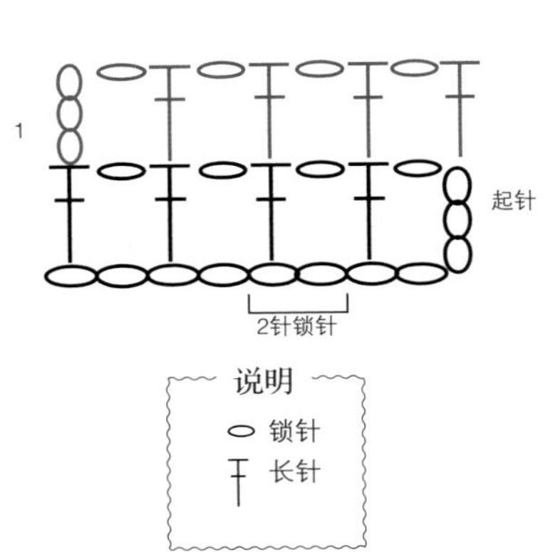

V字针织片

起针，每3个锁针一组，钩织若干组，再额外添加1个锁针。

基础行 织4个锁针（计为1个长针和1个锁针），在针上数第4个锁针中织1个长针，*跳过2个锁针，在下个锁针中织入（1个长针，1个锁针，1个长针）；重复*步骤，直到这一行结束。

第1行 织4个锁针（计为1个长针和1个锁针），在前2个长针之间的锁针孔眼中织1个长针，*在接下来的2个长针之间的锁针孔眼中织（1个长针，1个锁针，1个长针）；重复*步骤，直至这一行结束。

按照第1行，重复钩织。

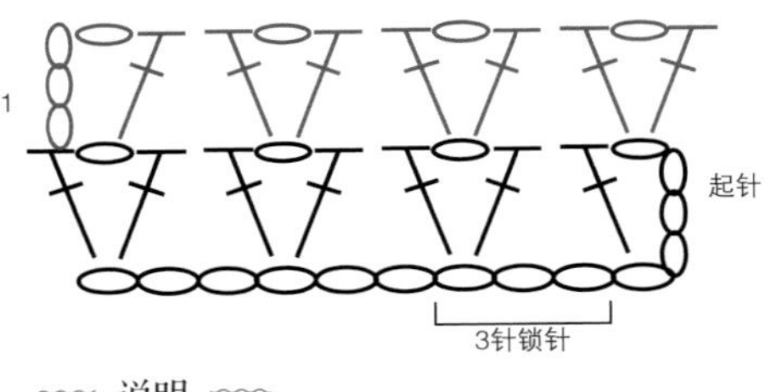

说明
锁针
长针

贝形网状织片

起针，每6个锁针一组，钩织若干组，再额外添加1个锁针。

基础行 织4个锁针（计为1个长针和1个锁针），在针上数第4个锁针中织（1个长针，1个锁针，1个长针，1个锁针），*跳过5个锁针，在下个锁针中织（1个长针，1个锁针，1个长针）6次；重复*步骤，直到最后6个锁针，跳过5个锁针，在最后一个锁针中织（1个长针，1个锁针，1个长针，1个锁针，1个长针）。

第1行 织4个锁针（计为1个长针和1个锁针），在起立针底部的长针中织（1个长针，1个锁针，1个长针，1个锁针），*在下一个贝形中央的锁针孔眼中织（1个长针，1个锁针）6次；重复*步骤，直到最后半个贝形，在上一行开始的4个锁针中第3个锁针中织（1个长针，1个锁针，1个长针，1个锁针，1个长针）。

按照第1行，重复钩织。

说明
锁针
长针

1
起针
6针锁针

大雏菊花纹织片

缩写词

2个未完成的长长针（2trnc）：（针上绕线2次，将针插入指明的位置，针上绕线，从该线圈中拉出，针上绕线，在针上的2个线圈中拉出，针上绕线，在下2个线圈中拉出）重复2次（针上留2个线圈）。

3个未完成的长长针（3trnc）：（针上绕线2次，将针插入指明的位置，针上绕线，从该线圈中拉出，针上绕线，在针上的2个线圈中拉出，针上绕线，在下2个线圈中拉出）重复3次（针上留3个线圈）。

起针，每8个锁针一组，钩织若干组，再额外添加1个锁针。

基础行 织7个锁针（计为1个长长针和1个长针），在针上第3个锁针中钩织长针2针并1针，如下所述，钩织“3片花瓣簇”：从长针2针并1针底部的锁针开始，在第4个锁针中织3个未完成的长长针，（跳过3个锁针，在下个锁针中织3个未完成的长长针）2次，针上绕线，从针上的10个线圈中拉出1个线圈，完成3片花瓣簇的钩织，*（钩织3个锁针，在针上第3个锁针中钩织长针2针并1针）2次，再钩织一组“3片花瓣簇”，钩织第一片花瓣所在的锁针与前一簇中最后一片花瓣所在的锁针相同；重复*步骤，直至最后，钩织3个锁针，在针上第3个锁针中钩织长针2针并1针，在最后一片花瓣所在的锁针中1个长长针。

第1行 织4个锁针（计为1个长长针），*在位于“3片花瓣簇”中心的收尾锁针中钩织（长长针3针并1针，3个锁针，长长针3针并1针，3个锁针，长长针3针并1针），重复*步骤，直至最后，在下方一行中长针2针并1针的收尾线圈中织1个长长针。

第2行 织4个锁针（计为1个长长针），在第1片花瓣顶部织2个未完成的长长针，在中央花瓣顶部织3个未完成的长长针，针上绕线，然后在针上的6个线圈中拉出一个线圈，*（钩织3个锁针，在针上第3个锁针中钩织长针2针并1针）2次，钩织一组“3片花瓣簇”，织第一片花瓣所在的锁针与前一簇中最后一片花瓣所在的锁针相同；中间的花瓣在两组“花瓣簇”之间钩织，在接下来的花瓣簇的中央花瓣顶部钩织最后一片花瓣；重复*步骤，直到最后2片花瓣，（钩织3个锁针，在针上第3个锁针中钩织长针2针并1针）2次，在与上一组“花瓣簇”的最后一片花瓣相同的位置钩织3个未完成的长长针，针上绕线，然后在针上的6个线圈中拉出一个线圈，完成3个未完成的长长针。

第3行 织4个锁针（计为1个长长针），*在位于“花瓣簇”的中心的收尾锁针中钩织（长长针2针并1针，3个锁针，长长针3针并1针），*在位于下一组“花瓣簇”中央的收尾锁针中钩织（长长针3针并1针，3个锁针，长长针3针并1针，3个锁针，长长针3针并1针）；重复*步骤，直到最后的“2片花瓣簇”，在其中心的收尾锁针中钩织（长长针3针并1针，3个锁针，长长针3针并1针）。

第4行 织7个锁针（计为1个长长针和1个长针），在针上第3个锁针中钩织长长针2针并1针，钩织“3片花瓣簇”，在起立针底部的花瓣上钩织第一片花瓣，在两组“花瓣簇”之间钩织第二片花瓣，在下一组“花瓣簇”的中间花瓣顶部钩织第三片花瓣，*（织3个锁针，在针上第3个锁针中钩织长长针2针并1针）2次，再钩织一组“3片花瓣簇”，在上一组“花瓣簇”中最后一片花瓣所在的位置钩织第一片花瓣，在两组“花瓣簇”之间钩织第二片花瓣，在下一组“花瓣簇”的中间花瓣顶部钩织第三片花瓣；重复*步骤，直到最后，织3个锁针，在针上第3个锁针中钩织长长针2针并1针，在最后一片花瓣所在的位置钩织1个长长针。

重复这4行的钩织。

大六角形网孔织片

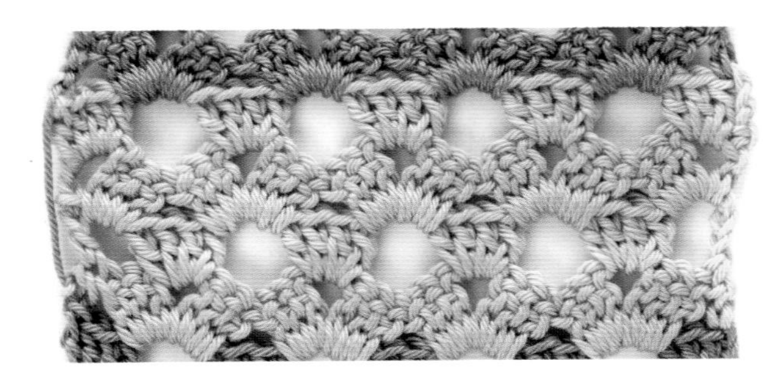

起针，每6个锁针一组，钩织若干组。

基础行 在针上第4个锁针中织1个长针，分别在接下来的2个锁针中各织1个长针，*织2个锁针，跳过2个锁针，分别在接下来的4个锁针中各织1个长针；重复*步骤，直到这一行结束。

第1行 织3个锁针（计为1个长针），分别在每组相连的2个锁针孔眼中织（3个长针，2个锁针，3个长针），直到最后，在第3个锁针中织1个长针。

第2行 织5个锁针（计为1个长针和2个锁针），在第1组相连的2个锁针孔眼中织4个长针，*在下一组相连的2个锁针孔眼中织（2个锁针，4个长针）；重复*步骤，直到最后，织2个锁针，在第3个锁针中织1个长针。

第3行 织5个锁针（计为1个长针和2个锁针），在第1组相连的2个锁针孔眼中织3个长针，分别在其余相连的2个锁针孔眼中各织（3个长针，2个锁针，3个长针），直到最后，在最后的相连的5个锁针孔眼中钩织（3个长针，2个锁针，1个长针）。

第4行 织3个锁针（计为1个长针），在第1组相连的2个锁针孔眼中织3个长针，*织2个锁针，分别在余下的相连的2个锁针孔眼中各织4个长针；重复*步骤，直到最后，在最后的相连的5个锁针孔眼中钩织4个长针。

按照第1行到第4行，重复钩织。

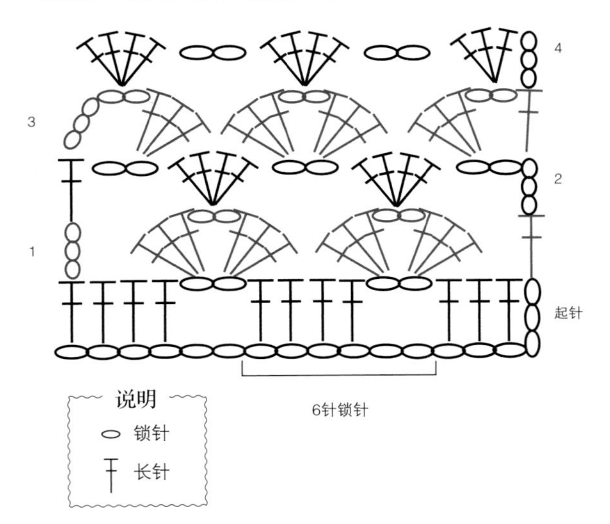

方块织片

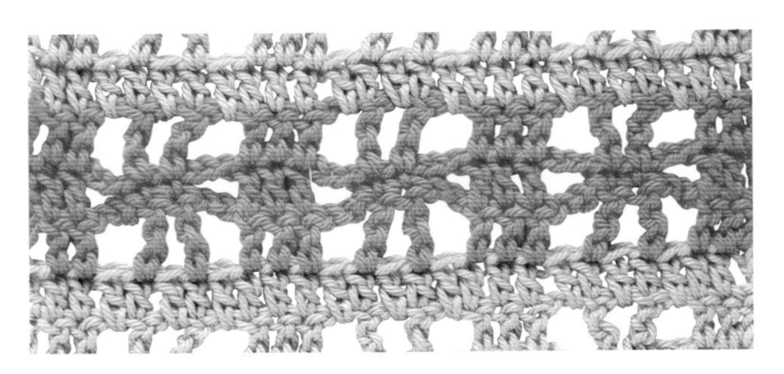

起针，每8个锁针一组，钩织若干组，再额外添加5个锁针。

基础行 从针上第4个锁针开始，分别在每个锁针中织1个长针，直到这一行结束。

第1行 织3个锁针（计为1个长针），分别在接下来的2个长针中各织1个长针，*织3个锁针，（跳过1个长针，在下个长针中织1个长长针）2次，织3个锁针，跳过1个长针，分别在接下来的3个长针中各织1个长针；重复*步骤，直到这一行结束。

第2行 织3个锁针（计为1个长针），分别在接下来的2个长针中各织1个长针，*织3个锁针，分别在下2个长长针中各织1个短针，织3个锁针，分别在接下来的3个长针中各织1个长针；重复*步骤，直到最后，在第3个锁针中钩织最后1个长针。

第3行 织3个锁针（计为1个长针），分别在接下来的2个长针中各织1个长针，*织1个锁针，在第1个短针中织1个长长针，织1个锁针，在下个短针中织1个长长针，织1个锁针，分别在接下来的3个长针中各织1个长针，重复*步骤，直到这一行结束。

第4行 织3个锁针（计为1个长针），分别在接下来的2个长针中各织1个长针，*（在下个锁针中织1个长针，在下个长长针中织1个长针）2次，在下个锁针中织1个长针，分别在接下来的3个长针中各织1个长针；重复*步骤，直到最后，在第3个锁针中钩织最后1个长针。

按照第1行到第4行，重复钩织。

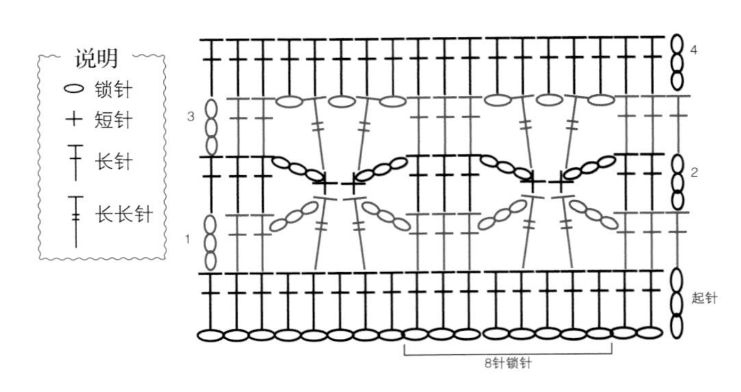

菱形网眼织片

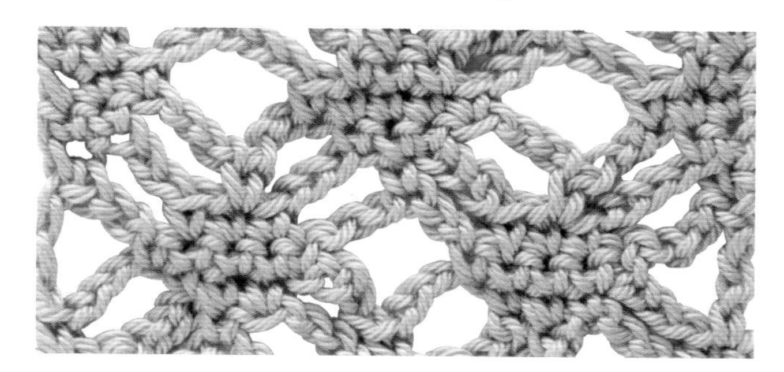

起针，每10个锁针一组，钩织若干组，再额外添加2个锁针。

基础行 在针上第2个锁针中织1个短针，分别在接下来的2个锁针中各织1个短针，*织5个锁针，跳过5个锁针，分别在接下来的5个锁针中各织1个短针；重复*步骤，直到最后，以3个短针结束。

第1行 织1个锁针，在第1个短针中织1个短针，下个短针中织1个短针，*织4个锁针，在5个锁针所构成圆环的第3个锁针中织1个短针，织4个锁针，跳过1个短针，分别在下3个短针中各织1个短针；重复*步骤，直到最后，以2个短针结束。

第2行 织1个锁针，在第1个短针中织1个短针，*织4个锁针，在下面圆环的第4个锁针中织1个短针，在接下来的短针中织1个短针，在接下来的锁针中织1个短针，织4个锁针，跳过1个短针，在下个短针中织1个短针；重复*步骤，直到这一行结束。

第3行 织6个锁针（计为1个长长针和2个锁针），*在下面圆环的第4个锁针中织1个短针，分别在接下来的3个短针中各织1个短针，在下个锁针中织1个短针，织5个锁针；重复*步骤，直到最后，织2个锁针，在最后一个短针中织1个长长针。

第4行 织1个锁针，在长长针顶部织1个短针，*织4个锁针，跳过1个短针，分别在接下来的3个短针中各织1个短针，织4个锁针，在5个锁针所构成圆环的第3个锁针中织1个短针；重复*步骤，直到最后，以在6个锁针中的第3个锁针中钩织最后一个短针结束。

第5行 织1个锁针，在第1个短针中织1个短针，在下个锁针中织1个短针，*织4个锁针，跳过1个短针，在下个短针中织1个短针，织4个锁针，在下面圆环中的第4个锁针中织1个短针，在下个短针中织1个短针，在下个锁针中织1个短针；重复*步骤，直到最后，以2个短针结束。

第6行 织1个锁针，在第1个短针中织1个短针，在下个短针中织1个短针，*分别在接下来的锁针中织1个短针，织5个锁针，在下个4个锁针所构成圆环的第4个锁针中织1个短针，分别在接下来的3个短针中各织1个短针；重复*步骤，直到最后，分别在最后2个短针中各织1个短针，以此作为结束。

按照第1行到第6行，重复钩织。

皇冠网眼花纹

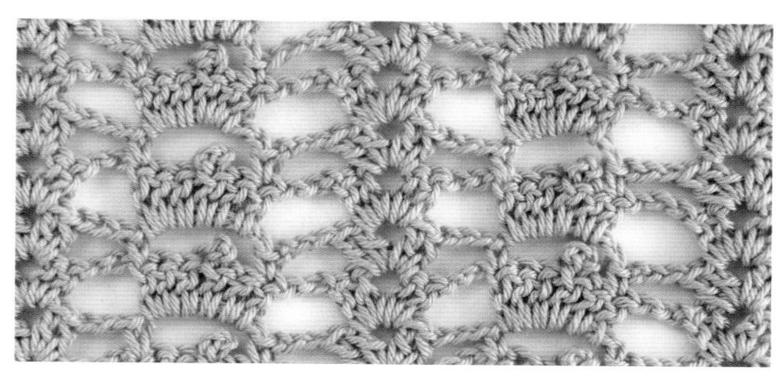

起针，每16个锁针一组，钩织若干组，再额外添加9个锁针。

基础行 在针上第6个锁针中织1个长针，在同一锁针中织（1个长针，2个锁针，2个长针），*织3个锁针，跳过4个锁针，在下个锁针中织1个短针，织6个锁针，跳过5个锁针，在下个锁针中织1个短针，织3个锁针，跳过4个锁针，在下个锁针中织（2个长针，2个锁针，2个长针）；重复*步骤直到最后3个锁针，跳过2个锁针，在最后1个锁针中织1个长针。

第1行 织3个锁针（计为1个长针），在下方相连的2个锁针孔眼中钩织（2个长针，2个锁针，2个长针），*织3个锁针，在相连的6个锁针孔眼中钩织（3长针，3个锁针，在针上第3个锁针中钩织引拔针，3个长针），织3个锁针，在下方相连的2个锁针孔眼中钩织（2个长针，2个锁针，2个长针）；重复*步骤，直到最后，在起立针顶部织1个长针。

第2行 织3个锁针（计为1个长针），在下方相连的2个锁针孔眼中钩织（2个长针，2个锁针，2个长针），*织3个锁针，在第1个长针中织1个短针，在下个长针中织1个短针，织6个锁针，在这一组针目中最后一个长针中织1个短针，织3个锁针，在下方相连的2个锁针孔眼中钩织（2个长针，2个锁针，2个长针）；重复*步骤，直到最后，在第3个锁针中钩织1个长针。

重复第1行和第2行的钩织。

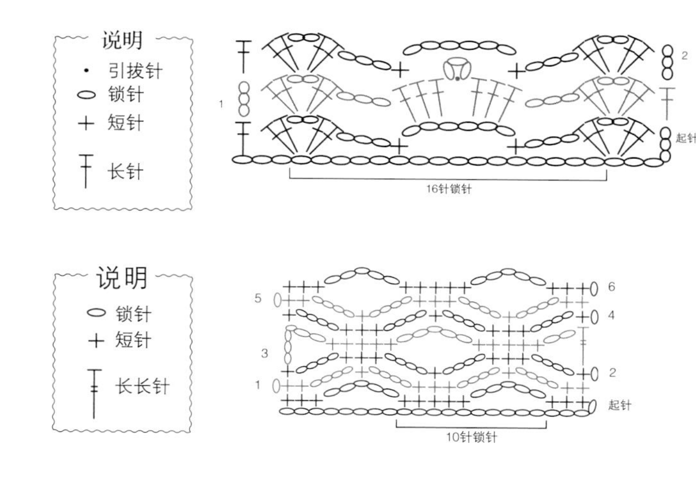

三重扇形花纹

起针，每6个锁针一组，钩织若干组，再额外添加2个锁针。

基础行 在针上第2个锁针中织1个短针，*跳过2个锁针，在下个锁针中织5个长长针，跳过2个锁针，在下个锁针中织1个短针；重复*步骤，直至这一行结束。

第1行 织4个锁针（计为1个长长针），在第1个短针中织2个长长针，*跳过2个长长针，在下个长长针中织1个短针，跳过2个长长针，在下个短针中织5个长长针；重复*步骤，直到最后，以在最后一个短针中织3个长长针结束。

第2行 织1个锁针，在第1个长长针中织1个短针，*跳过2个长长针，在下个短针中织5个长长针，跳过2个长长针，在下个长长针中织1个短针；重复*步骤，直至结束。

重复第1行和第2行的钩织。

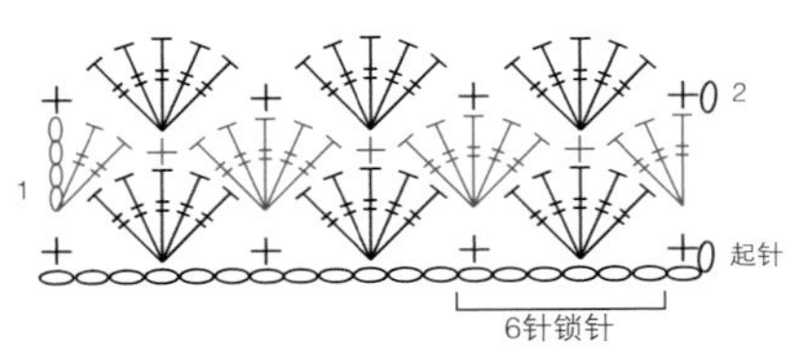

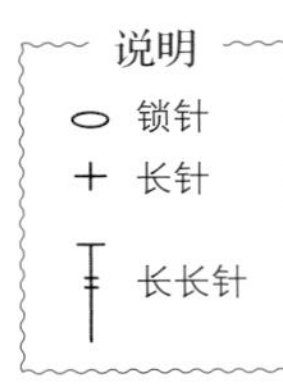

双钩织扇形花纹

起针，每8个锁针一组，钩织若干组，再额外添加2个锁针。

基础行 在针上第2个锁针中织1个短针，*跳过3个锁针，在下个锁针中织7个长针，跳过3个锁针，在下个锁针中织1个短针；重复*步骤，直至这一行结束。

第1行 织3个锁针（计为1个长针），在第1个短针中织3个长针，*跳过3个长针，在下个长针中织1个短针，跳过3个长针，在下个短针中织7个长针；重复*步骤，直到最后，以在最后一个短针中织4个长针结束。

第2行 织1个锁针，在第1个长针中织1个短针，*跳过3个长针，在下个短针中织7个长针，跳过3个长针，在下个长针中织1个短针；重复*步骤，直至结束。

重复第1行和第2行的钩织。

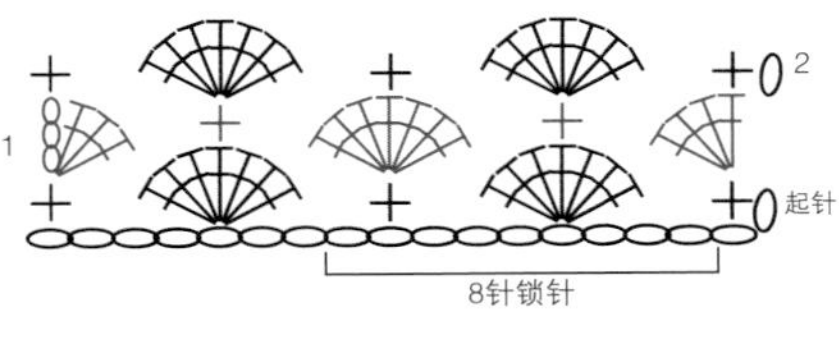

六边形网孔织片

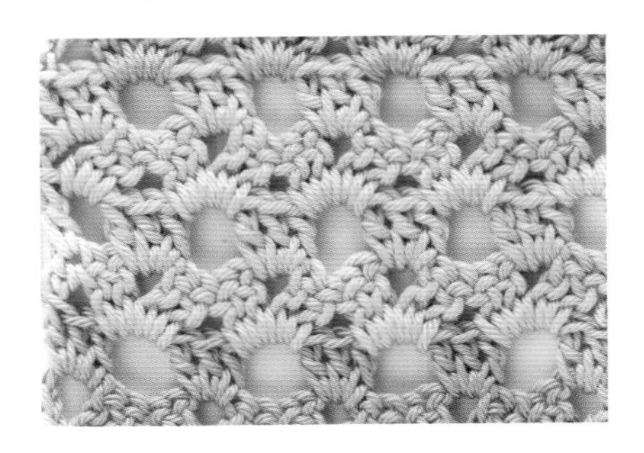

起针，每5个锁针一组，钩织若干组。

基础行 在针上第4个锁针中织1个长针，在下个锁针中织1个长针，*织2个锁针，跳过2个锁针，分别在下3个锁针中各织1个长针；重复*步骤，直至这一行结束。

第1行 织3个锁针（计为1个长针），在每组相连的2个锁针孔眼中钩织（2个长针，2个锁针，2个长针），直到最后，在第3个锁针中织1个长针。

第2行 织5个锁针（计为1个长针和2个锁针），在第1组相连的2个锁针孔眼中织3个长针，*织2个锁针，在下一组相连的2个锁针孔眼中织3个长针；重复*步骤，直至最后，织2个锁针，在第3个锁针中织1个长针。

第3行 织5个锁针（计为1个长针和2个锁针），在第1组相连的2个锁针孔眼中织2个长针，在每组相连的2个锁针孔眼中钩织（2个长针，2个锁针，2个长针），直至最后，在最后相连的5个锁针孔眼中织（2个长针，2个锁针，1个长针）。

第4行 织3个锁针（计为1个长针），在第1组相连的2个锁针孔眼中织2个长针，*织2个锁针，在下组相连的2个锁针孔眼中钩织3个长针；重复*步骤，直至最后，在最后相连的5个锁针孔眼中织3个长针。

按照第1行到第4行，重复钩织。

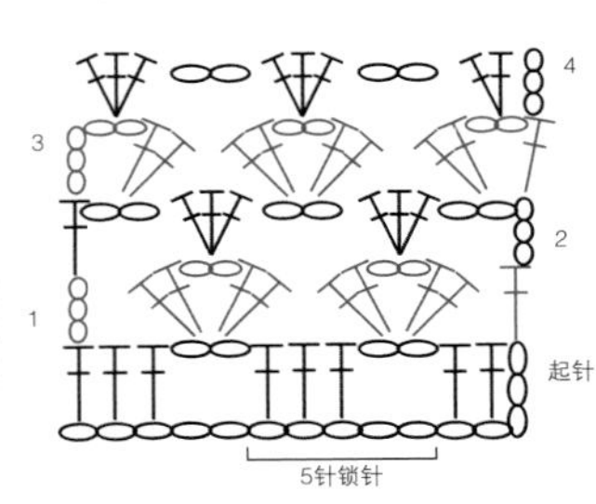

展开扇面花纹

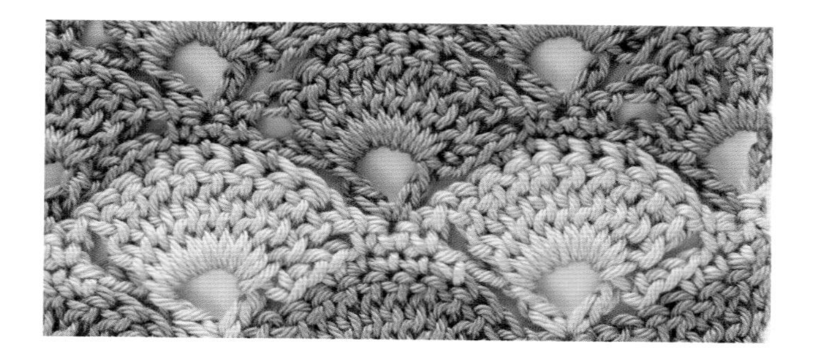

起针，每12个锁针一组，钩织若干组，再额外添加7个锁针。

基础行 在针上第7个锁针中织1个长针，*织3个锁针，跳过3个锁针，分别在接下来的5个锁针中各织1个短针，织3个锁针，跳过3个锁针，在下个锁针中织（1个长针，3个锁针，1个长针）；重复*步骤，直至这一行结束。

第1行 织4个锁针（计为1个长长针），在第1组相连3个锁针孔眼中织4个长长针，*织1个锁针，跳过相连3个锁针孔眼和1个短针，分别在接下来的3个短针中各织1个短针，织1个锁针，跳过1个短针和相连3个锁针孔眼，在下组相连3个锁针孔眼中织9个长长针；重复*步骤，直至最后，以在相连的6个锁针孔眼中织5个长长针结束。

第2行 织1个锁针，分别在前3个长长针中各织1个短针，*织3个锁针，跳过2个长长针、1个锁针和1个短针，在下个短针中钩织（1个长针，3个锁针，1个长针），织3个锁针，跳过1个短针、1个锁针和2个长长针，分别在接下来的5个长长针中各织1个短针；重复*步骤直至最后，分别在最后2个长长针和第4个锁针中各织1个短针，结束此行。

第3行 织1个锁针，分别在前2个短针中各织1个短针，*织1个锁针，跳过1个短针和相连3个锁针孔眼，在下一组相连的3个锁针孔眼中织9个长长针，织1个锁针，跳过相连3个锁针孔眼和1个短针，分别在接下来的3个短针中各织1个短针；重复*步骤，直至最后，以在最后2个短针中各织1个短针结束。

第4行 织6个锁针（计为1个长针和3个锁针），在第1个短针中织1个长针，*织3个锁针，跳过1个短针、1个锁针和2个长长针，分别在接下来的5个长长针中各织1个短针，织3个锁针，跳过2个长长针、1个锁针和1个短针，在下个短针中钩织（1个长针，3个锁针，1个长针）；重复*步骤，直至这一行结束。

重复第1行到第4行。

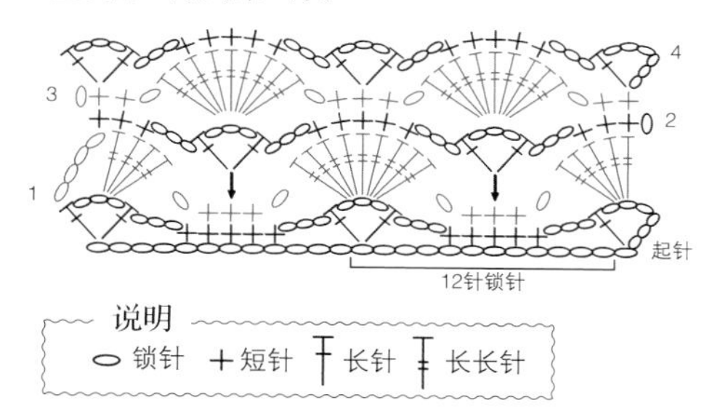

贝形网状织片

起针，每12个锁针一组，钩织若干组，再额外添加5个锁针。

基础行 在针上第8个锁针中织1个短针，*跳过2个锁针，在下个锁针中织5个长针，跳过2个锁针，在下个锁针中织1个短针，织5个锁针，跳过5个锁针，在下个锁针中织1个短针；重复*步骤，直至最后9个锁针，跳过2个锁针，在下个锁针中织5个长针，跳过2个锁针，在下个锁针中织1个短针，织2个中，在最后的锁针中织1个长针。

第1行 织1个锁针，在第1个长针中织1个短针，*织5个锁针，在构成扇形的5个长针中的第3个长针中钩织1个短针，织5个锁针，接下来有5个相连锁针，在其中第3个锁针中织1个短针；重复*步骤，直至最后，在7个锁针所构成圆环的第3个锁针中织1个短针，结束此行。

第2行 织3个锁针（计为1个长针），在第1个短针中织2个长针，*接下来有5个相连锁针，在其中第3个锁针中织1个短针，织5个锁针，在下一组5个相连锁针中的第3个锁针钩织1个短针，在下个短针中织5个长针；重复*步骤，直至最后，以在最后的短针中织3个长针结束。

第3行 织1个锁针，在第1个长针中织1个短针，*织5个锁针，接下来有5个相连锁针，在其中第3个锁针中织1个短针，织5个锁针，在构成扇形的5个长针中的第3个长针中钩织1个短针；重复*步骤，直至最后，以在第3个锁针中织1个短针结束。

第4行 织5个锁针（计为1个长针和2个锁针），*接下来有5个相连锁针，在其中第3个锁针中织1个短针，在下个短针中织5个长针，在下一组5个相连锁针中的第3个锁针钩织1个短针，织5个锁针；重复*步骤，直至最后，织2个锁针，在最后一个短针中织1个长针，结束此行。

重复第1行到第4行。

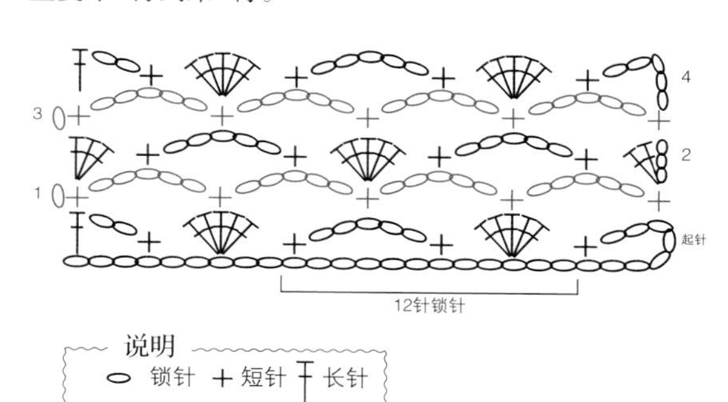

桂花针织片

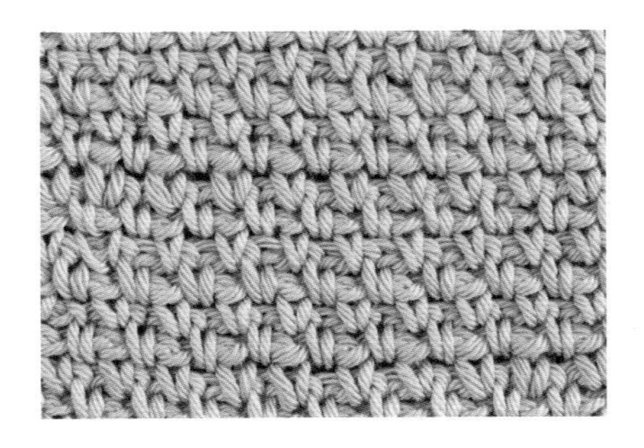

起针，每2个锁针一组，钩织若干组。

基础行 在针上第2个锁针中织1个短针，*织1个锁针，跳过1个锁针，在下个锁针中织1个短针；重复*步骤，直至这一行结束。

第1行 织1个锁针，在第1个短针中织1个短针，在下个锁针孔眼中织1个短针，*织1个锁针，在下个锁针孔眼中织1个短针；重复*步骤，直到最后一个短针，在最后的短针中织1个短针。

第2行 织1个锁针，在第1个短针中织1个短针，*织1个锁针，在下个锁针孔眼中织1个短针；重复*步骤，直到最后2个短针，织1个锁针，在最后一个短针中织1个短针。

重复第1行和第2行。

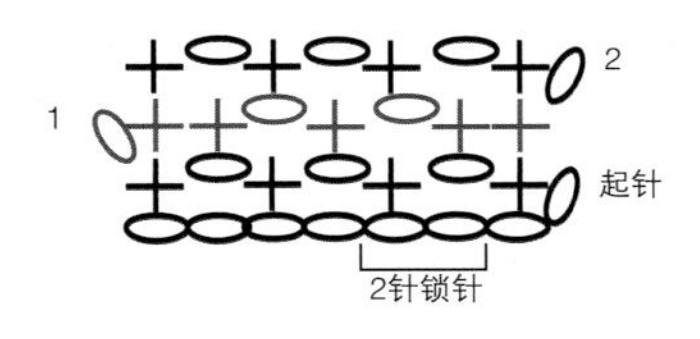

说明
- 锁针
+ 短针

星形格花纹

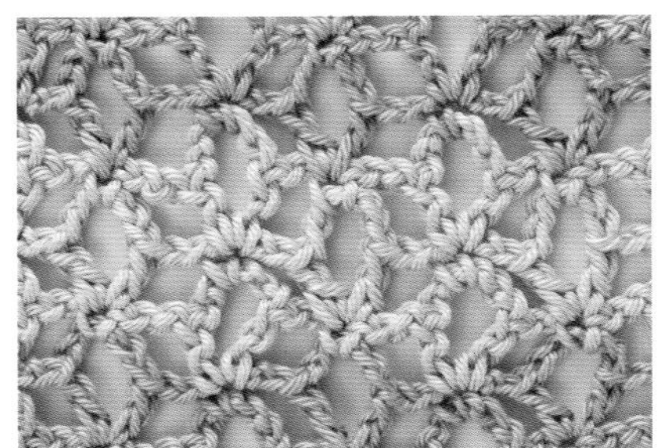

起针，每8个锁针一组，钩织若干组，再额外添加2个锁针。

基础行 在针上第2个锁针中织1个短针，*织2个锁针，跳过3个锁针，在下个锁针中钩织（1个长针，5个锁针，1个长针），织2个锁针，跳过3个锁针，在下个锁针中织1个短针；重复*步骤，直至这一行结束。

第1行 织6个锁针（计为1个长长针和2个锁针），在第1个短针中织1个长针，*织2个锁针，在接下来的相连的5个锁针孔眼中织1个短针，织2个锁针，在下个短针中织（1个长针，5个锁针，1个长针）；重复*步骤，直到最后，以在最后的短针中钩织（1个长针，2个锁针，1个长长针）结束。

第2行 织1个锁针，在第1个长长针中织1个短针，*织2个锁针，在下个短针中织（1个长针，5个锁针，1个长针），织2个锁针，在接下来的相连的5个锁针孔眼中织1个短针；重复*步骤，直到最后，上一行顶端有6个锁针，在其中的第4个锁针中钩织最后1个短针。

重复第1行和第2行。

扇形条纹织片

起针，每16个锁针一组，钩织若干组，再额外添加5个锁针。

基础行 在针上第5个锁针中织1个长针，*织2个锁针，跳过5个锁针，分别在下2个锁针中各织1个长针，在下个锁针中织4个长针，分别在下2个锁针中各织1个长针，织2个锁针，跳过5个锁针，在下个锁针中织（1个长针，2个锁针，1个长针）；重复*步骤，直到最后，以在最后的锁针中钩织（1个长针，1个锁针，1个长针）结束。

第1行 织4个锁针（计为1个长针和1个锁针），在同一位置织1个长针，*织2个锁针，跳过1个长针，分别在下2个长针中各织1个长针，在下个长针中织4个长针，分别在下2个长针中各织1个长针，织2个锁针，跳过2个长针和2个锁针和1个长针，在接下来相连的2个锁针孔眼中钩织（1个长针，2个锁针，1个长针）；重复*步骤，直到最后，在最后的锁针孔眼中织（1个长针，1个锁针，1个长针），此行结束。

重复第一行。

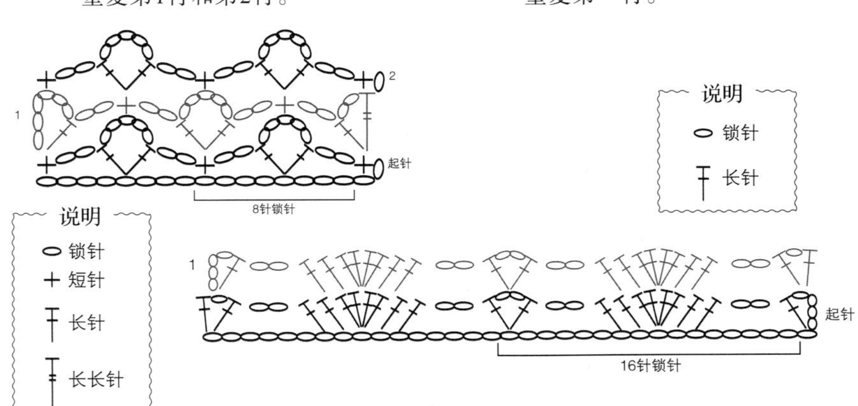

大蛤贝花纹

起针，每15个锁针一组，钩织若干组，再额外添加5个锁针。

基础行 在针上第5个锁针中织2个长针，*跳过6个锁针，分别在接下来的2个锁针中各织4个长长针，跳过6个锁针，在下个锁针中织（2个长针，2个锁针，2个长针）；重复*步骤，直到最后，以在最后一个锁针中钩织（2个长针，1个锁针，1个长针）结束。

第1行 织4个锁针（计为1个长针和1个锁针），在同一位置织2个长针，*在接下来的8个长长针中各织1个长针，在接下来相连的2个锁针孔眼中织（2个长针，2个锁针，2个长针）；重复*步骤，直到最后，以在最后一个锁针孔眼中钩织（2个长针，1个锁针，1个长针）结束。

第2行 织4个锁针，在第1个锁针空眼中织3个长长针，*跳过4个长针，在下个长针中织（2个长针，2个锁针，2个长针），在接下来相连的2个锁针孔眼中织8个长长针；重复*步骤，直到最后，以在最后一个锁针孔眼中织4个长长针结束。

第3行 织3个锁针（计为1个长针），分别在接下来的3个长长针中各织1个长针，*在接下来相连的2个锁针孔眼中织（2个长针，2个锁针，2个长针），在接下来的8个长长针中各织1个长针；重复*步骤，直到最后，分别在最后3个长长针和第4个锁针中各织1个长针。

第4行 织4个锁针（计为1个长针和1个锁针），在同一位置织2个长针，*在接下来相连的2个锁针孔眼中织8个长长针，跳过4个长针，在下个长针中织（2个长针，2个锁针，2个长针）；重复*步骤，直到最后，以在第3个锁针中钩织（2个长针，1个锁针，1个长针）作为结束。

重复第1行到第4行。

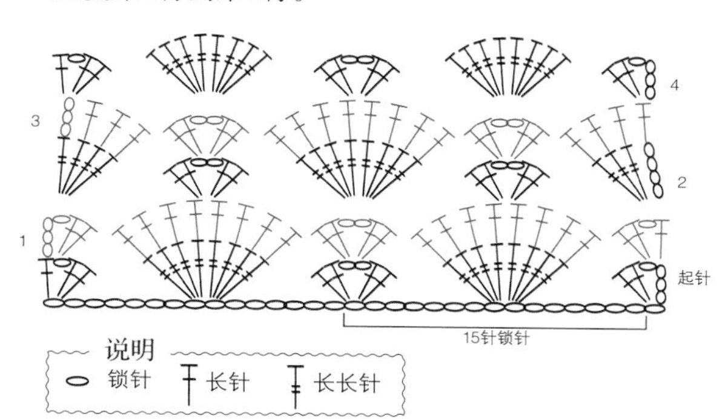

蚌形花纹织片

起针，每4个锁针一组，钩织若干组，再额外添加3个锁针。

基础行 钩织长针6针并1针，在针上第3个锁针中钩织第1支，依次在接下来的5个锁针中钩织余下的5支，*织3个锁针，钩织长针6针并1针，围绕上一簇针目中最后一个长针钩织此合并针的前3支，在上一合并针的最后一支所在的锁针中钩织第4支，在接下来的2个锁针中钩织第5支和第6支；重复*步骤，直到最后1个锁针，在最后1个锁针中织1个长针。

第1行 织3个锁针（计为1个短针和1个锁针），在接下来相连的3个锁针孔眼中织1个短针，*织1个锁针，在接下来相连的3个锁针孔眼中织1个短针；重复*步骤，直到最后，在下方合并针的第1支所在的锁针中钩织1个短针。

第2行 织5个锁针，钩织长针6针并1针，在针上第3个锁针中钩织第1支，在接下来的2个锁针中钩织第2支和第3支，在接下来的2个短针中钩织第4支和第5支，在下个锁针中钩织第6支，*织3个锁针，钩织长针6针并1针，围绕上一簇针目中最后一个长针钩织此合并针的前3支，在上一合并针的最后一支所在的锁针中钩织第4支，在下个短针中钩织第5支，在下个锁针中钩织第6支；重复*步骤，直到最后，在3个锁针的第2个锁针中钩织1个长针，以此作为结束。

按照第1行和第2行，重复钩织。

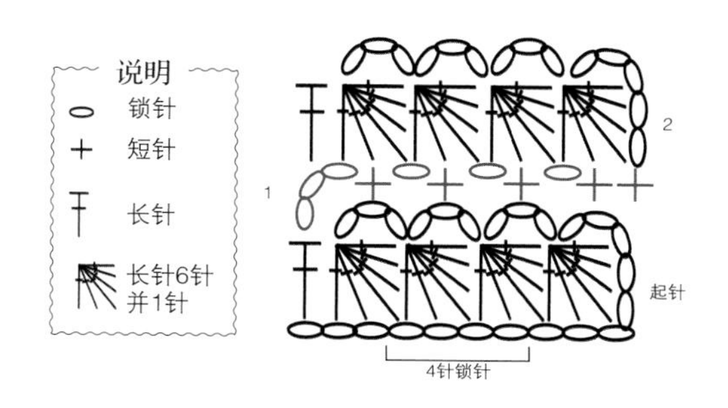

简单方孔钩织

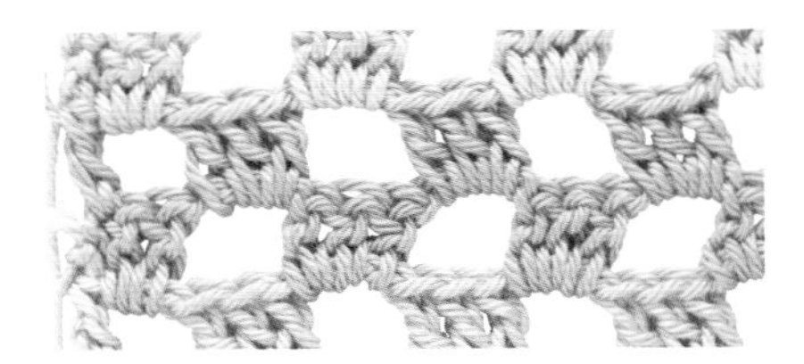

起针，每6个锁针一组，钩织若干组，再额外添加1个锁针。

基础行 在针上第8个锁针中织1个长针，分别在下2个锁针中织各织1个长针，*织3个锁针，跳过3个锁针，分别在接下来的3个锁针中各织1个长针；重复*步骤，直到最后3个锁针，织2个锁针，跳过2个锁针，在最后一个锁针中织1个长针。

第1行 织3个锁针（计为1个长针），在接下来相连的2个锁针孔眼中织2个长针，*织3个锁针，跳过3个长针，在接下来相连的3个锁针孔眼中织3个长针；重复*步骤，直到最后，在最后的锁针孔眼中钩织最后3个长针。

第2行 织5个锁针（计为1个长针和2个锁针），在接下来相连的3个锁针孔眼中织3个长针，*织3个锁针，跳过3个长针，在接下来相连的3个锁针孔眼中织3个长针；重复*步骤，直到最后2个长针和3个锁针，织2个锁针，在第3个锁针中织1个长针。

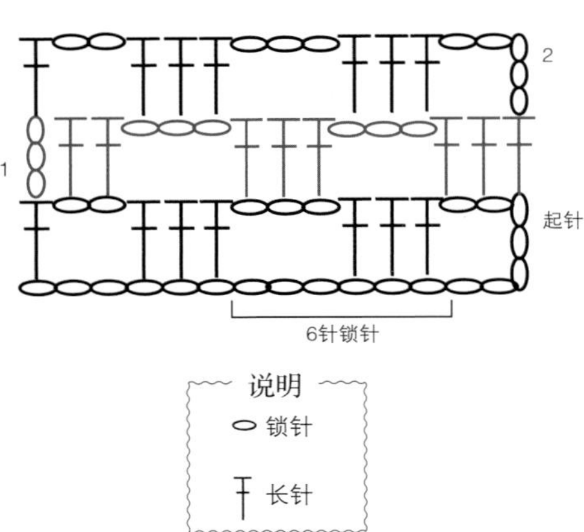

小方孔钩织

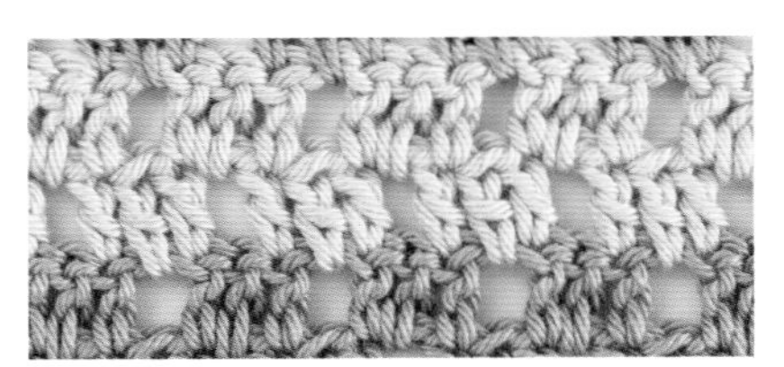

起针，每4个锁针一组，钩织若干组，再额外添加2个锁针。

基础行 在针上第6个锁针中织1个长针，分别在接下来的2个锁针中织各织1个长针，*织1个锁针，跳过1个锁针，分别在接下来的3个锁针中各织1个长针；重复*步骤，直到最后2个锁针，织1个锁针，跳过1个锁针，在最后一个锁针中织1个长针。

第1行 织3个锁针（计为1个长针），在下个锁针中织1个长针，在下个长针中织1个长针，*织1个锁针，跳过1个长针，在下个长针中织1个长针，在下个锁针空眼中织1个长针，在下个长针中织1个长针；重复*步骤，直到最后，在最后的锁针孔眼中钩织最后2个长针。

第2行 织4个锁针（计为1个长针和1个锁针），跳过1个长针，*在下个长针中织1个长针，在下个锁针孔眼中织1个长针，在下个长针中织1个长针，织1个锁针，跳过1个长针；重复*步骤，直到最后，在第3个锁针中织1个长针。

重复第1行和第2行。

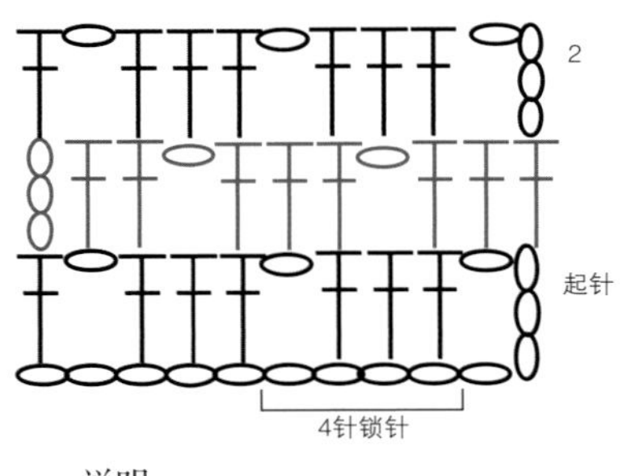

纽孔织片

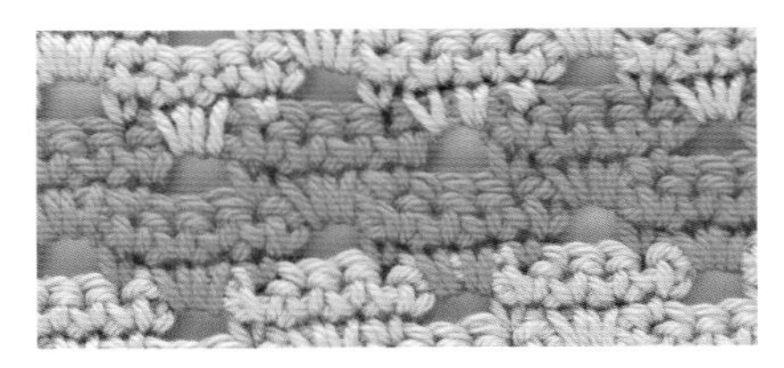

起针，每6个锁针一组，钩织若干组，再额外添加5个锁针。

基础行 在针上第2个锁针中织1个短针，分别在接下来的3个锁针中各织1个短针，*织3个锁针，跳过2个锁针，分别在接下来的4个锁针中各织1个短针；重复*步骤，直至结束。

第1行 织1个锁针，分别在前4个短针中各织1个短针，*织3个锁针，分别在接下来的4个锁针中各织1个短针；重复*步骤，直至这一行结束。

第1行 织1个锁针，在第1个短针中织1个短针，*织3个锁针，跳过2个短针，在下个短针中织1个短针，在下个孔眼中织2个短针，钩织时要穿越前两行的双锁针线圈，在下个短针中织1个短针；重复*步骤，直到最后3个短针，织3个锁针，跳过2个短针，在最后的短针中织1个短针。

第1行 织1个锁针，在第1个短针中织1个短针，织3个锁针，*分别在接下来的4个短针中各织1个短针，织1个锁针；重复*步骤，直到最后1个短针，在最后的短针中织1个短针。

第1行 织1个锁针，在第1个短针中织1个短针，*在下个空眼中织2个短针，钩织时要穿越前两行的双锁针线圈，在下个短针中织1个短针，织3个锁针，在下个短针中织1个短针；重复*步骤，直到最后的锁针孔眼，在空眼中织2个短针，钩织时要穿越前两行的双层锁针线圈，在最后的短针中织1个短针。

按照第1行到第4行，重复钩织。

说明
锁针
短针

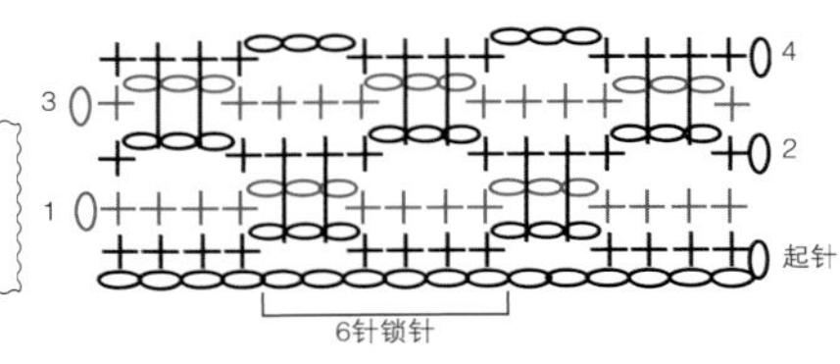

方形条纹织片

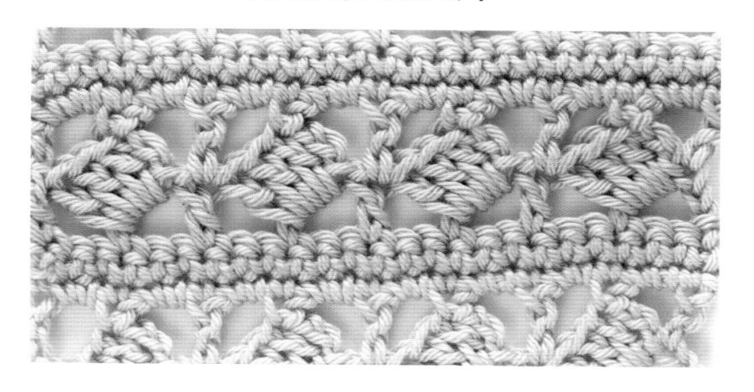

起针，每6个锁针一组，钩织若干组，再额外添加2个锁针。

基础行 从针上第2个锁针开始，在每个锁针中各织1个短针，直到结束。

第1行 织1个锁针，在每个短针中各织1个短针，直到这一行结束。

第2行 织3个锁针（计为1个长针），*跳过2个短针，在下个短针中织1个长针，织3个锁针，围绕刚织完的长针的主干钩织3个长针，跳过2个短针，在下个短针中织1个长针；重复*步骤，直到这一行结束。

第3行 织5个锁针（计为1个长针和2个锁针），*在方形顶角的第3个锁针中织1个短针，织2个锁针，在两个方形之间的长针中织1个长针，织2个锁针；重复*步骤，直到最后，在第3个锁针中钩织最后1个长针。

第4行 织1个锁针，在第1个长针中织1个短针，*在接下来相连的2个锁针孔眼中织2个短针，在下个短针中织1个短针，在下组相连的2个锁针孔眼中织2个短针，在下个长针中织1个短针；重复*步骤，直到最后，在5个锁针的第3个锁针中钩织最后1个短针。

重复第1行到第四行的钩织。

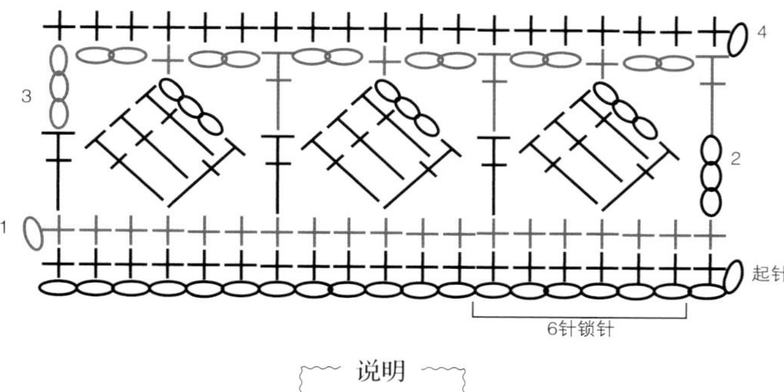

说明

- ⬭ 锁针
- ＋ 短针
- Ŧ 长针

方形图案织片

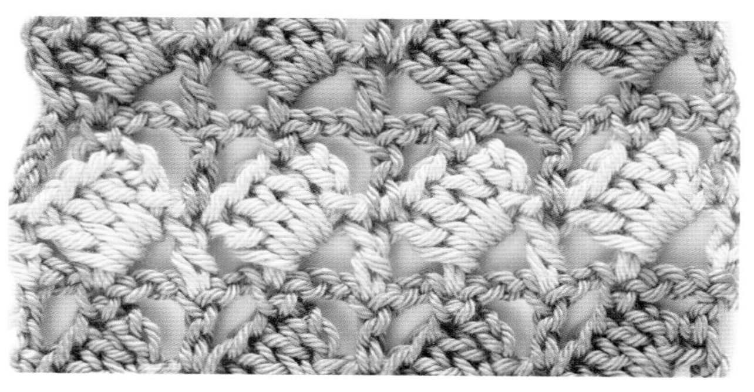

起针，每6个锁针一组，钩织若干组，再额外添加4个锁针。

基础行 在针上第7个锁针中织1个长针，织3个锁针，围绕刚织完的长针的主干钩织3个长针，跳过2个锁针，在下个锁针中织1个长针，*跳过2个锁针，在下个锁针中织1个长针，织3个锁针，围绕刚织完的长针的主干钩织3个长针，跳过2个锁针，在下个锁针中织1个长针；重复*步骤，直到这一行结束。

第1行 织5个锁针（计为1个长针和2个锁针），*在方形顶角的第3个锁针中织1个短针，织2个锁针，在两个方形之间的长针中织1个长针，织2个锁针；重复*步骤，直到最后，在第3个锁针中钩织最后1个长针。

第2行 织3个锁针（计为1个长针），在下个短针中织1个长针，织3个锁针，围绕刚织完的长针的主干钩织3个长针，跳过2个锁针，在下个长针中织1个长针，*跳过2个锁针，在下个短针中织1个长针，织3个锁针，围绕刚织完的长针的主干钩织3个长针，跳过2个锁针，在下个长针中织1个长针；重复*步骤，直到结束。

按照第1行和第2行，重复钩织。

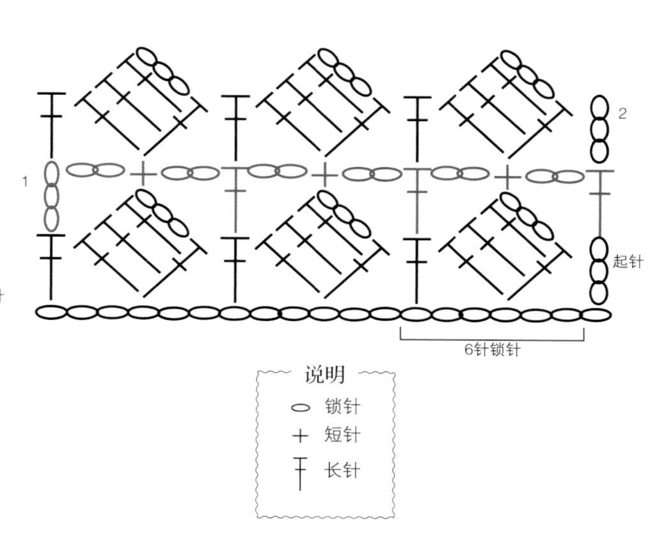

狗牙花纹织片

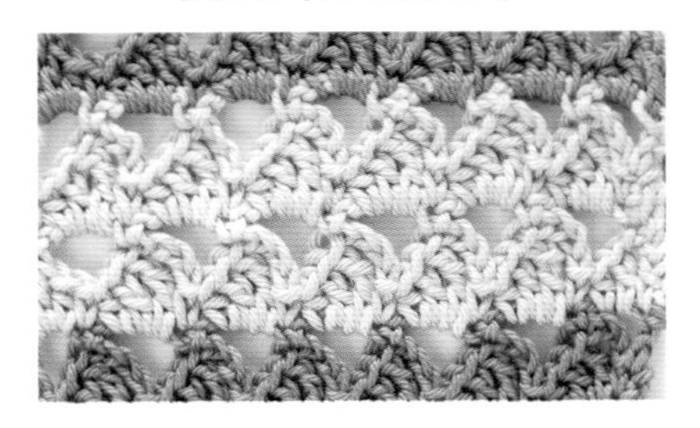

起针，每4个锁针一组，钩织若干组，再额外添加2个锁针。

基础行 在针上第2个锁针中织1个短针，*织4个锁针，在下个基础锁针中织1个长长针，在下个锁针再织1个长针，在下个锁针中织1个中长针，在下个锁针中织1个短针；重复*步骤，直到这一行结束。

第1行 织5个锁针（计为1个长针和2个锁针），跳过1个中长针、1个长针和1个长长针，在第1个三角形顶角的第4个锁针中织1个短针，*织3个锁针，在下个三角形顶角的第4个锁针中织1个短针；重复*步骤，直到最后一个三角形，织2个锁针，在前一行第1个短针中织1个长针。

第2行 织1个锁针，在第1个长针中织1个短针，织4个锁针，在相连的2个锁针孔眼中钩织（1个长针，1个中长针），在下个短针中织1个短针，*织4个锁针，在接下来相连的3个锁针孔眼中织（1个长长针，1个长针，1个中长针），在下个短针中织1个短针；重复*步骤，直到最后一个锁针孔眼，在这个孔眼中钩织（1个中长针，1个长针，1个长长针）。

第3行 织1个锁针，在长长针中织1个短针，*织3个锁针，在下个三角形顶角的第4个锁针中织1个短针；重复*步骤，直到这一行结束。

第4行 织1个锁针，在第1个短针中织1个短针，*织4个锁针，在接下来相连的3个锁针孔眼中织（1个长长针，1个长针，1个中长针），在下个短针中织1个短针；重复*步骤，直至结束。

按照第1行到第4行，重复钩织。

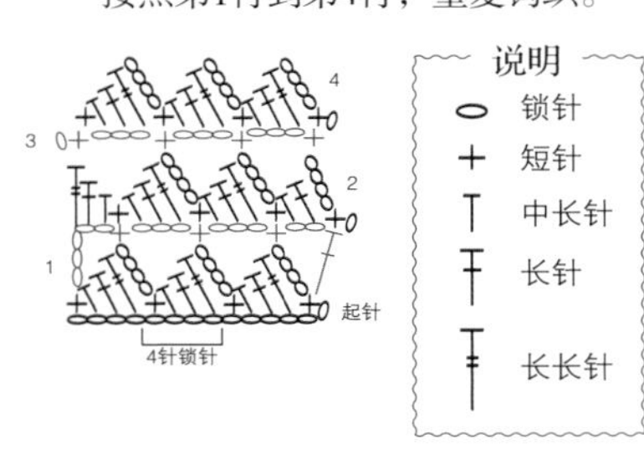

小花织片

起针，每10个锁针一组，钩织若干组，再额外添加6个锁针。

基础行 在针上第6个锁针中织（1个短针，4个锁针，1个短针），*织3个锁针，跳过4个锁针，在下个锁针中织（1个长针，1个锁针，1个长针），织3个锁针，跳过4个锁针，在接下来锁针中织（1个短针，4个锁针，1个短针，4个锁针，1个短针，4个锁针，1个短针）；重复*步骤，直到最后，在最后一个锁针中钩织（1个短针，4个锁针，1个短针，2个锁针，1个长针）。

第1行 织4个锁针（计为1个长针和1个锁针），在相同位置织1个长针，*织3个锁针，在V字形中央的锁针孔眼中钩织（1个短针，4个锁针，1个短针，4个锁针，1个短针，4个锁针，1个短针），织3个锁针，在接下来“花瓣簇”中间的4个锁针圆环里钩织（1个长针，1个锁针，1个长针）；重复*步骤，直到最后，在最后相连的4个锁针孔眼中钩织最后1个“V字针”——（1个长针，1个锁针，1个长针）。

第2行 织5个锁针，在第1个锁针孔眼中织（1个短针，4个锁针，1个短针），*织3个锁针，在接下来“花瓣簇”中间的4个锁针圆环里钩织（1个长针，1个锁针，1个长针），织3个锁针，在V字形中央的锁针孔眼中钩织（1个短针，4个锁针，1个短针，4个锁针，1个短针，4个锁针，1个短针）；重复*步骤，直到最后，以在最后的锁针孔眼中钩织（1个短针，4个锁针，1个短针，2个锁针，1个长针）结束。

重复钩织第1行和第2行。

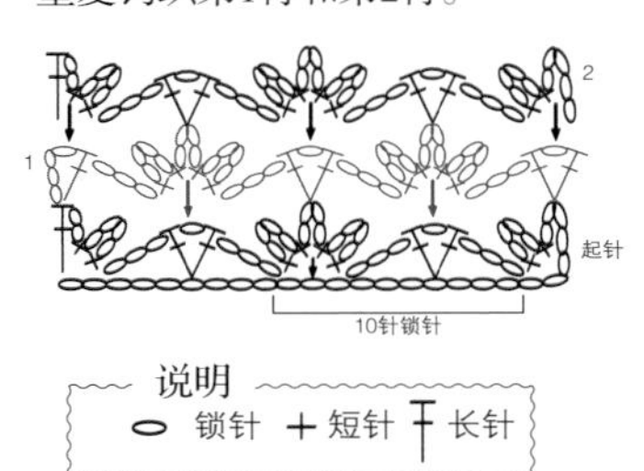

线条和拱形花纹

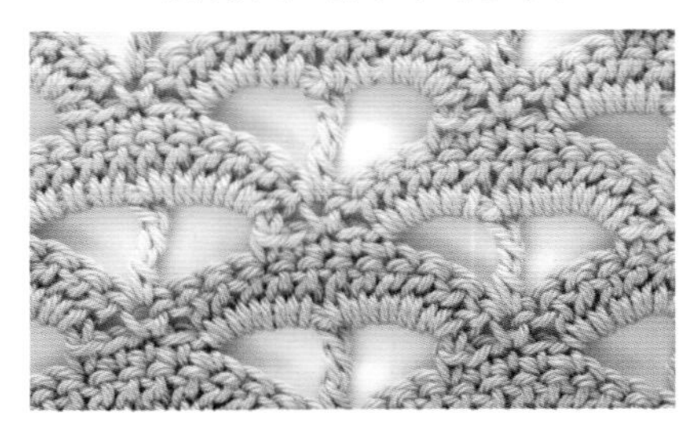

起针，每14个锁针一组，钩织若干组，再额外添加4个锁针。

基础行 在针上第4个锁针中织1个长长针，*织4个锁针，跳过4个锁针，分别在下5个锁针中各织1个短针，织4个锁针，跳过4个锁针，在接下来的锁针中织1个长长针；重复*步骤，直至结束。

第1行 织3个锁针（计为1个长针），*在相连的4个锁针孔眼中织5个长针，跳过2个短针，在接下来的短针中织1个短针，跳过2个短针，在相连的4个锁针孔眼中织5个长针，在长长针中织1个长针；重复*步骤，直至这一行结束。

第2行 织1个锁针，在第1个长针中织1个短针，分别在接下来的2个长针中各织1个短针，*织4个锁针，在短针中织1个长长针，织4个锁针，跳过3个长针，分别在接下来的5个长针中各织1个短针；重复*步骤，直到最后，在最后2个短针中各织1个短针，在上一行顶端第3个锁针中织1个短针。

第3行 织1个锁针，在第1个短针中织1个短针，*在相连的4个锁针孔眼中织5个长针，在长长针中织1个长针，在相连的4个锁针孔眼中织5个长针，跳过2个短针，在接下来的短针中织1个短针；重复*步骤，直至这一行结束。

第4行 织4个锁针，在第1个短针中织1个长长针，*织4个锁针，跳过3个长针，在接下来的5个长针中各织1个短针，织4个锁针，在接下来的短针中织1个长长针；重复*步骤，直至结束。

重复钩织第1行到第4行。

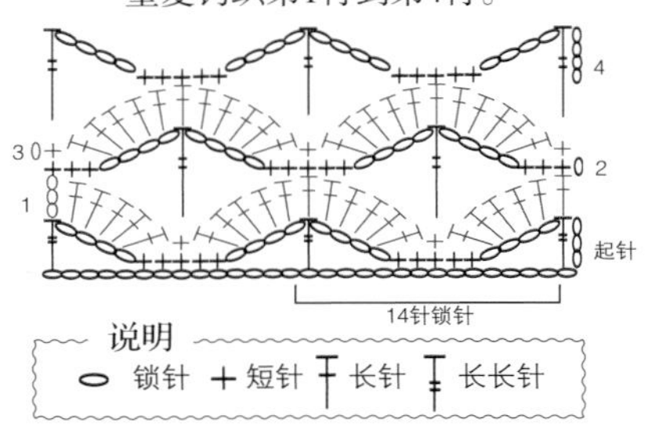

较小线条与拱形花纹

起针，每8个锁针一组，钩织若干组，再额外添加4个锁针。

基础行 在针上第4个锁针中织1个长长针，*织2个锁针，跳过2个锁针，在接下来的3个锁针中各织1个短针，织2个锁针，跳过2个锁针，在接下来的锁针中织1个长长针；重复*步骤，直至结束。

第1行 织3个锁针（计为1个长针），*在相连的2个锁针孔眼中织3个长针，跳过1个短针，在接下来的短针中织1个短针，跳过1个短针，在相连的2个锁针孔眼中织3个长针，在长长针中织1个长针；重复*步骤，直至这一行结束。

第2行 织1个锁针，在第1个长针中织1个短针，在接下来的长针中织1个短针，*织2个锁针，在短针中织1个长长针，织2个锁针，跳过2个长针，在接下来的3个长针中各织1个短针；重复*步骤，直到最后，在最后一个短针中织1个短针，在上一行顶端第3个锁针中织1个短针。

第3行 织1个锁针，在第1个短针中织1个短针，*在相连的2个锁针孔眼中织3个长针，在长长针中织1个长针，在相连的2个锁针孔眼中织3个长针，跳过1个短针，在接下来的短针中织1个短针；重复*步骤，直至这一行结束。

第4行 织4个锁针，在第1个短针中织1个长长针，*织2个锁针，跳过2个长针，在接下来的3个长针中各织1个短针，织2个锁针，在接下来的短针中织1个长长针；重复*步骤，直至结束。

重复钩织第1行到第4行。

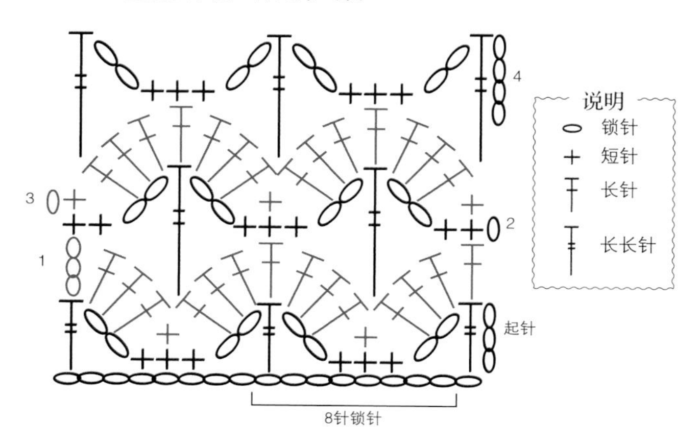

小展开扇面花纹

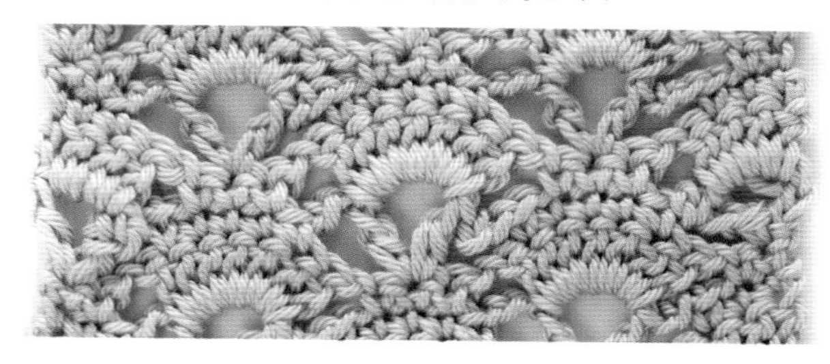

起针，每12个锁针一组，钩织若干组，再额外添加7个锁针。

基础行 在针上第7个锁针中织1个长针，*织3个锁针，跳过3个锁针，在接下来的5个锁针中各织1个短针，织3个锁针，跳过3个锁针，在接下来的锁针中织（1个长针，3个锁针，1个长针）；重复*步骤，直至结束。

第1行 织3个锁针（计为1个长针），在第1组相连的3个锁针孔眼中织3个长针，*织1个锁针，跳过相连的3个锁针孔眼和1个短针，分别在接下来的3个短针中各织1个短针，织1个锁针，跳过1个短针和3个锁针，在接下来的相连的3个锁针孔眼中织7个长针；重复*步骤，直到最后，以在顶端的6个相连锁针孔眼中织4个长针结束。

第2行 织1个锁针，在前3个长针中各织1个短针，*织3个锁针，跳过1个长针、1个锁针和1个短针，在接下来的短针中织（1个长针，3个锁针，1个长针），织3个锁针，跳过1个短针和1个锁针和1个长针，在接下来的5个长针中各织1个短针；重复*步骤，直到最后，在最后2个短针中各织1个短针，在上一行顶端第3个锁针中织1个短针。

第3行 织1个锁针，在前2个短针中各织1个短针，*织1个锁针，跳过1个短针和相连的3个锁针孔眼，在接下来相连的3个锁针孔眼中织7个长针，织1个锁针，跳过相连的3个锁针孔眼和1个短针，在接下来的3个短针中各织1个短针；重复*步骤，直到最后，以在最后2个短针中各织1个短针结束。

第4行 织6个锁针（计为1个长针和3个锁针），在第1个短针中织1个长针，*织3个锁针，跳过1个短针和1个锁针和1个长针，，在接下来的5个长针中各织1个短针，织3个锁针，跳过1个长针和1个锁针和1个短针，在接下来的短针中织（1个长针，3个锁针，1个长针）。重复*步骤，直至结束。

重复钩织第1行到第4行。

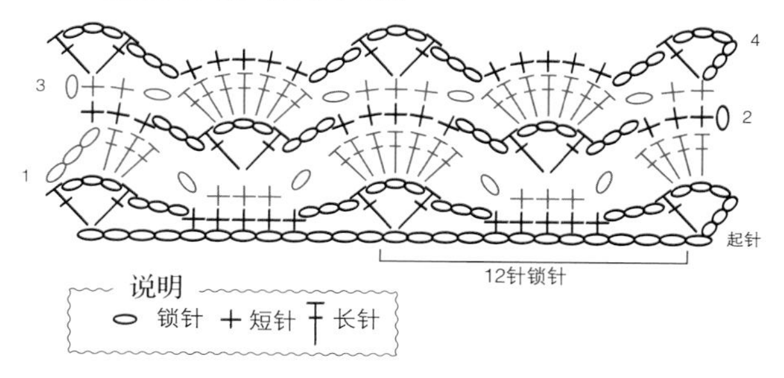

四瓣花形织片

起针，每11个锁针一组，钩织若干组，再额外添加4个锁针。

基础行 在针上第4个锁针中织1个长针，*跳过4个锁针，在接下来的锁针中钩织（长针3针并1针，5个锁针，长针3针并1针），织5个锁针，在接下来的锁针中钩织（长针3针并1针，5个锁针，长针3针并1针），跳过4个锁针，在接下来的锁针中织1个长针；重复*步骤，直至结束。

第1行 织4个锁针（计为1个长针和1个锁针），*在相连的5个锁针孔眼中织1个短针，织5个锁针；重复*步骤，直到最后，织1个锁针，在最后一个长针中织1个长针。

第2行 织3个锁针（计为1个长针），跳过1个锁针，*跳过1个短针和相连的3个锁针孔眼，在接下来的短针中织（长针3针并1针，5个锁针，长针3针并1针，5个锁针，长针3针并1针），跳过相连的3个锁针孔眼和1个短针，在接下来相连的3个锁针孔眼中织1个长针；重复*步骤，直到最后，在前一行顶端4个锁针中的第3个锁针中钩织最后一个长针。

重复钩织第1行和第2行。

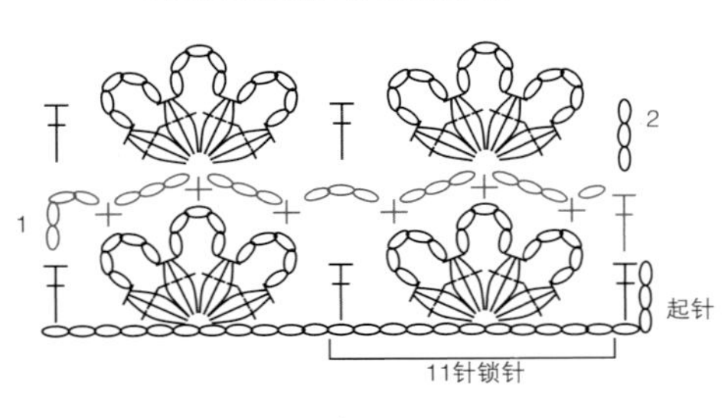

说明
- ⬭ 锁针
- + 短针
- 长针
- 长针3针并1针

方孔条纹织片

起针，每2个锁针一组，钩织若干组，再额外添加6个锁针。

基础行 在针上第6个锁针中织1个长针，*织1个锁针，跳过1个锁针，在接下来的锁针中织1个长针；重复*步骤，直至结束。

第1行 织3个锁针（计为1个长针），跳过1个锁针孔眼，在以后每个长针中织2个长针，跳过起立针的1个锁针，在接下来的锁针中织2个长针。

第3行 织4个锁针（计为1个长针和1个锁针），跳过1个长针，在接下来的长针中织1个长针，*织1个锁针，跳过1个长针，在接下来的长针中织1个长针；重复*步骤，直到最后，以在第3个锁针中织1个长针结束。

重复第1行和第2行。

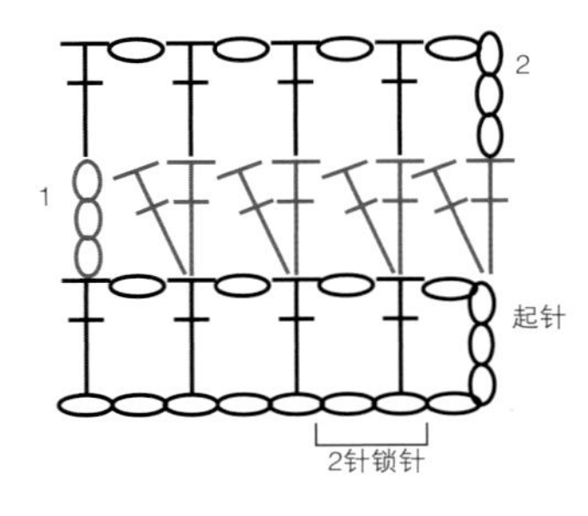

说明
- ⬭ 锁针
- 长针

方框织片

起针，每4个锁针一组，钩织若干组，再额外添加3个锁针。

基础行 在针上第2个锁针中织1个短针，在下个锁针中织1个短针，*织2个锁针，跳过2个锁针，在下2个锁针中各织1个短针；重复*步骤，直至结束。

第1行 织3个锁针（计为1个长针），在接下来的短针中织1个长针，*织2个锁针，在下2个短针中各织1个长针；重复*步骤，直至这一行结束。

第2行 织1个锁针，在前2个长针中各织1个短针，*织2个锁针，在接下来的2个长针中各织1个短针；重复*步骤，直到最后，以在第3个锁针中钩织最后一个短针结束。

重复第1行和第2行。

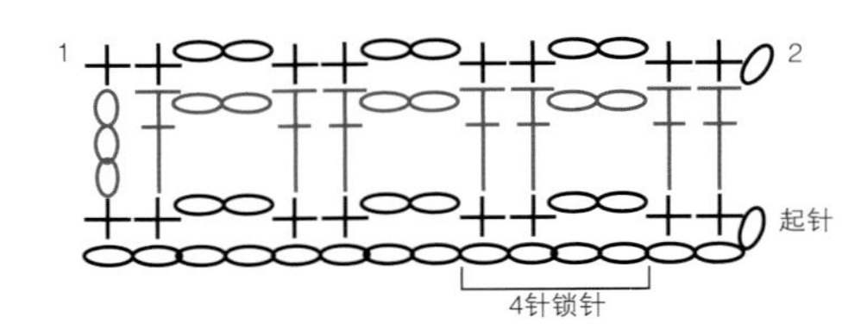

说明
- ⬭ 锁针
- + 短针
- 长针

大方形织片

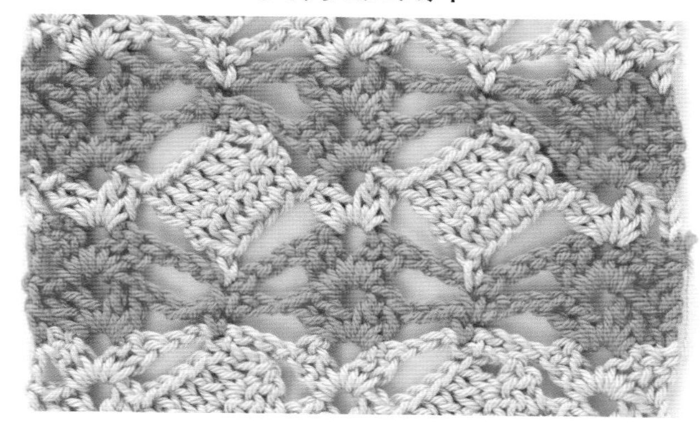

起针，每10个锁针一组，钩织若干组，再额外添加9个锁针。

基础行 在针上第6个锁针中织（2个长针，2个锁针，2个长针），*织3个锁针，跳过4个锁针，在下个锁针中织1个短针，织3个锁针，跳过4个锁针，在接下来的锁针中织（2个长针，2个锁针，2个长针）；重复*步骤，直到最后3个锁针，跳过2个锁针，在最后一个锁针中织1个长针。

第1行 织3个锁针（计为1个长针），在“V字针”的相连2个锁针孔眼中织（2个长针，2个锁针，2个长针），*织3个锁针，在接下来的短针中织1个短针，织3个锁针，在“V字针”中央相连2个锁针孔眼中织（2个长针，2个锁针，2个长针）；重复*步骤，直到最后，在起立针的顶部织1个长针。

第2行 织3个锁针（计为1个长针），在“V字针”的相连2个锁针孔眼中织（2个长针，2个锁针，2个长针），*织5个锁针，在接下来的短针中织1个短针，转弯，织3个锁针（计为1个长针），接下来是5个相连锁针，在每个锁针中织1个长针，转弯，织3个锁针（计为1个长针），在接下来的4个长针中各织1个长针，在第3个锁针中织1个长针，在下一个“V字针”的相连2个锁针孔眼中织（2个长针，2个锁针，2个长针）；重复*步骤，直到最后，在第3个锁针中织1个长针。

第3行 织3个锁针（计为1个长针），在“V字针”的相连2个锁针孔眼中织（2个长针，2个锁针，2个长针），*织3个锁针，在方形顶角有3个锁针，在第3个锁针中钩织1个短针，织3个锁针，在下一个“V字针”的相连2个锁针孔眼中织（2个长针，2个锁针，2个长针）；重复*步骤，直到最后，在第3个锁针中织1个长针。

第4行 钩织方法同第1行。

重复第1行到第4行。

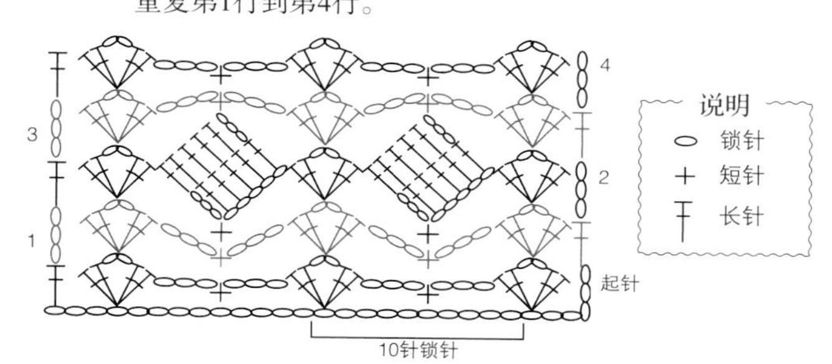

海藻织片

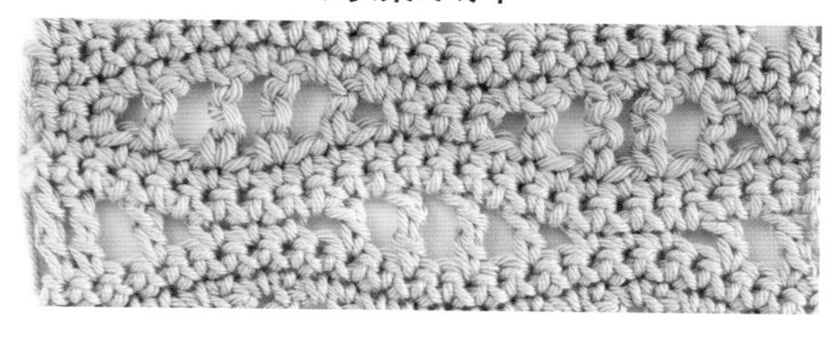

起针，每12个锁针一组，钩织若干组，再额外添加2个锁针。

基础行 从针上第2个锁针开始，在每个锁针中钩织1个短针，直至结束。

第1行 织1个锁针，在前2个短针中各织1个短针，*织1个锁针，跳过1个短针，在接下来的短针中织1个中长针，（织1个锁针，跳过1个短针，在接下来的短针中织1个长针）2次，织1个锁针，跳过1个短针，在接下来的短针中织1个中长针，织1个锁针，跳过1个短针，在接下来的3个短针中各织1个短针；重复*步骤，直到最后，以2个短针结束。

第2行 织1个锁针，在前2个短针中各织1个短针，*在锁针孔眼中织1个短针，在中长针中织1个短针，（在锁针孔眼中织1个短针，在长针中织1个短针）2次，在接下来的锁针孔眼中织1个短针，在中长针中织1个短针，在接下来的锁针孔眼中织1个短针，在接下来的3个短针中各织1个短针；重复*步骤，直到最后，以2个短针结束。

第3行 织1个锁针，在每个短针中织1个短针。

第4行 织3个锁针（计为1个长针），*在下个短针中织1个长针，织1个锁针，跳过1个短针，在下个短针中织1个中长针，织1个锁针，跳过1个短针，在接下来的3个短针中各织1个短针，织1个锁针，跳过1个短针，在下个短针中织1个中长针，织1个锁针，跳过1个短针，在下个短针中织1个长针，织1个锁针，跳过1个短针；重复*步骤，直到最后，以在最后的短针中钩织1个长针，来代替最后的锁针。

第5行 织1个锁针，在前2个长针中各织1个短针，*在锁针孔眼中织1个短针，在中长针中织1个短针，在下个锁针孔眼中织1个短针，在接下来的3个短针中各织1个短针，在接下来的锁针孔眼中织1个短针，在中长针中织1个短针，（在锁针孔眼中织1个短针，在长针中织1个短针）2次；重复*步骤，直到最后，以在第3个锁针中钩织1个短针结束。

第6行 钩织方法同第3行。重复第1行到第6行的钩织。

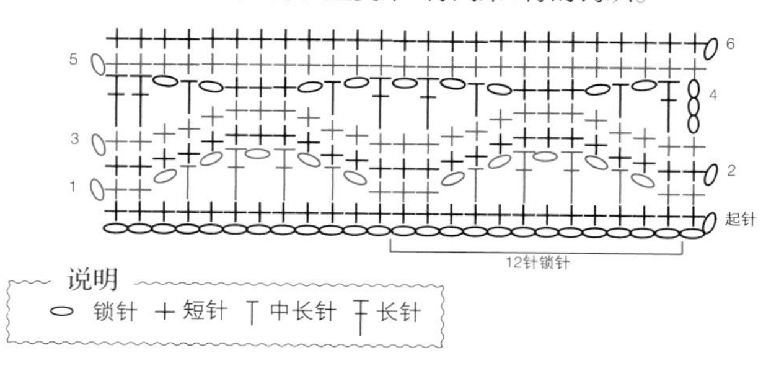

简单网眼织片

起针，每6个锁针一组，钩织若干组，再额外添加4个锁针。

基础行 针上第4个锁针中织1个长针，*织1个锁针，跳过2个锁针，在接下来的锁针中织1个长针，织1个锁针，跳过2个锁针，在接下来的锁针中织3个长针；重复*步骤，直到最后，以在最后的锁针中钩织2个长针结束。

第1行 织4个锁针（计为1个长针和1个锁针），跳过1个长针和1个锁针孔眼，在接下来的长针中织3个长针，*织1个锁针，跳过1个锁针孔眼和1个长针，在扇形中央的长针中钩织1个长针，织1个锁针，跳过1个长针和1个锁针孔眼，在接下来的长针中织3个长针，重复*步骤，直到最后，织1个锁针，在下方锁针中织1个长针。

第2行 织3个锁针（计为1个长针），在相同位置织1个长针，*织1个锁针，跳过1个锁针孔眼和1个长针，在扇形中央的长针中织1个长针，织1个锁针，跳过1个长针和1个锁针孔眼，在接下来的长针中织3个长针；重复*步骤，直到最后，以在相隔的锁针中钩织2个长针结束。

重复第1行和第2行。

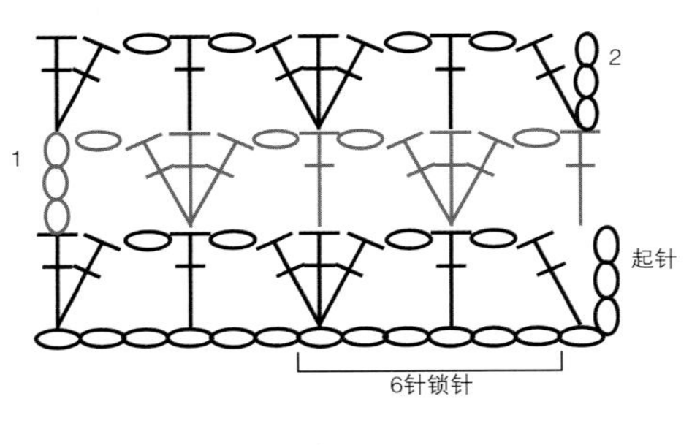

说明
- ⬭ 锁针
- 长针

立扇条纹

起针，每8个锁针一组，钩织若干组，再额外添加6个锁针。

基础行 在针上第6个锁针中织1个长针，*跳过2个锁针，在接下来的锁针中织5个长针，跳过2个锁针，在接下来的锁针中织1个长针，织1个锁针，跳过1个锁针，在下个锁针中织1个长针；重复*步骤，直至结束。

第1行 织4个锁针（计为1个长针和1个锁针），跳过1个锁针孔眼，在接下来的长针中织1个长针，跳过扇形的前2个长针，在第3个长针中织5个长针，跳过扇形的最后2长针，在接下来的长针中织1个长针，织1个锁针，在长针中织1个长针；重复*步骤，直到最后，在起立针的顶部织1个长针。

按照第1行，重复钩织。

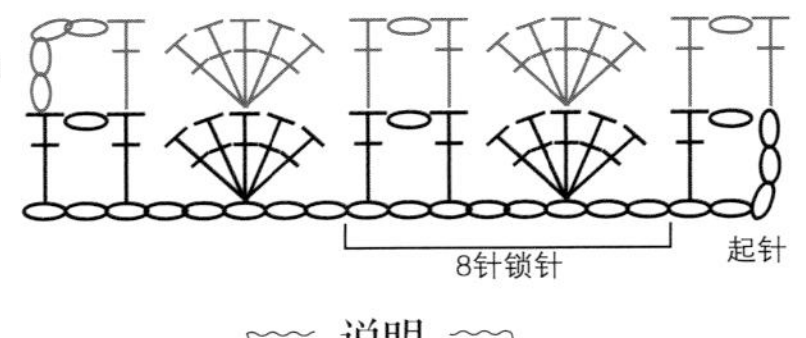

说明
- ⬭ 锁针
- 长针

斜扇形花纹

起针，每4个锁针一组，钩织若干组，再额外添加3个锁针。

基础行 在针上第2个锁针中织1个短针，*织3个锁针，在刚织完的短针一侧钩织4个长针，跳过3个基础针，在接下来的基础针中织1个短针；重复*步骤，直到最后一个锁针，织3个锁针，在最后的锁针中织1个长长针。

第1行 织1个锁针，在长长针中织1个短针，在刚刚织完的短针一侧钩织4个长针，*在相邻三角形顶部的锁针中钩织1个短针，织3个锁针，在刚织完的短针一侧钩织4个长针；重复*步骤，直到最后一个三角形，在三角形顶部的锁针中织1个短针，织3个锁针，在下方一行最后1个短针中织1个长长针。

按照第1行，重复钩织。

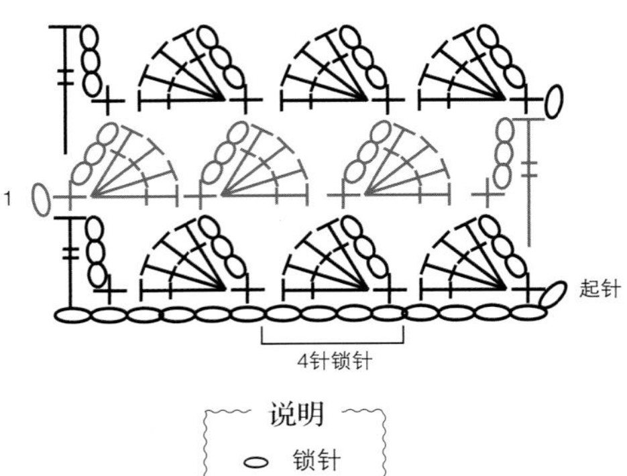

砌块式花纹

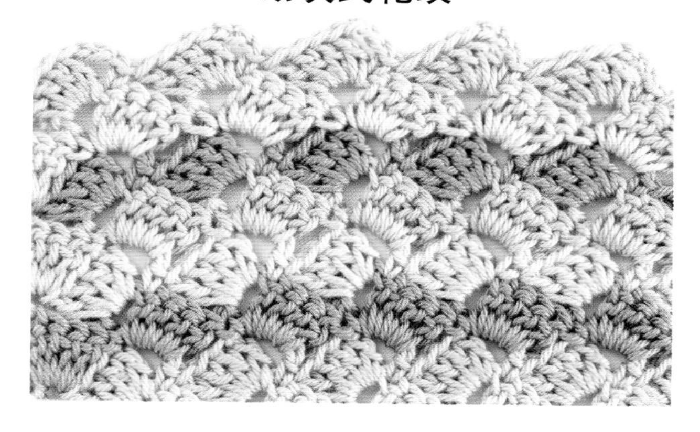

起针，每4个锁针一组，钩织若干组，再额外添加3个锁针。

基础行 在针上第2个锁针中织1个短针，*织3个锁针，在刚织完的短针一侧钩织4个长针，跳过3个基础针，在接下来的基础针中织1个短针；重复*步骤，直到最后一个锁针，织3个锁针，在最后的锁针中织1个长长针。

第1行 织1个锁针，在长长针中织1个短针，织3个锁针，在下方相连的3个锁针孔眼中织4个长针，*在下一模块顶部的锁针中织1个短针，织3个锁针，在沿着模块一边的3个相连锁针孔眼中织4个长针；重复*步骤，直到最后一个模块，在模块顶部的锁针中织1个短针，织3个锁针，在下方最后1个短针中织1个长长针。

重复第1行。

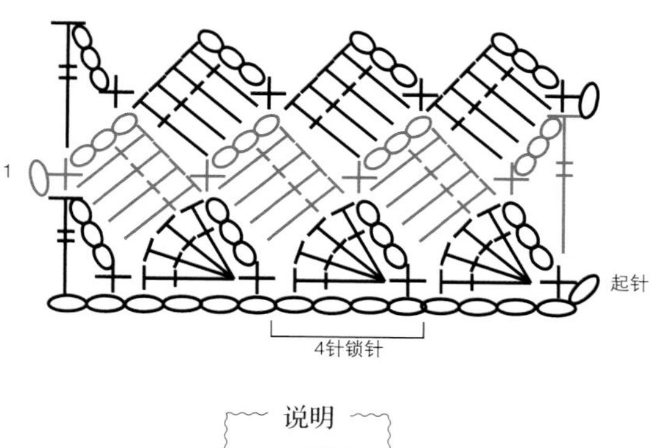

小扇形蕾丝织片

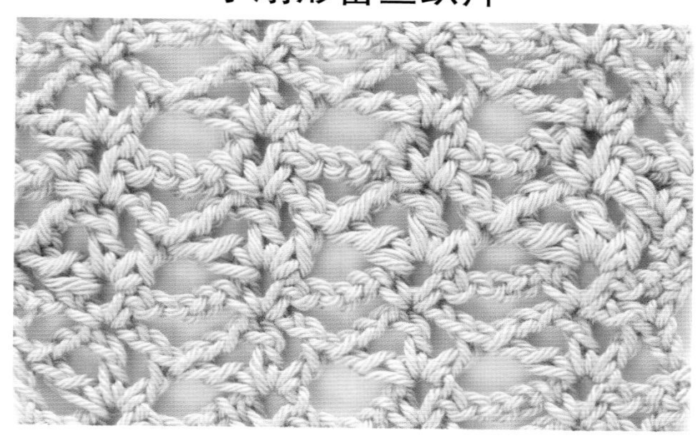

起针，每5个锁针一组，钩织若干组，再额外添加4个锁针。

基础行 在针上第6个锁针中钩织（1个长针，2个锁针，1个长针，2个锁针，1个长针），*跳过4个锁针，在接下来的锁针中钩织（1个长针，2个锁针，1个长针，2个锁针，1个长针）；重复*步骤，直到最后3个锁针，跳过2个锁针，在最后一个锁针中织1个长针。

第1行 织5个锁针（计为1个长针和2个锁针），跳过1个长针和2个相连锁针孔眼，在扇形中央钩织（1个短针，3个锁针，1个短针），*织4个锁针，跳过1个长针和2个相连锁针孔眼，在扇形中央钩织（1个短针，3个锁针，1个短针）；重复*步骤，直到最后，织2个锁针，在起立针顶部织1个长针。

第2行 织3个锁针（计为1个长针），在以后每个由3个相连锁针所构成的圆环中钩织（1个长针，2个锁针，1个长针，2个锁针，1个长针），直至这一行结束，在第1行顶端5个锁针的中间锁针中织1个长针。

重复第1行和第2行。

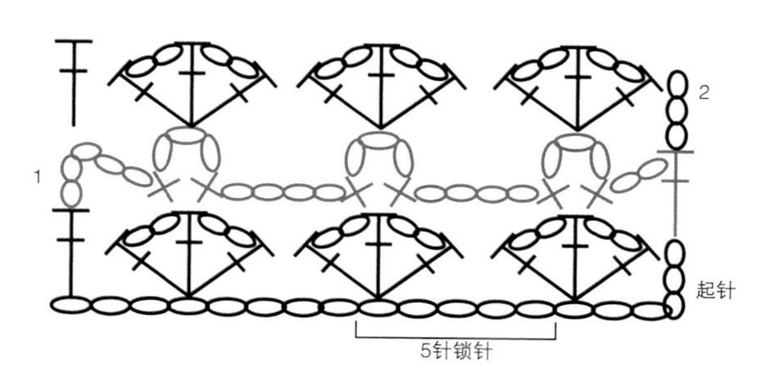

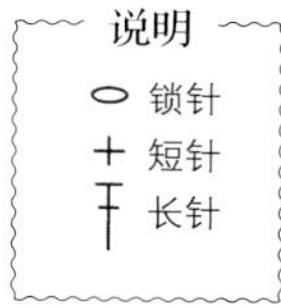

小贝形条纹织片

起针，每3个锁针一组，钩织若干组，再额外添加2个锁针。

基础行 从针上第2个锁针开始，在每个锁针中织1个短针。

第1行 织3个锁针（计为1个长针），在相同的位置织1个长针，*跳过2个短针，在下个短针中织3个长针，重复*步骤，直至最后，以在最后的短针中织2个长针结束。

第2行 织1个锁针，在每个长针中织1个短针，在顶端的锁针中织1个短针。

重复第1行和第2行。

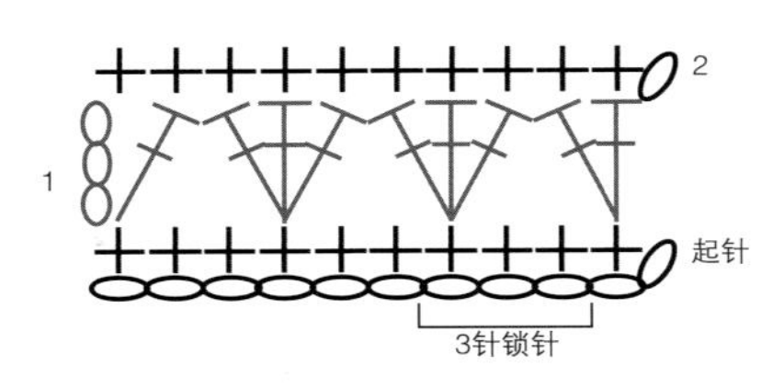

纽孔条纹织片

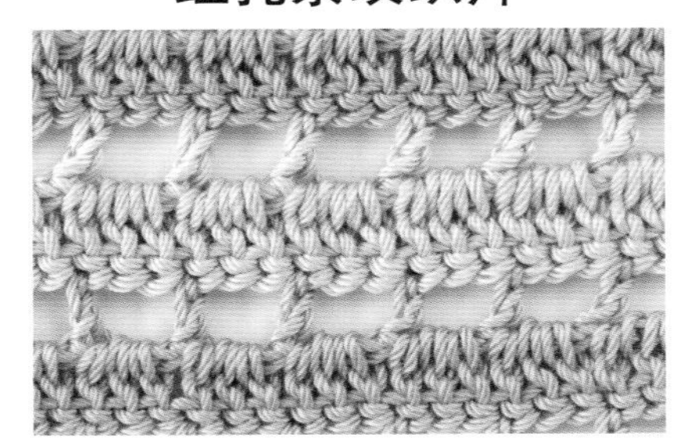

起针，每3个锁针一组，钩织若干组。

基础行 从针上第4个锁针开始，在每个锁针中织1个长针，直至结束。

第1行 织5个锁针（计为1个长针和2个锁针），跳过2个长针，在下个长针中织1个长针，*织2个锁针，跳过2个长针，在接下来的长针中织1个长针；重复*步骤，直至最后，在顶端的锁针中钩织最后1个长针。

第2行 织3个锁针（计为1个长针），在相连的2个锁针孔眼中织2个长针，在接下来的长针中织1个长针；重复*步骤，直至最后，在顶端的锁针中钩织最后1个长针。

重复第1行和第2行。

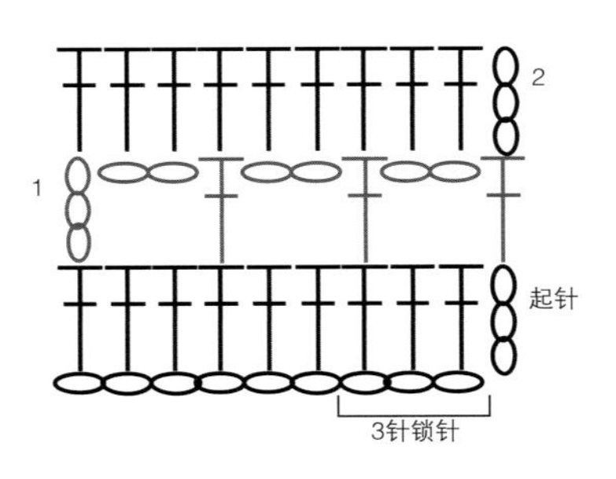

老奶奶织片

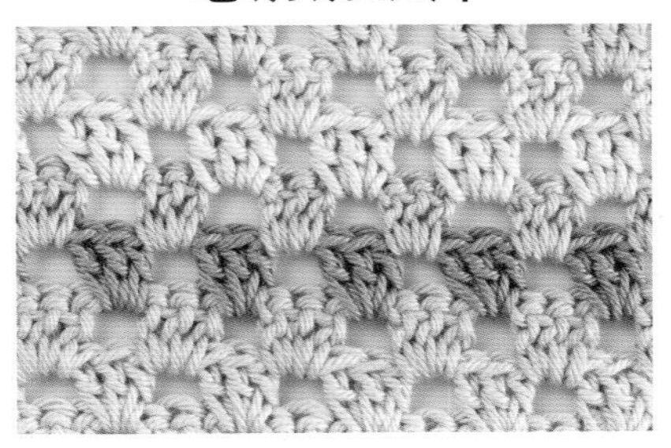

起针，每4个锁针一组，钩织若干组。

基础行 在针上第4个锁针中织1个长针，*织1个锁针，跳过3个锁针，在下个锁针中织3个长针；重复*步骤，直至最后，以在最后一个锁针中钩织2个长针结束。

第1行 织3个锁针（计为1个长针），在接下来的锁针孔眼中织3个长针，*织1个锁针，在接下来的锁针孔眼中织3个长针；重复*步骤，直至最后，在最后的锁针中织1个长针。

第2行 织3个锁针（计为1个长针），在同一位置织1个长针，*织1个锁针，在接下来的锁针孔眼中织3个长针；重复*步骤，直至最后，织1个锁针，在前一行顶端的锁针中织2个长针。

重复第1行和第2行。

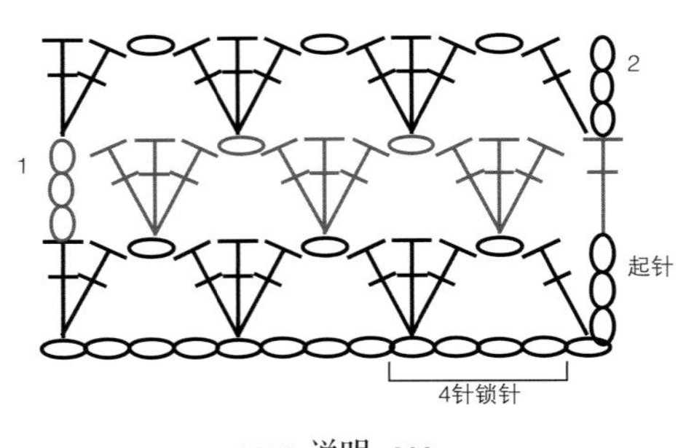

说明
锁针
长针

大贝壳网状织片

起针，每12个锁针一组，钩织若干组，再额外添加5个锁针。

基础行 在针上第8个锁针中织1个短针，*跳过2个锁针，在下个锁针中织5个长长针，跳过2个锁针，在下个的锁针中织1个短针，织5个锁针，跳过5个锁针，在接下来的锁针中织1个短针；重复*步骤，直至最后9个锁针，跳过2个锁针，在下个锁针中织5个长长针，跳过2个锁针，在下个锁针中织1个短针，织2个锁针，在最后1个锁针中织1个长长针。

第1行 织1个锁针，在第1个长长针中织1个短针，*织5个锁针，在扇形中央的长长针中织1个短针，织5个锁针，在下方5个相连锁针的中央锁针中织1个短针；重复*步骤，直至最后，顶端有1个由7个锁针构成的环，在第3个锁针中织1个短针。

第2行 织4个锁针（计为1个长长针），在第1个短针中织2个长长针，*在5个相连锁针的中央锁针中织1个短针，织5个锁针，在接下来的5个相连锁针的中央锁针中织1个短针，在接下来的短针中织5个长长针；重复*步骤，直至最后，以在最后一个短针中织3个长长针作为结束。

第3行 织1个锁针，在第1个长长针中织1个短针，*织5个锁针，在5个相连锁针的中央锁针中织1个短针，织5个锁针，在扇形中央的长长针中织1个短针；重复*步骤，直至最后，以在顶端的锁针中织1个短针结束。

第4行 织6个锁针（计为1个长长针和2个锁针），*在5个相连锁针的中央锁针中织1个短针，在接下来的短针中织5个长长针，在5个相连锁针的中央锁针中织1个短针，织5个锁针；重复*步骤，直至最后，织2个锁针，在最后一个短针中织1个长长针。

按照第1行到第4行，重复钩织。

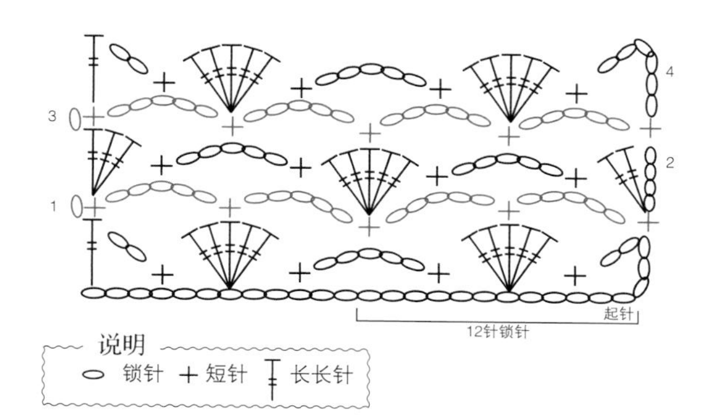

之字形条纹织片

起针，每6个锁针一组，钩织若干组，再额外添加2个锁针。

基础行 从针上第2个锁针开始，在每个锁针中织1个短针，直至结束。

第1行 织1个锁针，在第1个短针中织1个短针，*在下个短针中织1个中长针，在下个短针中织1个长针，在下个短针中织3个长长针，在下个短针中织1个长针，在下个短针中织1个中长针，在下个短针中织1个短针；重复*步骤，直至这一行结束。

第2行 织1个锁针，在第1个短针和中长针中织1个短针2针并1针，*在接下来的长针和长长针中各织1个短针，在下个长长针中织3个短针，在接下来的长长针和长针中各织1个短针，在接下来的中长针、短针和中长针中钩织1个短针3针并1针；重复*步骤，直至最后，以在最后的中长针和短针中钩织短针2针并1针作为结束。

第3行 织1个锁针，在第1个短针2针并1针和相邻的短针中钩织一个短针2针并1针，*在下2个短针中各织1个短针，在接下来的短针中织3个短针，在下2个短针中各织1个短针，在接下来的短针和短针2针并1针和短针中钩织短针3针并1针；重复*步骤，直至最后，在最后的短针和合并针中钩织短针2针并1针。

第4行 织4个锁针，在第1个短针2针并1针和相邻短针中钩织长长针2针并1针，*在下个短针中织1个长针，在下个短针中织1个中长针，在下个短针中织1个短针，在下个短针中织1个中长针，在下个短针中织1个长针，在接下来的短针、短针3针并1针针和短针中钩织短针3针并1针；重复*步骤，直至最后，在最后的短针和短针3针并1针中钩织短针3针并1针。

按照第1行到第4行，重复钩织。

3 4 1 2 起针 6针锁针

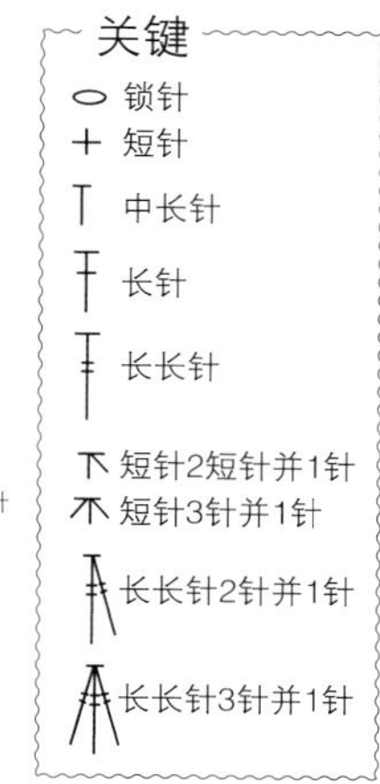

扇形和V字针织片

起针，每8个锁针一组，钩织若干组，再额外添加7个锁针。

基础行 在针上第5个锁针中钩织（2个长针，1个锁针，2个长针），*跳过3锁针，在下个锁针中钩织（1个长针，1个锁针，1个长针），跳过3个锁针，在下个锁针中钩织（2个长针，1个锁针，2个长针）；重复*步骤，直到最后2个锁针，跳过1个锁针，在最后一个锁针中织1个长针。

第1行 织3个锁针（计为1个长针），在扇形的锁针孔眼中钩织（2个长针，1个锁针，2个长针），在V字针的锁针孔眼中织（1个长针，1个锁针，1个长针）；重复*步骤，直到最后一个扇形，在扇形的锁针孔眼中钩织（2个长针，1个锁针，2个长针），在起立针顶部织1个长针。

重复第1行。

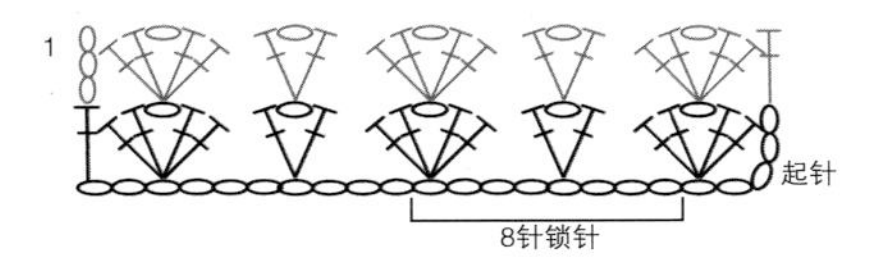

说明
锁针
长针

锯齿花纹织片

起针，每11个锁针一组，钩织若干组，再额外添加3个锁针。

基础行 在针上第4个锁针中织3个长针，*跳过1锁针，在下个锁针中1个长针，跳过1个锁针，钩织长针2针并1针，在下个锁针中钩织第1支，跳过1个锁针，在下个锁针中钩织第2支，跳过1锁针，在下个锁针中1个长针，跳过1个锁针，分别在下2个锁针中各织4个长针；重复*步骤，直到最后，忽略掉最后一个含4个长针的组合。

第1行 织3个锁针（计为1个长针），在同一位置织3个长针，*跳过1个长针，在下个长针中织1个长针，跳过1个长针，钩织长针2针并1针，在下个长针中钩织第1支，跳过1个合并针，然后在接下来的长针中钩织第2支，跳过1个长针，在下个长针中织1个长针，跳过1个长针，分别在接下来的2个长针中各织4个长针；重复*步骤，直到结束，忽略掉最后一个含4个长针的组合。

重复第1行。

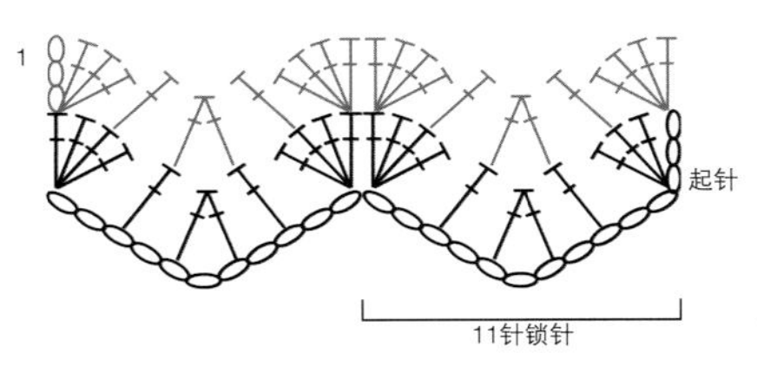

“V字格”织片

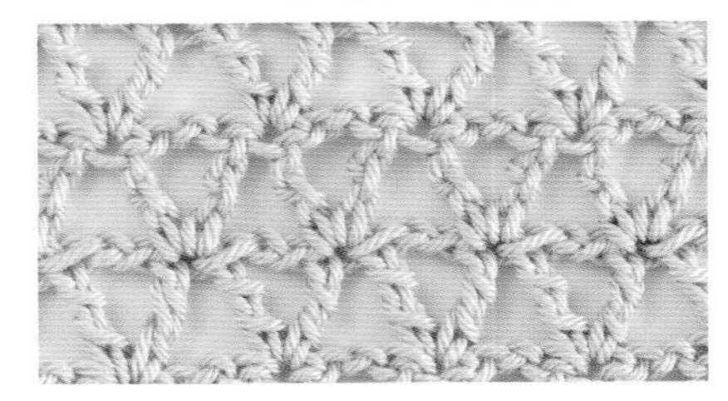

起针，每3个锁针一组，钩织若干组，再额外添加2个锁针。

基础行 在针上第6个锁针中钩织（长长针，2个锁针，长长针），*跳过2个锁针，在下个锁针中钩织（长长针，2个锁针，长长针）；重复*步骤，直到最后2个锁针，跳过1个锁针，在最后的锁针中织1个长长针。

第1行 织6个锁针（计为1个长长针和2个锁针），在相同的位置织1个长长针，*跳过1个长长针和2个锁针，在接下来的长长针中织（长长针，2个锁针，长长针）；重复*步骤，直到最后V字针，跳过V字针，在起立针顶部钩织（长长针，2个锁针，长长针）。

第2行 织4个锁针（计为1个长长针），跳过2个锁针，在接下来的长长针中钩织（长长针，2个锁针，长长针），跳过1个长长针和2个锁针，*在下个长长针中钩织（长长针，2个锁针，长长针），跳过1个长长针和2个锁针；重复*步骤，直到最后，顶端有6个锁针，在从下向上第4个锁针中织1个长长针。

重复第1行和第2行。

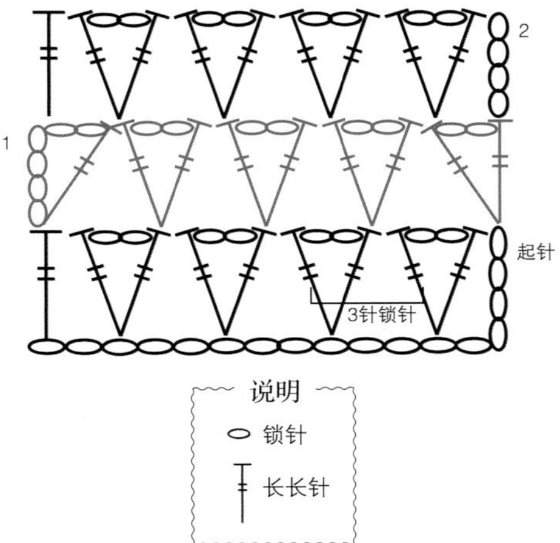

蕾丝边扇形花纹

起针，每9个锁针一组，钩织若干组，再额外添加4个锁针。

基础行 在针上第4个锁针中织2个长针，*织2个锁针，跳过2个锁针，在下个锁针中织1个短针，织3个锁针，跳过2个锁针，在下个锁针中织1个短针，织2个锁针，跳过2个锁针，在下个锁针中织4个长针；重复*步骤，直到最后，在最后一个锁针中仅钩织3个长针。

第1行 织4个锁针（计为1个长针和1个锁针），在下个长针中织1个长针，织2个锁针，在下个长针中织1个长针，织3个锁针，在相连的3个锁针孔眼中织1个短针，织3个锁针，*（在下个长针中织1个长针，织2个锁针）3次，在接下来的长针中织1个长针，织3个锁针，在相连的3个锁针孔眼中织1个短针，织3个锁针；重复*步骤，直到最后2个长针和顶端的锁针，在接下来的长针中织1个长针，织2个锁针，在下个长针中织1个长针，织1个锁针，在起立针顶部织1个长针。

第2行 织5个锁针（计为1个长针和2个锁针），在接下来的长针中织1个长针，织3个锁针，在下个长针中织1个长针，*（在下个长针中织1个长针，织3个锁针）3次，在下个长针中织1个长针；重复*步骤，直到最后半个扇形，在扇形的第1个长针中织1个长针，织3个锁针，在下个长针中织1个长针，织2个锁针，前一行顶端有4个锁针，按钩织顺序，在第3个锁针中织1个长针。

第3行 织3个锁针（计为1个长针），在相同位置织2个长针，*织2个锁针，在相连的3个锁针孔眼中织1个短针，织3个锁针，在下一组相连的3个锁针孔眼中织1个短针，织2个锁针，在相连的3个锁针的中央锁针中钩织4个长针；重复*步骤，直到最后，前一行顶端有5个锁针，按钩织顺序，在第4个锁针中钩织2个长针，在第3个锁针中钩织1个长针。

按照第1行到第3行，重复钩织。

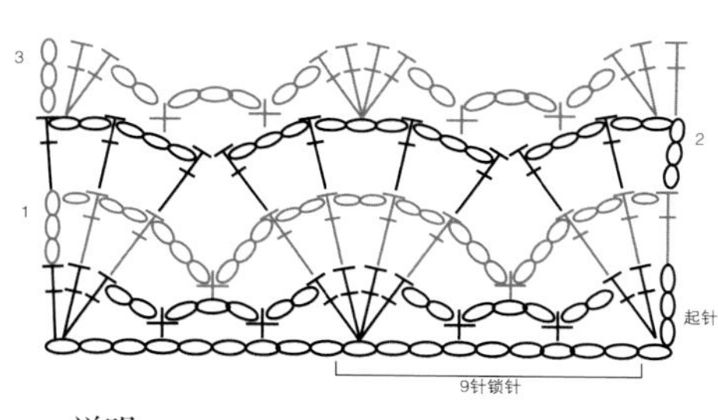

扇形格花纹

起针，每10个锁针一组，钩织若干组，再额外添加5个锁针。

基础行 在针上第5个锁针中织1个长长针，*织3个锁针，跳过4个锁针，在下个锁针中钩织（1个长针，1个锁针，1个长针，1个锁针，1个长针，1个锁针，1个长针），织3个锁针，跳过4个锁针，在下个锁针中织1个长长针；重复*步骤，直至结束。

第1行 织1个锁针，在第1个长长针中织1个短针，*织3个锁针，在扇形的第1个锁针孔眼中织1个短针，织3个锁针，在扇形中央的锁针孔眼中织（1个短针，3个锁针，1个短针），织3个锁针，在扇形最后一个锁针孔眼中钩织1个短针，织3个锁针，在接下来的长长针中织1个短针；重复*步骤，直至这一行结束。

第2行 织4个锁针（计为1个长针和1个锁针），在第1个短针中织（1个长针，1个锁针1个长针），*织3个锁针，在扇形中央3个相连锁针构成的环中钩织1个长长针，织3个锁针，在两个扇形之间的短针中钩织（1个长针，1个锁针，1个长针，1个锁针，1个长针，1个锁针，1个长针）；重复*步骤，直至最后，在最后的短针中钩织（1个长针，1个锁针，1个长针，1个锁针，1个长针）。

第3行 织1个锁针，在扇形的第一个锁针孔眼中织（1个短针，3个锁针，1个短针），*织3个锁针，在扇形最后一个锁针孔眼中织1个短针，织3个锁针，在接下来的长长针中织1个短针，织3个锁针，，在扇形的第1个锁针孔眼中织1个短针，织3个锁针，在扇形中央的锁针孔眼中织（1个短针，3个锁针，1个短针）；重复*步骤，直至这一行结束。

第4行 织4个锁针，在第一组相连的3个锁针环中钩织1个长长针，*织3个锁针，在两个扇形之间的短针中钩织（1个长针，1个锁针，1个长针，1个锁针，1个长针，1个锁针，1个长针），织3个锁针，在接下来的扇形中央的3个相连锁针构成的环中织1个长长针；重复*步骤，直至最后，在最后一组3个相连锁针构成的环中钩织最后一个长长针。

按照第1行到第4行，重复钩织。

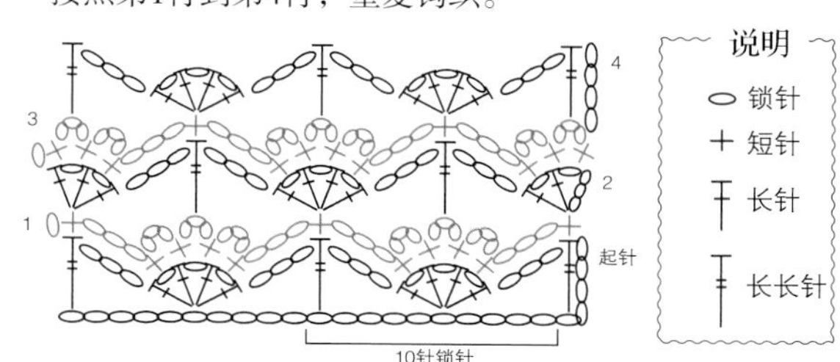

三叶草扇形花纹

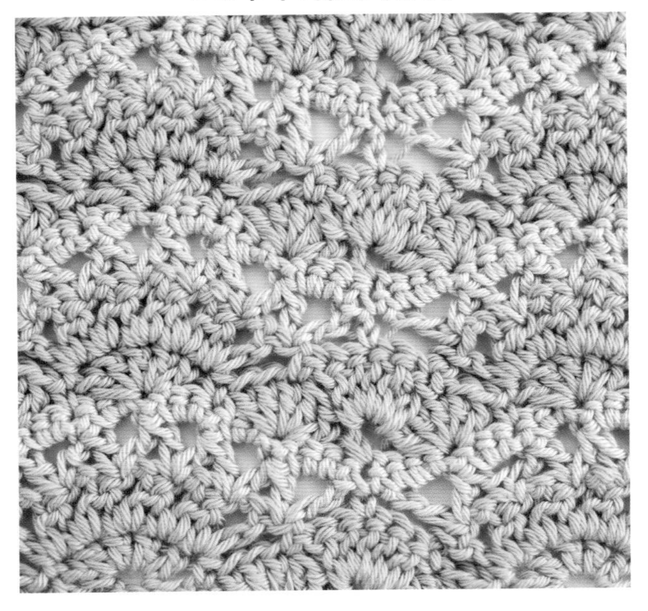

起针，每18个锁针一组，钩织若干组，再额外添加2个锁针。

基础行 在针上第2个锁针中钩织1个短针，跳过2个锁针，在下个锁针中织5个长针，跳过2个锁针，在下个锁针中织1个短针；重复*步骤，直至结束。

第1行 织3个锁针（计为1个长针），在起立针底部的短针中织2个长针，*在扇形中央的长针中织1个短针，织1个锁针，在下个扇形的第1个长针中钩织（1个长针，2个锁针），钩织长针2针并1针，在扇形第1个长针中钩织合并针的第1支，在下个长针中钩织第2支，（织2个锁针，钩织长针2针并1针，在上一个合并针的第2支所在的长针中钩织第1支，在下个长针中钩织第2支）3次，织2个锁针，在上一个合并针第2支所在的长针中钩织1个长针，织1个锁针，在扇形中间的长针中织1个短针，在两个扇形之间的短针中织5个长针；重复*步骤，直到最后，在最后的短针中钩织3个长针。

第2行 织1个锁针，在起立针底部的长针中织1个短针，*跳过2个长针和1个短针，在接下来的长针中织1个长针，织2个锁针，然后钩织长针2针并1针——在刚织完长针的相同位置钩织第1支，在下方合并针的顶部钩织第2支，（织2个锁针，钩织长针2针并1针——在上一合并针第2支的位置钩织第1支，在接下来的合并针顶部钩织第2支）4次，织2个锁针，在上一合并针第2支所在的位置钩织1个长针，在扇形中央长针中钩织1个短针；重复*步骤，直到最后，在上一行始端的锁针顶部织1个短针。

第3行 织1个锁针，在第1个短针中织1个短针，*在长针中织1个短针，（在2个相连锁针孔眼中织2个短针，在合并针顶部织1个短针）5次，在2个相连锁针孔眼中织2个短针，在接下来的1个长针和1个短针中各织1个短针；重复*步骤，直至这一行结束。

第4行 织1个锁针，在第1个短针中织1个短针，*跳过3个短针，在下个短针中织5个长针，跳过2个短针，在下个短针中织1个短针，跳过2个短针，在下个短针中织5个长针，跳过3个短针，在下个短针中织1个短针；重复*步骤，直至结束。

重复这四行。

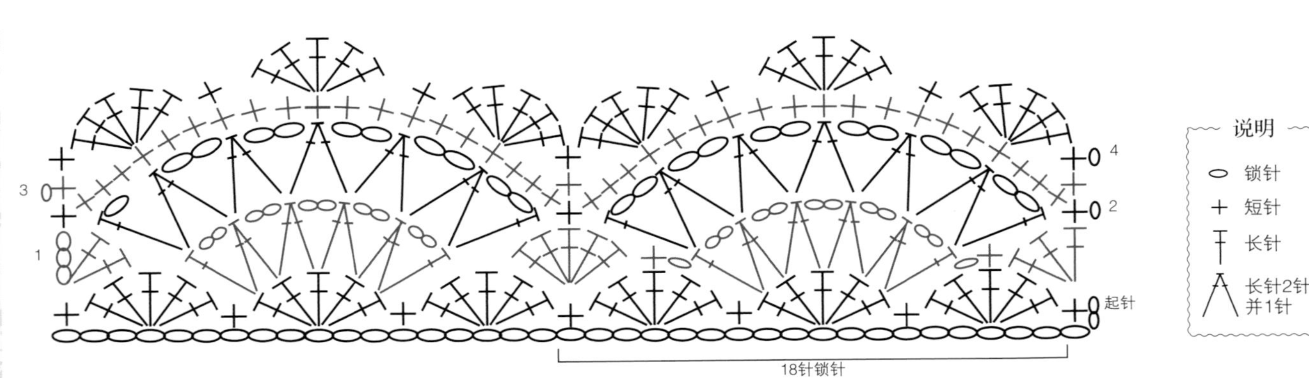

页岩花纹织片

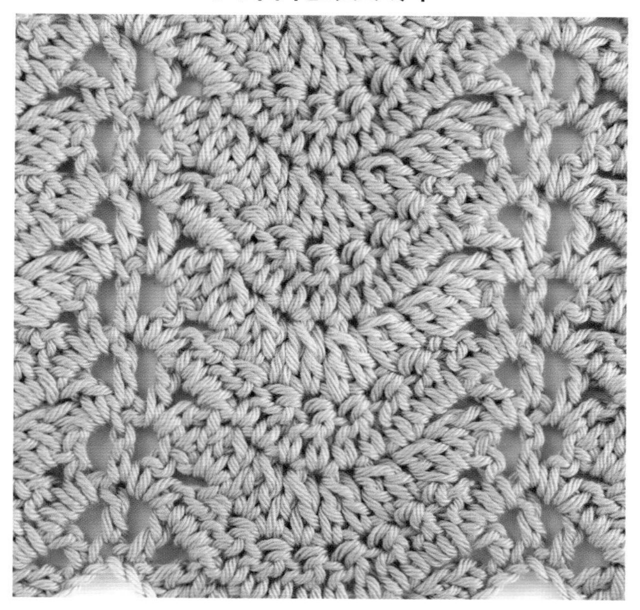

起针，每19个锁针一组，钩织若干组，再额外添加2个锁针。

基础行 在针上第4个锁针中钩织1个长针，（在下2个锁针中钩织长针2针并1针）3次，*（织2个锁针，在下个锁针中钩织1个长针）3次，织2个锁针，（在下2个锁针中钩织长长针2针并1针）8次；重复*步骤，最后部分为（在下2个锁针中钩织长针2针并1针）4次。

第1行 织3个锁针（计为1个长针），跳过第1个合并针，在下个合并针中钩织1个长针，在下2个合并针顶部钩织长针2针并1针，*在相连的2个锁针孔眼中钩织长针2针并1针，在接下来的长针和相连的2个锁针孔眼中钩织长针2针并1针，织2个锁针，在刚织完合并针的2个锁针孔眼中织1个长针，织2个锁针，在接下来的长针中织1个长针，织2个锁针，在相连的2个锁针孔眼中钩织1个长针，织2个锁针，在刚织完长针的2个锁针孔眼和接下来的长针中钩织长针2针并1针，在相连的2个锁针孔眼中钩织长针2针并1针，（在下2个合并针顶部钩织长针2针并1针）4次；重复*步骤，结束部分为（在下2个合并针顶部钩织长针2针并1针）2次.

按照第1行，重复钩织。

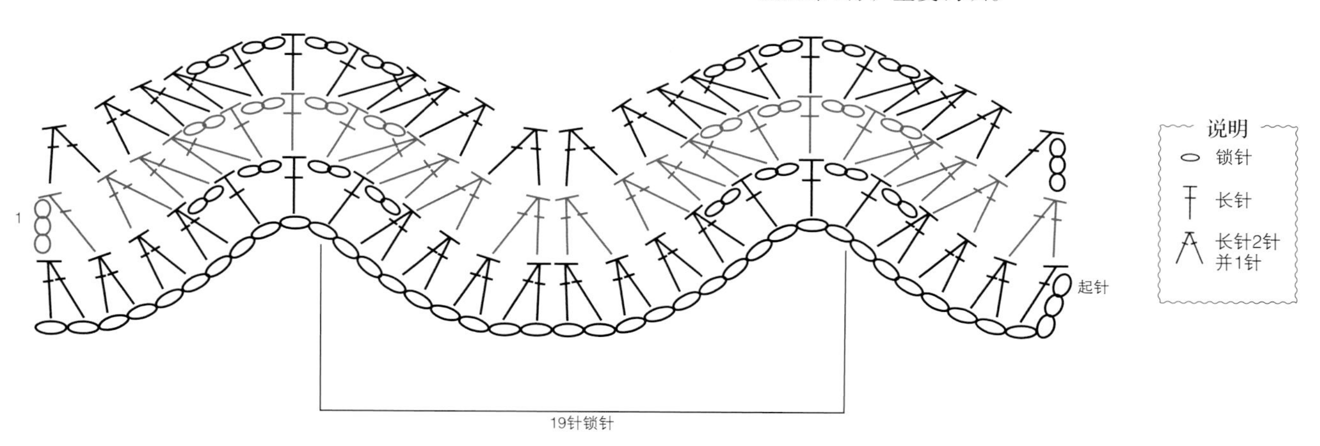

基本花样

雪花装饰

这些雪花形状的钩织花样是圣诞节的绝佳装饰。钩织用线为奶油色丝光棉。使用不同型号的针就可以钩织出不同大小的雪花，钩织最大的雪花用的是G6（4mm）钩针，中等大小的雪花用的是D3（3mm）钩针，最小的雪花则用的是B1（2mm）型号针。钩织完雪花，在顶角处的环孔中穿入一条缎带就可以悬挂了。

装饰手提袋

在手提袋的前后面上装饰几个编织花样，使眼睛和心情都为之一亮。我们在这里选用的是"褶边圆形花样"，当然你可以根据手提袋的布料选择不同的花样。钩织图中的花样使用的是丝光棉和C2（2.50mm）号针，织出的花样很结实，可以经得起日常使用。将这些花样随意地缝在手提袋上即可。

项链

用丝光棉和D3（3.00mm）号针钩织"环孔装饰圈"，在钩织外围小环时将这三个花样连接在一起，就制成了图中这条项链。连接方法如下：织2个锁针，将针插入前一个花样的任一小环中，织3个锁针。同样，将下个小环和前一花样的小环连接在一起。以相同的方法把另一个花样也连接起来。在项链两端各钩织一段锁针绳链或系上合适长度的棉质蜡绳就可以佩戴了。

裙装口袋

用三个拼接在一起的六边形花样为一件普通的裙子增加一个装饰性的口袋吧！示例中选用的是“六瓣花形六边形花样”，使用的是轻质牛仔棉线和G6（4mm）钩针。将3个基本花样缝合或钩织在一起，然后将这个“口袋”缝在你的裙子上，沿着边缘缝合，但是最上面的两条边不需缝合。

衣领

用轻质羊毛线和E4（3.5mm）号针钩织9个“简单合并针圆形花样”，将花样上5个相连锁针构成的环连接，从而使9个花样拼接在一起。先完成1个花样，钩织第2个花样一直到第1行。在第2行，先钩织5个相连锁针的其中2个锁针，将钩针插入第1个花样任意一个“5个相连锁针环”内，然后钩织3个锁针，在接下来的2个锁针空眼中钩织长针3针并1针，以同样的方法，把下一个“锁针环”也连接在一起，使花样的三个“锁针环”如此相连。以同样的方式拼接下一个花样，所以第2个花样的上半部分的边缘只剩2个空“锁针环”，下半部分边缘剩4个空“锁针环”，这使衣领变得弯曲，适合围绕在颈部周围。

小圆角方形花样

钩织4个锁针，用引拔针连接成环。

第1圈 织5个锁针（计为1个长针和2个锁针），（在环中钩织1个长针，织2个锁针）7次，在始端的第3个锁针中钩织引拔针。

第2圈 在2个相连锁针孔眼中钩织引拔针，织4个锁针（计为1个长针和1个锁针），在相同2个相连锁针孔眼中钩织（1个长针，1个锁针）3次，在下组锁针孔眼中钩织1个短针，*织1个锁针，在下组锁针孔眼中钩织（1个长针，1个锁针）4次，在下组锁针孔眼中钩织1个短针；再将*步骤重复2次，织1个锁针，在这一圈始端第3个锁针中钩织引拔针。

收针。

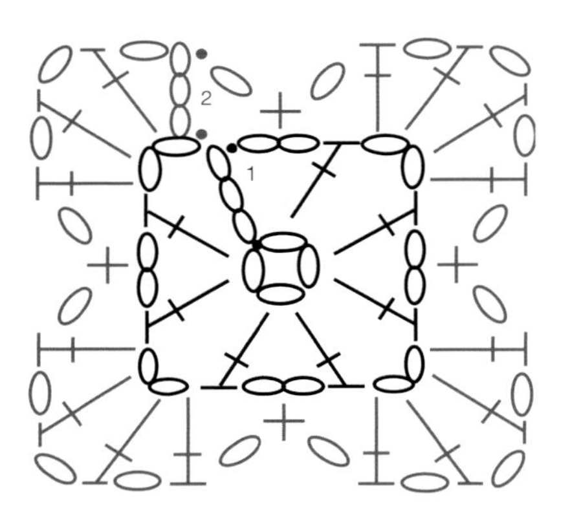

说明
- 引拔针
- 锁针
- 短针
- 长针

小八轮辐方形花样

钩织4个锁针，用引拔针连接成环。

第1圈 织6个锁针（计为1个长针和3个锁针），在环中钩织1个长针，（1个锁针，1个长针，3个锁针，在环中织1个长针）3次，织1个锁针，在始端第3个锁针中钩织引拔针。

第2圈 在3个相连锁针孔眼中钩织引拔针，织3个锁针（计为1个长针），在相同锁针孔眼中钩织（2个长针，3个锁针，3个长针），*织1个锁针，在1个锁针孔眼中钩织长针3针并1针，织1个锁针，在3个相连锁针孔眼中钩织（3个长针，3个锁针，3个长针）；将*步骤再重复2次，织1个锁针，在1个锁针孔眼中钩织长针3针并1针，织1个锁针，在这一圈始端的第3个锁针中钩织引拔针。

收针。

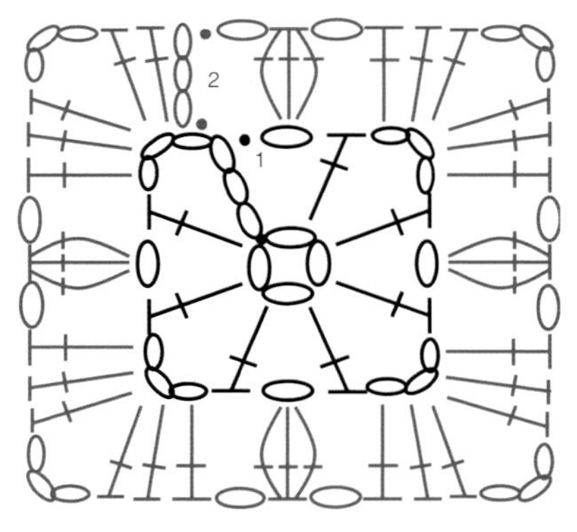

说明
- 引拔针
- 锁针
- 长针
- 长针3针并1针

小太阳花方形花样

钩织4个锁针，用引拔针连接成环。

第1圈 钩织1个锁针，织8个短针连接成环，在这一圈始端第1个短针中钩织引拔针。

第2圈 织3个锁针，在相同的位置钩织长针2针并1针（计为长针3针并1针），（织3个锁针，在下个短针中钩织长针3针并1针）7次，织3个锁针，在第1个合并针顶部钩织引拔针。

第3圈 在3个相连锁针孔眼中钩织引拔针，织1个锁针，在相同锁针孔眼中织1个短针，织3个锁针，*在下组3个相连锁针孔眼中钩织（1个长针，3个锁针，1个长针），织3个锁针，在下组3个相连锁针孔眼中织1个短针；将*步骤再重复2次，在下组3个相连锁针孔眼中钩织（1个长针，3个锁针，1个长针），织3个锁针，在第1个短针顶部钩织引拔针。

收针。

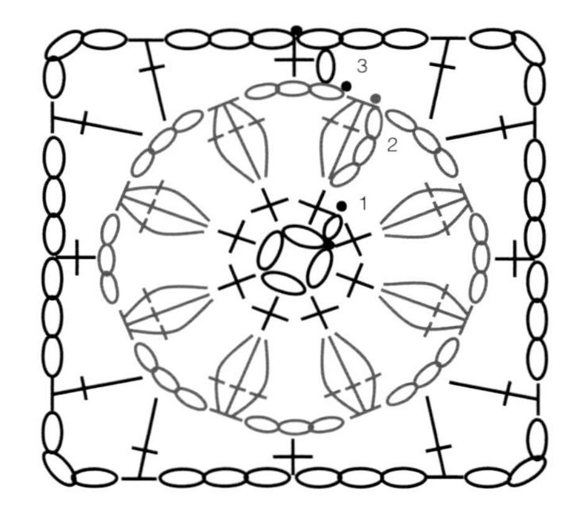

说明
- 引拔针
- 锁针
- 短针
- 长针

摩尔式方形花样

钩织6个锁针，用引拔针连接成环。

第1圈 织1个锁针，在环中钩织2个短针，（织7个锁针，在环中织4个短针）3次，织7个锁针，在环中织2个短针，连接成环，在第1个短针顶部钩织引拔针。

第2圈 *在7个相连锁针构成的环中钩织（1个短针，8个长针，1个短针），两个环之间有4个短针，在第2个短针中钩织引拔针；再将*步骤重复3次。

第3圈 在“锁针环”上1个短针和2个长针中各钩织1个引拔针，织1个锁针，在相同位置织1个短针，织2个锁针，跳过1个长针，在下个长针中织（1个长针，3个锁针，1个长针），织2个锁针，跳过1个长针，在下个长针中织1个短针，织5个锁针，*跳过“锁针环”上1个短针和1个长针，在环上第2个长针中织1个短针，跳过1个长针，在下个长针中钩织（1个长针，3个锁针，1个长针），织2个锁针，跳过1个长针，在下个长针中织1个短针，织5个锁针；将*步骤再重复2次，在第1个短针顶部钩织引拔针。

第4圈 织1个锁针，在短针中织1个短针，在2个相连锁针孔眼中织2个短针，在长针中织1个短针，在顶角处3个相连锁针孔眼中织（2个短针，3个锁针，2个短针），在长针中织1个短针，在2个相连锁针孔眼中织2个短针，在短针中织1个短针，在5个相连锁针孔眼中织5个短针；将*步骤再重复3次，在第1个短针顶部钩织引拔针。

第5圈 织1个锁针，*分别在接下来6个短针中各织1个短针，在顶角处3个相连锁针孔眼中织（2个短针，3个锁针，2个短针），在接下来11个短针中各织1个短针；将*步骤再重复3次，在第1个短针顶部钩织引拔针。

收针。

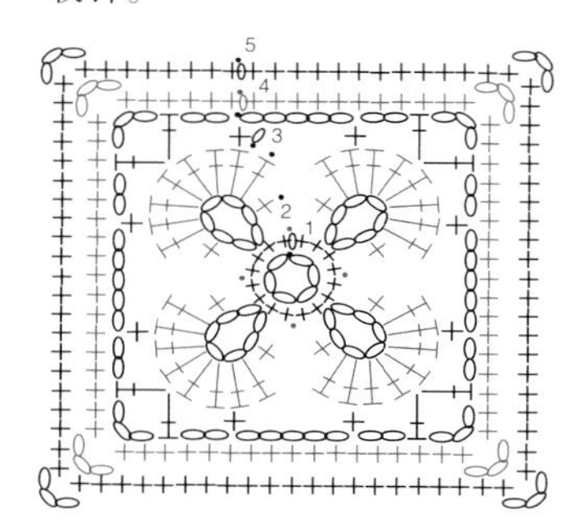

大太阳花方形花样

钩织6个锁针，用引拔针连接成环。

第1圈 织1个锁针，在环中钩织12个短针，在第1个短针顶部钩织引拔针。

第2圈 织5个锁针（计为1个长针和2个锁针），（在接下来的短针中织1个长针，织2个锁针）11次，在这一圈始端有5个锁针，在第3个锁针中钩织引拔针。

第3圈 在第1组2个相连锁针孔眼中钩织引拔针，织3个锁针，在相同锁针孔眼中钩织长针4针并1针（计为长针5针并1针），（织3个锁针，在下一组2个相连锁针孔眼中钩织长针5针并1针）11次，织3个锁针，在第1个合并针顶部钩织引拔针。

第4圈 在第1组3个相连锁针孔眼中钩织引拔针，织1个锁针，在相同位置织1个短针，织3个锁针，在下一组3个相连锁针孔眼中钩织（3个长针，2个锁针，3个长针），*（织3个锁针，在下一组3个相连锁针孔眼中钩织1个短针）2次，织3个锁针，在下一组3个相连锁针孔眼中钩织（3个长针，2个锁针，3个长针）；将*步骤再重复2次，织3个锁针，在下一组3个相连锁针孔眼中钩织1个短针，织3个锁针，在这一圈始端的短针中钩织引拔针。

第5圈 在第1组3个相连锁针孔眼中钩织引拔针，织3个锁针（计为1个长针），在相同锁针孔眼中织2个长针，织1个锁针，在顶角处2个相连锁针孔眼中织（3个长针，2个锁针，3个长针），*（织1个锁针，在下组3个相连锁针孔眼中织3个长针）3次，织1个锁针，在顶角处2个相连锁针孔眼中织（3个长针，2个锁针，3个长针）；将*步骤再重复2次，（织1个锁针，在下组3个相连锁针孔眼中织3个长针）2次，织1个锁针，在这一圈始端的第3个锁针中钩织引拔针。

收针。

老奶奶方形花样

钩织4个锁针，用引拔针连接成环。

第1圈 织5个锁针（计为1个长针和2个锁针），（在环中织3个长针，织2个锁针）3次，在环中织2个长针，在第3个锁针中钩织引拔针，在第1组2个相连锁针孔眼中钩织引拔针。

第2圈 织5个锁针（计为1个长针和2个锁针），在相同2个相连锁针孔眼中织3个长针，*织1个锁针，在下组锁针孔眼中钩织（3个长针，2个锁针，3个长针）；将*步骤再重复2次，织1个锁针，再钩织这一圈始端5个锁针的锁针孔眼中织2个长针，在始端第3个锁针中钩织引拔针，在第1组相连的2个锁针孔眼中钩织引拔针。

第3圈 织5个锁针（计为1个长针和2个锁针），在相同2个相连锁针孔眼中织3个长针，*织1个锁针，在接下来的锁针孔眼中织3个长针，1个锁针，在顶角处2个相连锁针孔眼中织（3个长针，2个锁针，3个长针）；将*步骤再重复2次，织1个锁针，在接下来的锁针孔眼中织3个长针，织1个锁针，再钩织这一圈始端5个锁针的锁针孔眼中织2个长针，在始端第3个锁针中钩织引拔针。

收针。

说明

- · 引拔针
- ⬭ 锁针
- 长针

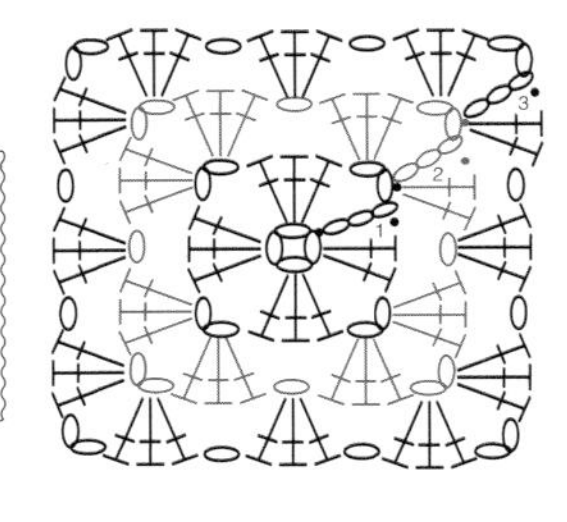

合并针六边形花样

钩织6个锁针，用引拔针连接成环。

第1圈 织3个锁针，在环中钩织长针2针并1针（计为长针3针并1针），织4个锁针，（在环中钩织长针3针并1针，织4个锁针）5次，在第1个合并针顶部钩织引拔针，在第1组相连的4个锁针孔眼中钩织引拔针。

第2圈 在第1组相连的4个锁针孔眼中（3个锁针，长针2针并1针，3个锁针，长针3针并1针），分别在其余5组相连的4个锁针孔眼中钩织（3个锁针，长针3针并1针，3个锁针，长针3针并1针），织3个锁针，在长针2针并1针顶部钩织引拔针，在第1组相连的3锁针孔眼中钩织引拔针。

第3圈 在第1组相连的3个锁针孔眼中（3个锁针，长针2针并1针，3个锁针，长针3针并1针），*织1个锁针，在下组相连的3个锁针孔眼中钩织长针3针并1针，织1个锁针，在下组相连的3个锁针孔眼中钩织（长针3针并1针，3个锁针，长针3针并1针）；再将*步骤重复4次，织1个锁针，在最后一组相连的3个锁针孔眼中钩织长针3针并1针，织1个锁针，在长针2针并1针顶部钩织引拔针。

收针。

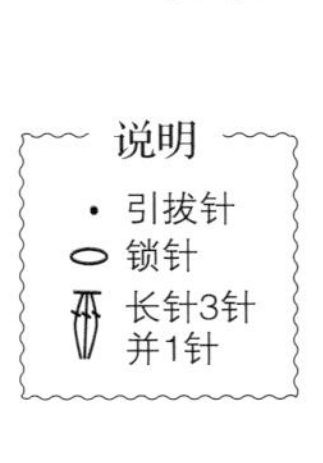

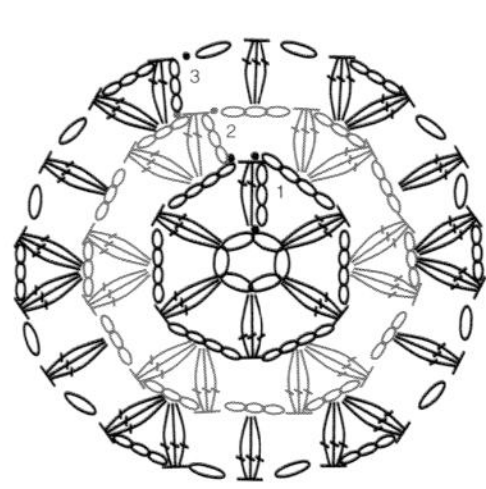

车轮六边形花样

钩织6个锁针，用引拔针连接成环。

第1圈 织6个锁针（计为1个长长针和2个锁针），（在环中织1个长长针，织2个锁针）11次，始端有6个锁针，在第4个锁针中钩织引拔针。

第2圈 织3个锁针（计为1个长针），在第1组相连的2个锁针孔眼中织（1个长针，2个锁针，2个长针），*在下组锁针孔眼中织3个长针，在下组锁针孔眼中织（2个长针，2个锁针，2个长针），将*步骤再重复4次，在最后一组锁针孔眼中织3个长针，在第3个锁针中钩织引拔针。

收针。

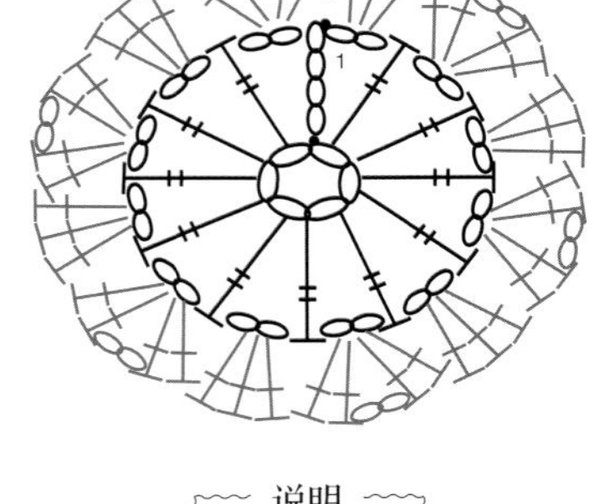

说明

- · 引拔针
- ⬭ 锁针
- 长针
- 长长针

六边形和圆环

钩织6个锁针，用引拔针连接成环。

第1圈 织3个锁针，在环中织17个长针，在第3个锁针中钩织引拔针。

第2圈 织1个锁针，在同一位置织1个短针，织5个锁针，跳过2个长针，（在下个长针中织1个短针，织5个锁针，跳过2个长针）5次，在第1个短针中钩织引拔针。

第3圈 织3个锁针（计为1个长针），在接下来的5组相连的5个锁针孔眼中钩织（3个长针，3个锁针，3个长针），在最后一组相连的5个锁针孔眼中钩织（3个长针，3个锁针，2个长针），在第3个锁针中钩织引拔针。

收针。

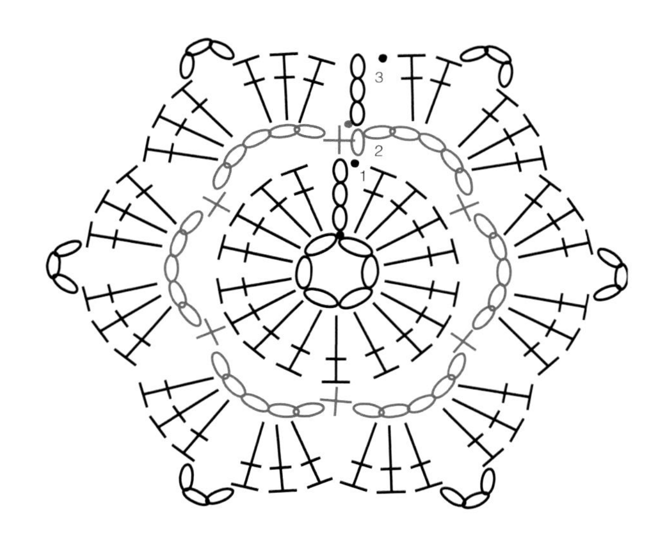

说明

- · 引拔针
- ○ 锁针
- ＋ 短针
- 长针

小孔眼六边形

钩织4个锁针，用引拔针连接成环。

第1圈 织6个锁针（计为1个长针和3个锁针），（在环中织1个长针，织3个锁针）5次，始端有6个锁针，在第3个锁针中钩织引拔针。

第2圈 织3个锁针（计为1个长针），在相连的3个锁针孔眼中织4个长针，织2个锁针，（在下组相连的3个锁针孔眼中织5个长针，织2个锁针）5次，在第3个锁针中钩织引拔针。

收针。

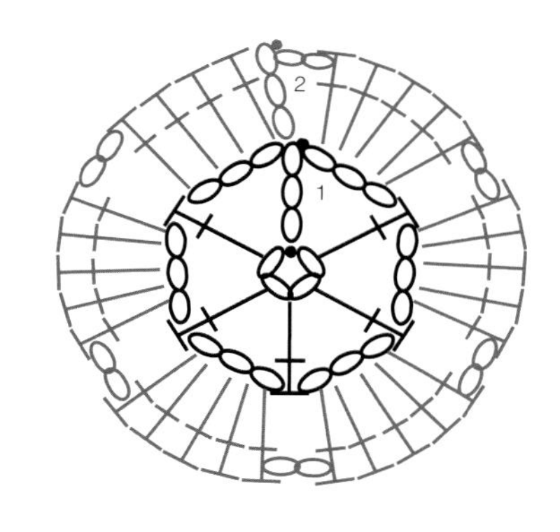

说明

- · 引拔针
- ○ 锁针
- 长针

密实六边形花样

钩织5个锁针，用引拔针连接成环。

第1圈 织3个锁针（计为1个长针），在环中织11个长针，在第3个锁针中钩织引拔针。

第2圈 织3个锁针（计为1个长针），在相同位置织1个长针，在下个长针中织2个长针，织1个锁针，（分别在下2个长针中各织2个长针，织1个锁针）5次，在第3个锁针中钩织引拔针。

第3圈 织3个锁针（计为1个长针），在同一位置织1个长针，分别在下2个长针中各钩织1个长针，在接下来的长针中钩织2个长针，织2个锁针，（在下个长针中织2个长针，在接下来2个长针中各织1个长针，在下个长针中织2个长针，织2个锁针）5次，在第3个锁针中钩织引拔针。

收针。

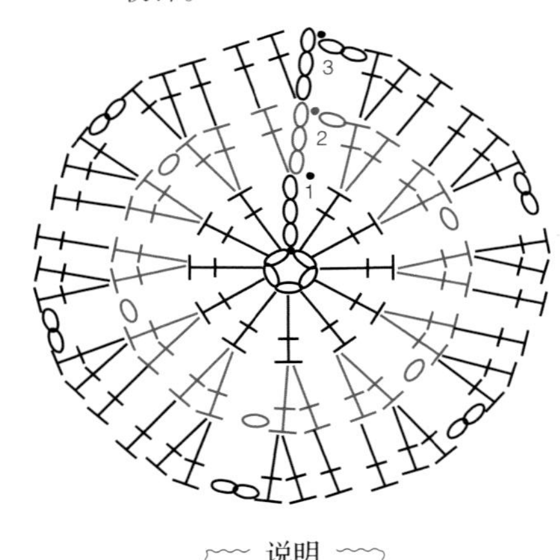

说明

- 引拔针
- 锁针
- 长针

爆米花针六角形花样

爆米花（Popcorn）

在相同位置钩织5个长长针，将针从最后的线圈中抽出，插入第1个长长针的顶部，然后再穿过最后一个线圈，针上绕线，从针上的2个线圈中拉出1个线圈。

钩织6个锁针，用引拔针连接成环。

第1圈 织3个锁针（计为1个长针），在环中织17个长针，在第3个锁针中钩织引拔针。

第2圈 织3个锁针，在同一位置钩织爆米花针，（在下两个长针中各织2个长针，在下个长针中钩织爆米花针）5次，在最后两个长针中各钩织2个长针，在第1个爆米花针顶部钩织引拔针。

收针。

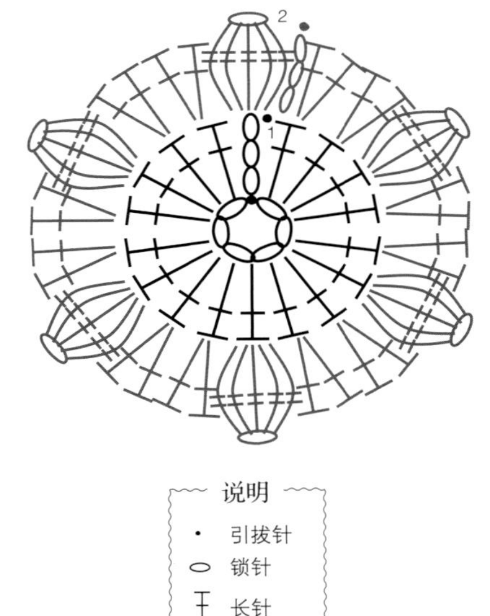

说明

- 引拔针
- 锁针
- 长针
- 爆米花针

环孔六角形花样

钩织6个锁针，用引拔针连接成环。

第1圈 织1个锁针（计为1个短针），在环中织17个短针，在第1个短针中钩织引拔针。

第2圈 织9个锁针（计为1个长针和6个锁针），（在接下来的3个短针中各织1个长针，织6个锁针）5次，在最后2个短针中各织1个长针，始端有9个锁针，在第3个锁针中钩织引拔针。

第3圈 织7个锁针（计为1个长针和4个锁针），（在下个长针中织1个长针，在下个长针中织2个长针，在下个长针中织1个长针，织4个锁针）5次，在下个长针中织1个长针，在最后一个长针中织2个长针，始端有7个锁针，在第3个锁针中钩织引拔针。

第4圈 织1个锁针，在相同位置织1个短针，（织3个锁针，在前两圈的双层锁针线圈中钩织1个短针，织3个锁针，分别在接下来的4个长针中各织1个短针）5次，织3个锁针，在前两圈的双层锁针线圈中钩织1个短针，织3个锁针，在最后3个长针中各织1个短针，在第1个短针中钩织引拔针。

收针。

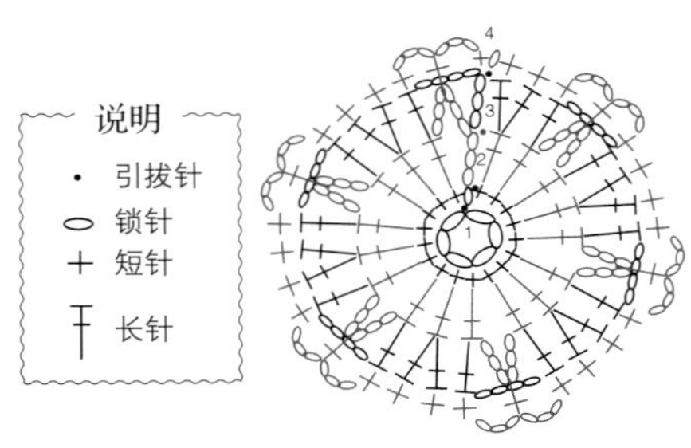

扇形六边形花样

钩织6个锁针，用引拔针连接成环。

第1圈 织3个锁针（计为1个长针），在环中织2个长针，织1个锁针，（在环中织3个长针，织1个锁针）5次，在第3个锁针中钩织引拔针。

第2圈 织6个锁针（计为1个长针和3个锁针），跳过2个长针，（在接下来锁针孔眼中织3个长针，织3个锁针）5次，跳过3个长针，在最后锁针孔眼中织2个长针，始端有6个锁针，在第3个锁针中钩织引拔针。

第3圈 织3个锁针（计为1个长针），在同一位置织1个长针，织5个锁针，（在下个长针中织2个长针，在下个长针中织1个长针，在下个长针中织2个长针，织5个锁针）5次，在下个长针中织2个长针，在最后一个长针中织1个长针，在第3个锁针中钩织引拔针。

收针。

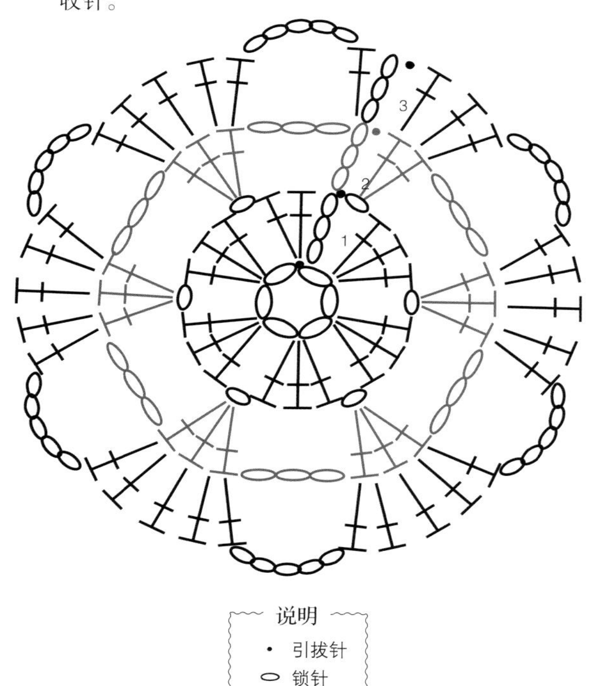

说明

- • 引拔针
- ⬭ 锁针
- 长针

花朵六边形花样

钩织6个锁针，用引拔针连接成环。

第1圈 织3个锁针（计为1个长针），在环中织2个长针，织3个锁针，（在环中织3个长针，织3个锁针）5次，在这一圈始端的第3个锁针中钩织引拔针。

第2圈 织4个锁针（计为1个长长针），跳过2个长针，在接下来的5组相连的3个锁针孔眼中各织（3个长长针，2个锁针，3个长长针），在最后一组锁针孔眼中织（3个长长针，2个锁针，2个长长针），在第4个锁针中钩织引拔针。

第3圈 织3个锁针（计为1个长针），分别在接下来的3个长长针中各钩织1个长针，*在相连的2个锁针孔眼中钩织（2个长针，2个锁针，2个长针），分别在接下来的6个长长针中各织1个长针；将*步骤再重复4次，在最后一组锁针孔眼中织（2个长针，2个锁针，2个长针），在最后2个长长针中各织1个长针，在第3个锁针中钩织引拔针。

收针。

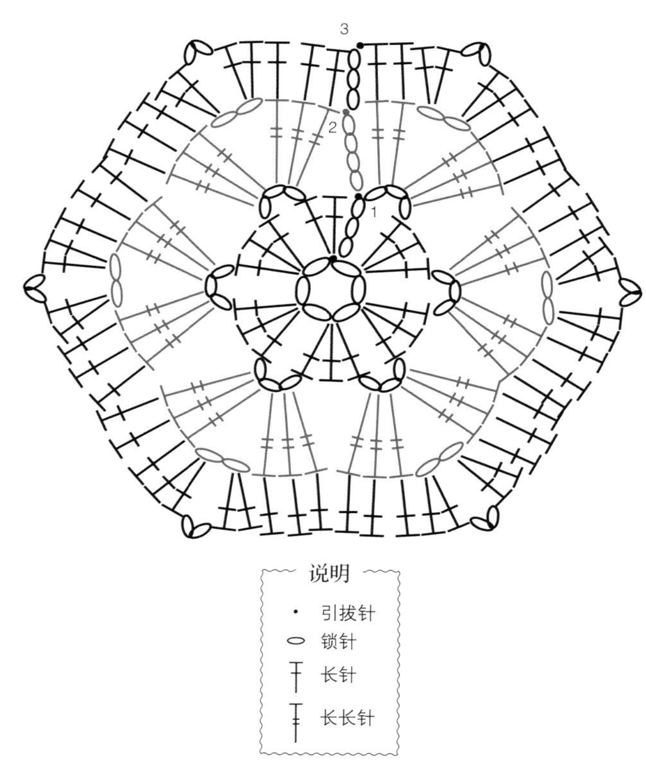

说明

- • 引拔针
- ⬭ 锁针
- 长针
- 长长针

六瓣花六角形花样

钩织8个锁针，用引拔针连接成环。

第1圈 织3个锁针（计为1个长针），在环中织17个长针，连接成环，在第3个锁针中钩织引拔针。

第2圈 织3个锁针（计为1个长针），在相同位置钩织2个长针，织3个锁针，*在接下来的2个长针中各织1个短针，在下个长针中织（3个锁针，3个长针，3个锁针）；将*步骤再重复4次，在最后2个长针中各织1个短针，织3个锁针，在这一圈始端的第3个锁针中钩织引拔针。

第3圈 织3个锁针（计为1个长针），在同一位置钩织（1个长针，2个锁针，2个长针），织1个锁针，跳过1个长针和3个锁针，在第2圈的两个短针之间钩织3个长长针，*织1个锁针，跳过3个锁针和1个长针，在下个长针中钩织（2个长针，2个锁针，2个长针），织1个锁针，跳过1个长针和3个锁针，在第2圈的两个短针之间钩织3个长长针；将*步骤再重复4次，织1个锁针，在这一圈始端的第3个锁针中钩织引拔针。

收针。

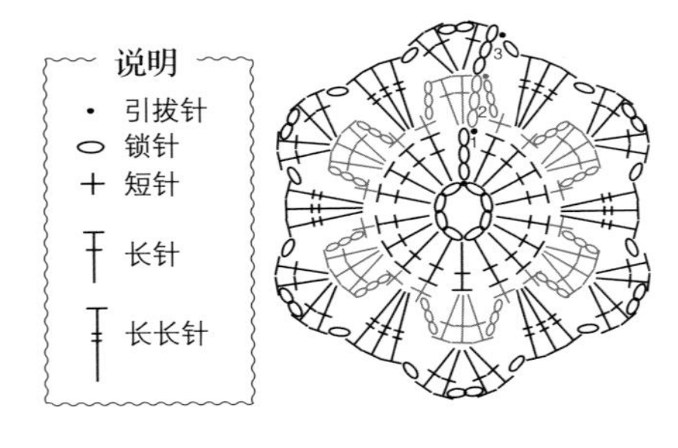

星星六边形花样

钩织4个锁针，用引拔针连接成环。

第1圈 织6个锁针（计为1个长针和3个锁针），（在环中织1个长针，织3个锁针）5次，始端有6个锁针，在第3个锁针中钩织引拔针，再在相连的3个锁针孔眼中钩织引拔针。

第2圈 织3个锁针，在第1组相连的3个锁针孔眼中钩织长针3针并1针（计为长针4针并1针），（织5个锁针，在相连的3个锁针孔眼中钩织长针4针并1针）5次，织5个锁针，在第1个合并针顶部钩织引拔针。

第3圈 织3个锁针（计为1个长针），在第1组相连的3个锁针孔眼中织（2个长针，3个锁针，3个长针），分别在其余5组锁针孔眼中各织（3个长针，3个锁针，3个长针），在第3个锁针中钩织引拔针。

收针。

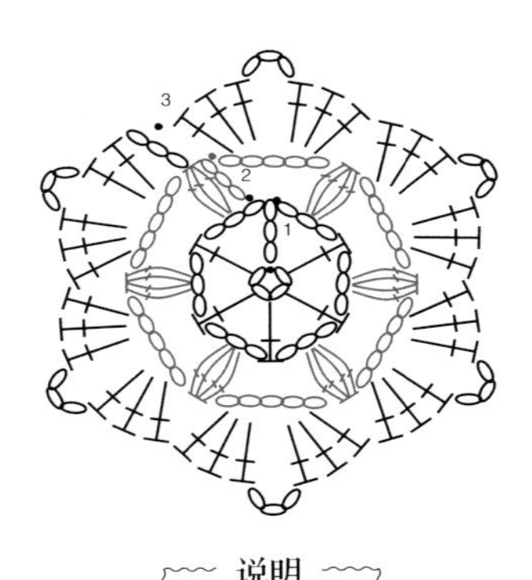

说明

- 引拔针
- 锁针
- 长针
- 长针4针并1针

海星六角形花样

钩织6个锁针，用引拔针连接成环。

第1圈 织1个锁针，在环中织12个短针连接成环，在第1个短针中钩织引拔针。

第2圈 织3个锁针，在同一位置钩织长针4针并1针（计为长针5针并1针），（织5个锁针，跳过1个短针，在下个短针中钩织长针5针并1针）5次，织5个锁针，在第1个合并针中钩织引拔针。

第3圈 织1个锁针，（在相连的5个锁针孔眼中织5个短针，织3个锁针）6次，在第1个短针中钩织引拔针。

第4圈 织1个锁针，*在接下来的5个短针中各织1个短针，在相连的3个锁针孔眼中织（2个短针，1个锁针，2个短针）；将*步骤再重复5次，在第1个短针中钩织引拔针。

收针。

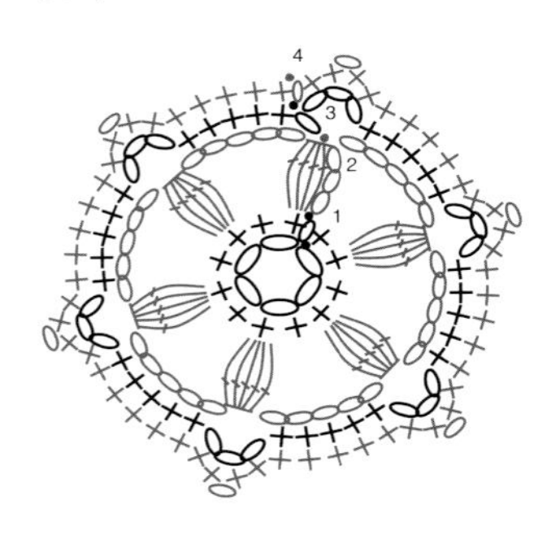

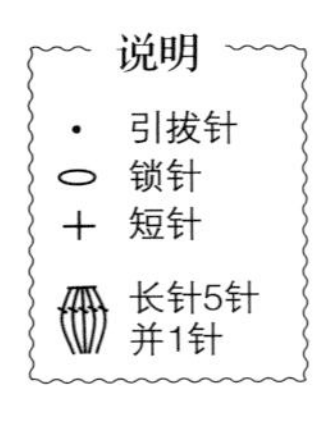

英国玫瑰六角形花样

钩织4个锁针，用引拔针连接成环。

第1圈 织6个锁针（计为1个长针和3个锁针），（在环中织1个长针，织3个锁针）5次，始端有6个锁针，钩织引拔针与第3个锁针相连。

第2圈 织1个锁针，在同一位置织1个短针，织5个锁针，（在下个长针中织1个短针，5个锁针）5次，用引拔针与第1个短针相连，在第1组相连的5个锁针孔眼中钩织引拔针。

第3圈 织1个锁针，在每个相连的5个锁针孔眼中钩织（1个短针，2个中长针，1个长针，2个中长针，1个短针），用引拔针与第1个短针连接。

收针。

说明
- · 引拔针
- ○ 锁针
- + 短针
- 中长针
- 长针

雏菊六边形花样

钩织6个锁针，用引拔针连接成环。

第1圈 织3个锁针，在环中钩织长针2针并1针（计为长针3针并1针），（织3个锁针，在环中钩织长针3针并1针）5次，织1个锁针，在第1个合并针顶部钩织1个中长针。

第2圈 织3个锁针，在中长针构成的孔眼中钩织长针2针并1针（计为长针3针并1针），织5个锁针，（在相连的3个锁针孔眼中钩织长针3针并1针，5个锁针）5次，在第1个合并针顶部钩织引拔针。

第3圈 织1个锁针，在同一位置织1个短针，*在相连的5个锁针孔眼中织（3个短针，1个锁针，3个短针），在接下来的合并针顶部织1个短针；将*步骤再重复4次，在最后一组相连的5个锁针孔眼中织（3个短针，1个锁针，3个短针），在第1个短针中钩织引拔针。

收针。

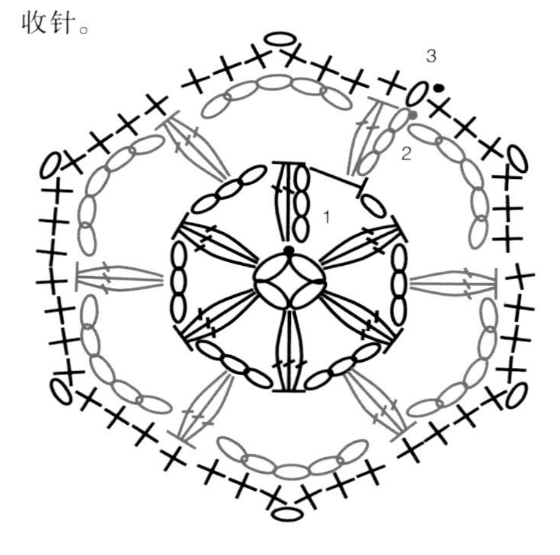

说明
- · 引拔针
- ○ 锁针
- + 短针
- 中长针
- 长针3针并1针

小雏菊六角形花样

钩织4个锁针，用引拔针连接成环。

第1圈 织1个锁针，在环中织6个短针，在第1个短针中钩织引拔针。

第2圈 织3个锁针（计为1个长针），在相同的位置织1个长针，织3个锁针，*在接下来的短针中织2个长针，织3个锁针；将*步骤再重复4次，在第3个锁针中钩织引拔针，在下个长针中钩织引拔针。

第3圈 织1个锁针，在每个相连的3个锁针孔眼中织5个短针，用引拔针与第1个短针相连。

收针。

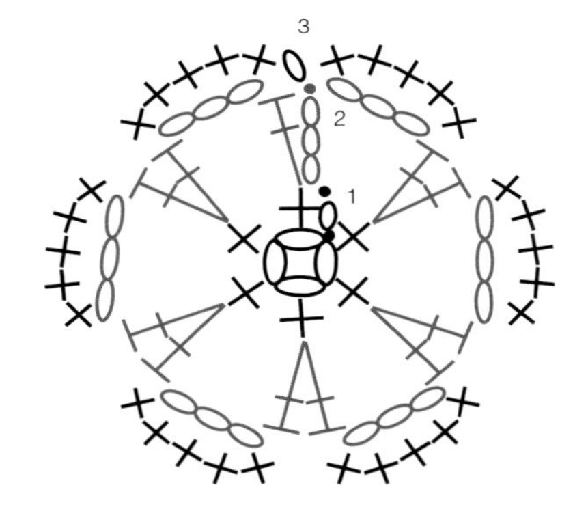

说明
- · 引拔针
- ⬭ 锁针
- + 短针
- ┼ 长针

四瓣花方形花样

钩织6个锁针，用引拔针连接成环。

第1圈 织1个锁针，（在环中织1个短针，织2个锁针，在环中织4个长针，织2个锁针）4次，在第1个短针中钩织引拔针。

第2圈 织1个锁针，在同一位置织1个短针，（织5个锁针，跳过1片花瓣，在下个短针中织1个短针）3次，织5个锁针，跳过1片花瓣，在第1个短针中钩织引拔针。

第3圈 织3个锁针（计为1个长针），在第1组相连的5个锁针孔眼中织（3个长针，3个锁针，4个长针，2个锁针），分别在其余三组相连的5个锁针孔眼中织（4个长针，3个锁针，4个长针，2个锁针），在第3个锁针中钩织引拔针。

收针。

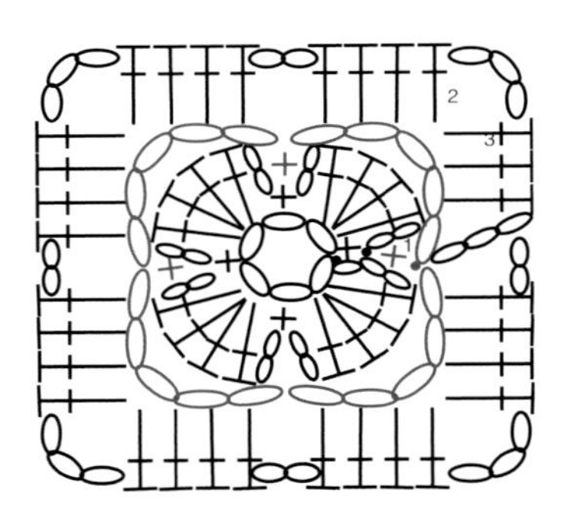

说明
- · 引拔针
- ⬭ 锁针
- + 短针
- ┼ 长针

方角盘花样

钩织6个锁针，用引拔针连接成环。

第1圈 织1个锁针，在环中织12个短针，在第1个短针中钩织引拔针。

第2圈 钩织7个锁针（计为1个长长针和3个锁针），（在下个短针中织1个长长针，织3个锁针）11次，始端有7个锁针，在第4个锁针中钩织引拔针，分别在下2个锁针中钩织引拔针。

第3圈 织1个锁针，在相连的3个锁针孔眼中织1个短针，（在下组相连的3个锁针孔眼中织1个短针，织5个锁针）11次，在第1个短针中钩织引拔针。

第4圈 织3个锁针（计为1个长针），在第1组相连的5个锁针孔眼中织4个长针，（在下组相连的5个锁针孔眼中织7个长针，分别在接下来的2组相连的5个锁针孔眼中各织5个长针）3次，在下组相连的5个锁针孔眼中织7个长针，在最后一组锁针孔眼中织5个长针，在第3个锁针中钩织引拔针。

收针。

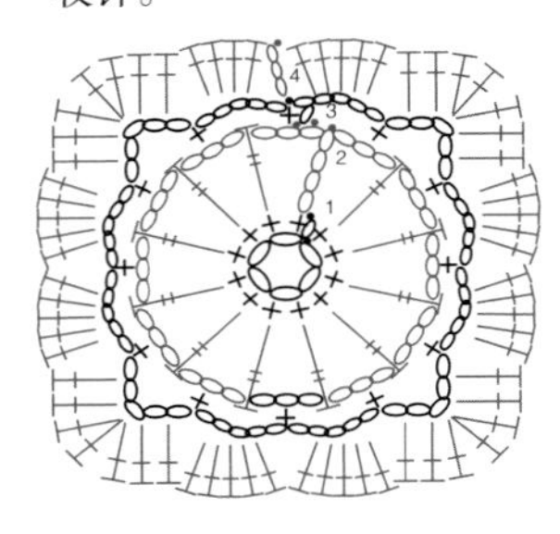

说明
- · 引拔针
- ⬭ 锁针
- + 短针
- ┼ 长针
- ╪ 长长针

蕾丝玫瑰方形花样

钩织6个锁针，用引拔针连接成环。

第1圈 织1个锁针，在环中织16个短针，在第1个短针中钩织引拔针。

第2圈 织7个锁针（计为1个长针和4个锁针），（跳过1个短针，在下个短针织1个长针，织4个锁针）7次，始端有7个锁针，在第3个锁针中钩织引拔针。

第3圈 织1个锁针，在每个相连的4个锁针孔眼中钩织（1个短针，1个长针，2个长长针，1个长针，1个短针），在第1个短针中钩织引拔针。

第4圈 织9个锁针（计为1个长长针和5个锁针），在第1片花瓣的两个长长针之间钩织引拔针，织5个锁针，在下一片花瓣的两个长长针之间钩织引拔针，*织5个锁针，跳过这片花瓣的1个长长针和1个长针和1个短针，在两个短针之间钩织1个长长针，织5个锁针，在下一片花瓣的两个长长针之间钩织引拔针；将*步骤再重复2次，织5个锁针，始端有9个锁针，在第4个锁针中钩织引拔针。

收针。

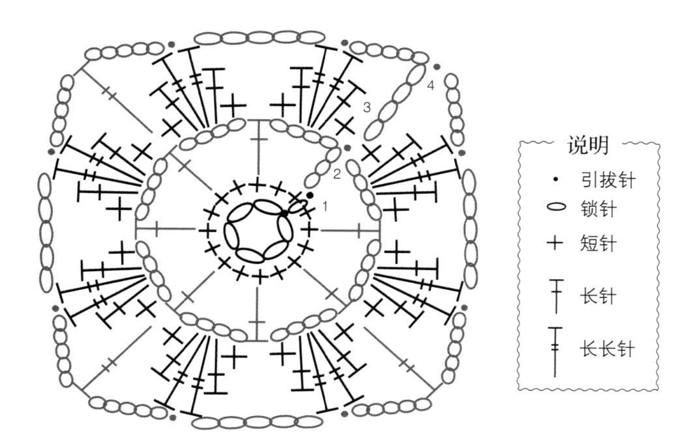

蕾丝花朵方形花样

钩织6个锁针，用引拔针连接成环。

第1圈 织5锁针（计为1个长针和2个锁针），（在环中织1个长针，织2个锁针）7次，始端有5个锁针，在第3个锁针中钩织引拔针。

第2圈 织7个锁针（计为1个长针和4个锁针），在针上第4个锁针中钩织长针2针并1针，（在接下来的长针中织1个长针，织4个锁针，在针上第4个锁针钩织长针2针并1针）7次，在第1个合并针底部钩织引拔针。

第3圈 织1个锁针，在同一位置织1个短针，*织3个锁针，跳过长针2针并1针，在接下来的长针中钩织（长长针3针并1针，4个锁针，长长针3针并1针，4个锁针，长长针3针并1针），织3个锁针，跳过长针2针并1针，在接下来的长针中织1个短针；将*步骤再重复3次，在做最后一次重复步骤时，忽略掉最后一个短针，在第1个短针中钩织引拔针。

第4圈 织1个锁针，（在相连的3个锁针孔眼中织3个短针，分别在接下来的3组相连的4个锁针孔眼中各织4个短针，在下组相连的3个锁针孔眼中织3个短针）4次，在第1个短针中钩织引拔针。

收针。

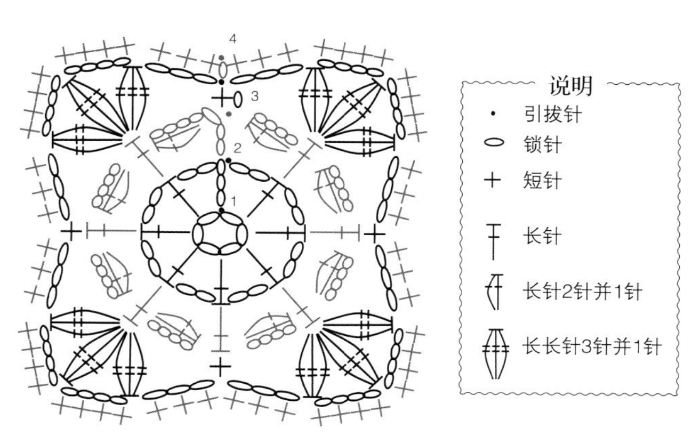

八瓣花方形花样

钩织6个锁针，用引拔针连接成环。

第1圈 织1个锁针，（在环中织1个短针，织6个锁针，在针上第3个锁针中织1个短针，在下个锁针中织1个短针，在下2个锁针中各织1个中长针）8次，在第1个短针中钩织引拔针。收针。

第2圈 在花瓣的顶部再次接线，*织4个锁针，在接下来的花瓣顶部钩织（1个长针，2个锁针，1个长针），织4个锁针，在下一片花瓣的顶部钩织引拔针；将*步骤再重复3次。

第3圈 织1个锁针，在同一位置织1个短针，在第1组相连的4个锁针孔眼中织4个短针，（在接下来的长针中织1个短针，在相连的2个锁针孔眼中织2个短针，在长针中织1个短针，在相连的4个锁针孔眼中织4个短针，在引拔针中织1个短针，在相连的4个锁针孔眼中织4个短针）3次，在下个长针中织1个短针，在相连的2个锁针孔眼中织2个短针，在长针中织1个短针，在最后一组相连的4个锁针孔眼中织4个短针，在第1个短针中钩织引拔针。

收针。

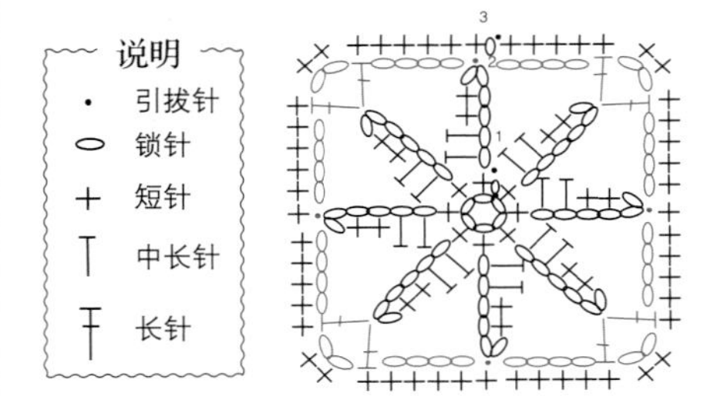

大圆环方形花样

钩织6个锁针，用引拔针连接成环。

第1圈 织1个锁针，在环中织12个短针，在第1个短针中钩织引拔针。

第2圈 织7个锁针（计为1个长长针和3个锁针），在相同的位置织1个长长针，*织10个锁针，跳过2个短针，在下个短针中织（1个长长针，3个锁针，1个长长针）；将*步骤再重复2次，织10个锁针，始端有7个锁针，在第4个锁针中钩织引拔针。

第3圈 织3个锁针（计为1个长针），在每个相连的10个锁针孔眼中钩织（5个长针，4个锁针，在针上第4个锁针中钩织引拔针，4个长针，4个锁针，在针上第4个锁针中钩织引拔针，织5个长针），在做最后一次重复步骤时，忽略掉最后一个长针，在第3个锁针中钩织引拔针。

收针。

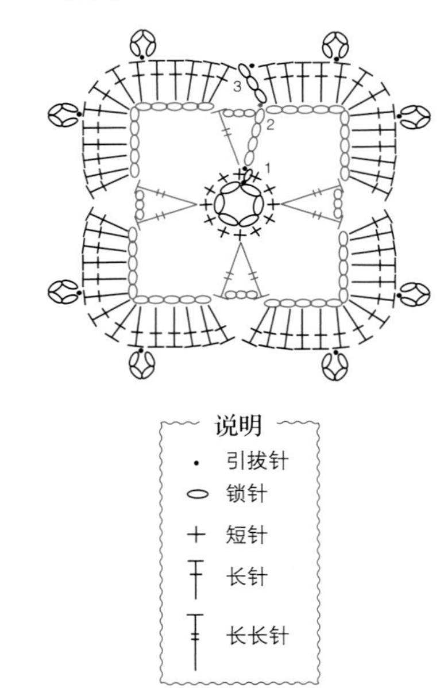

马耳他式方形花样

钩织8个锁针，用引拔针连接成环。

第1圈 织1个锁针，在环中织16个短针，在第1个短针中钩织引拔针。

第2圈 织4个锁针（计为1个长长针），在同一位置织2个长长针，在接下来的短针中钩织3个长长针，（织7个锁针，跳过2个短针，在下2个短针中各织3个长长针）3次，织7个锁针，在第4个锁针中钩织引拔针。

第3圈 织1个锁针，（在一簇针目中的第1个长长针中织1个短针，在下个长长针中织1个中长针，分别在下2个长长针中各织2个长针，在下个长长针中织1个中长针，在下个长长针中织1个短针，在相连的7个锁针孔眼中织8个短针）4次，在第1个短针中钩织引拔针。

收针。

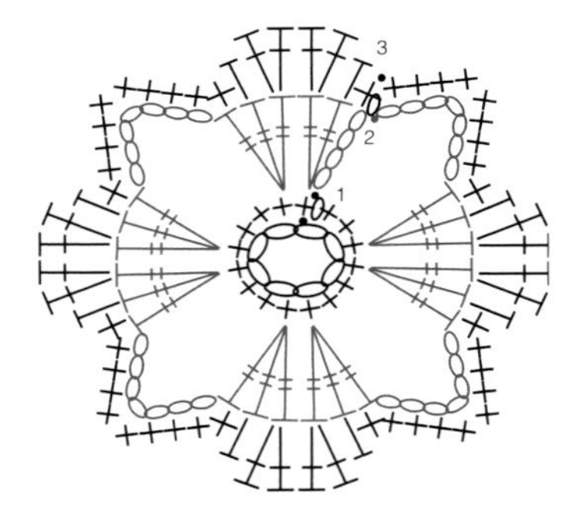

雪花

钩织4个锁针，用引拔针连接成环。

第1圈 织1锁针，在环中织8个短针，在第1个短针中钩织引拔针。

第2圈 织1个锁针，在第1个短针中织1个短针，（织8个锁针，在下个短针中织1个短针）7次，织8个锁针，在第1个短针中钩织引拔针，前面钩织过程中8个相连锁针构成环，分别在第一个环的前4个锁针中各钩织1个引拔针。

第3圈 织1个锁针，在8个相连锁针构成的环中织1个短针，*织4个锁针，在下个“8锁针环”中织1个短针，织4个锁针，在下个“8锁针环”中织（1个短针，5个锁针，1个短针）；将*步骤再重复2次，织4个锁针，在下个“8锁针环”中织1个短针，织4个锁针，在下个“8锁针环”中织1个短针，织5个锁针，在第1个短针中钩织引拔针，接下来是这一圈第1组相连的4个锁针，在其中前2个锁针中各钩织1个引拔针。

第4圈 织1个锁针，在相连的4个锁针孔眼中织1个短针，织5个锁针，在下组相连的4个锁针孔眼中织1个短针，织6个锁针，在针上第4个锁针中钩织引拔针，织2个锁针，在第3圈的“5锁针环”中织1个短针，织4个锁针，在针上第4个锁针中钩织引拔针，织5个锁针，在针上第5个锁针中钩织引拔针，织4个锁针，在针上第4个锁针中钩织引拔针，织6个锁针，在针上第4个锁针中钩织引拔针，织2个锁针；将*步骤再重复3次，在第1个短针中钩织引拔针。

收针。

说明
· 引拔针
⬭ 锁针
+ 短针

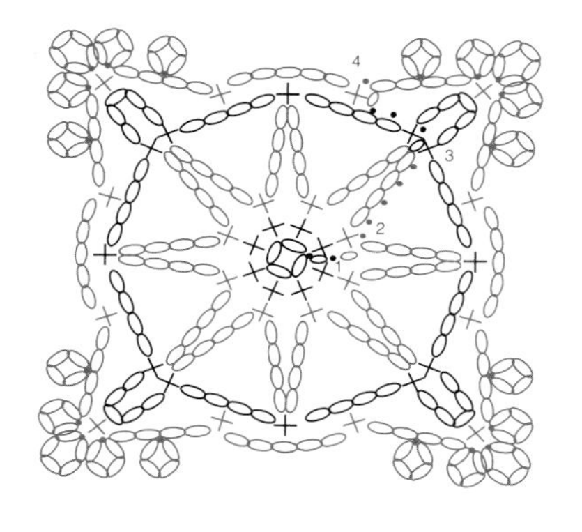

拼接方形花样

钩织6个锁针，用引拔针连接成环。

第1圈 织3个锁针（计为1个长针），在环中钩织15个长针，在第3个锁针中钩织引拔针。

第2圈 织1个锁针，在相同位置织1个短针，（跳过1个长针，在下个长针中织5个中长针，跳过1个长针，在下个长针中织1个短针）3次，跳过1个长针，在下个长针中织5个中长针，跳过1个长针，在第1个短针中钩织引拔针。

第3圈 织3个锁针（计为1个长针），在相同位置织6个长针，（跳过2个中长针，在下个中长针中织1个短针，跳过2个中长针，在下个短针中织7个长针）3次，跳过2个中长针，在下个中长针中织1个短针，跳过2个中长针，在第3个锁针中钩织引拔针，分别在接下来的3个长针中各钩织1个引拔针。

第4圈 织1个锁针，在相同位置织1个短针，（跳过3个长针，在接下来的短针中织9个长长针，跳过3个长针，在下个长针中织1个短针）3次，跳过3个长针，在接下来的短针中织9个长长针，跳过3个长针，在第1个短针中钩织引拔针。

收针。

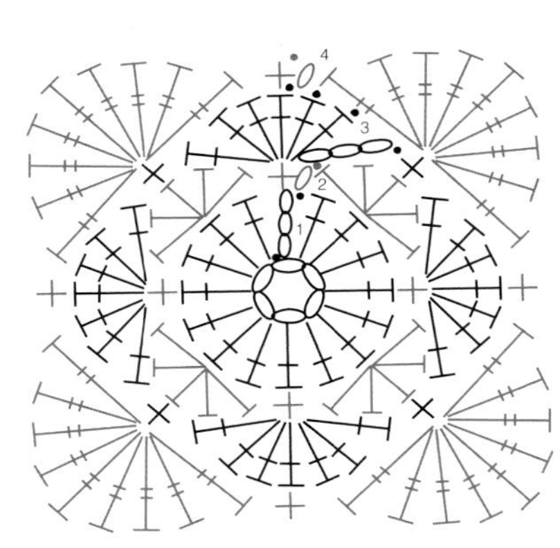

小拼接方形

钩织6个锁针，用引拔针连接成环。

第1圈 织3个锁针（计为1个长针），在环中钩织15个长针，在第3个锁针中钩织引拔针。

第2圈 织1个锁针，在相同位置织1个短针，*跳过1个长针，在下个长针中织（2个中长针，1个长针，2个中长针），跳过1个长针，在下个长针中织1个短针；将*步骤再重复2次，跳过1个长针，在下个长针中织（2个中长针，1个长针，2个中长针），跳过1个长针，在第1个短针中钩织引拔针。

收针。

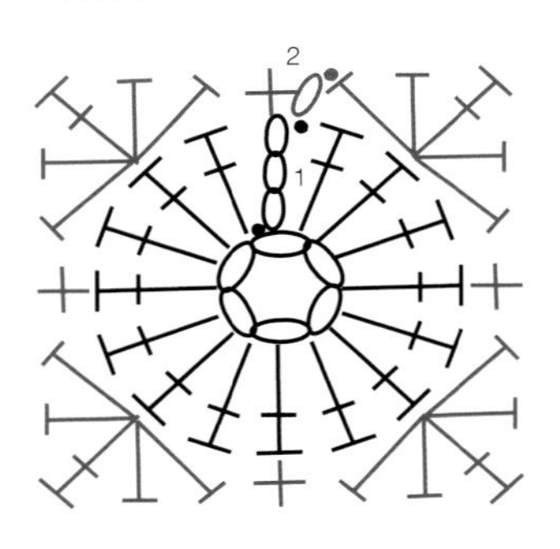

说明
- · 引拔针
- ⬭ 锁针
- + 短针
- 中长针
- 长针

波罗的海方形花样

特别说明

这里的爆米花针为含5个长针的爆米花针。

钩织8个锁针，用引拔针连接成环。

第1圈 织3个锁针，（在环中钩织爆米花针，1个锁针，在环中钩织爆米花针，4个锁针）4次，在第1个爆米花针顶部钩织引拔针。

第2圈 织5个锁针（计为1个长针和2个锁针），在下个爆米花针顶部织1个长针，织2个锁针，*在顶角处的相连的4个锁针孔眼中钩织（爆米花针，4个锁针，爆米花针），织2个锁针，在下个爆米花针顶部织1个长针，织2个锁针，在下个爆米花针顶部织1个长针；将*步骤再重复2次，在最后一个顶角的4个相连锁针孔眼中钩织（爆米花针，4个锁针，爆米花针），织2个锁针，开始时钩织了5个锁针，在第3个锁针中钩织引拔针。

收针。

说明
- · 引拔针
- ⬭ 锁针
- 长针
- 爆米花针

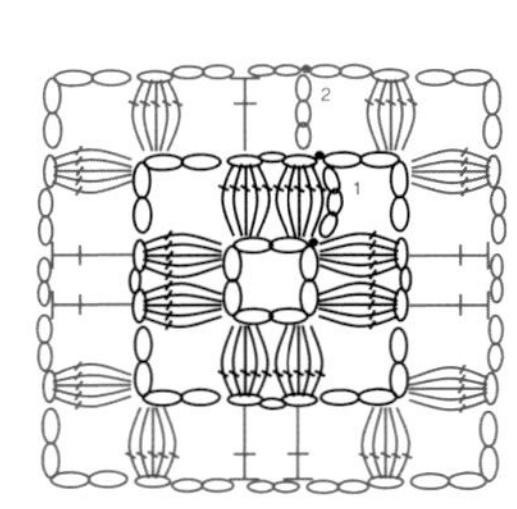

四瓣花方形花样

钩织6个锁针，用引拔针连接成环。

第1圈 在环中织3个锁针和长针3针并1针（计为长针4针并1针），（织6个锁针，在环中钩织长针4针并1针）3次，织6个锁针，在第1个合并针顶部钩织引拔针，在第1组相连的6个锁针孔眼中钩织引拔针。

第2圈 织3个锁针（计为1个长针），在第1组相连的6个锁针孔眼中钩织（2个长针，4个锁针，3个长针），分别在其余3组相连的6个锁针孔眼中钩织（3个长针，4个锁针，3个长针），在第3个锁针中钩织引拔针。

收针。

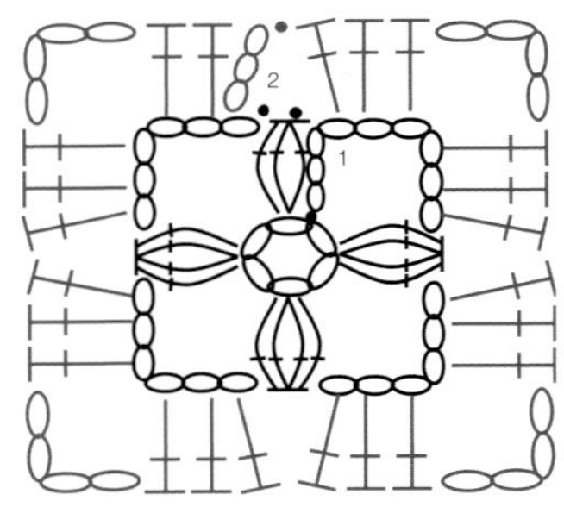

说明
- · 引拔针
- ⬭ 锁针
- 长针
- 长针4针并1针

钻石方形花样

中心圆环

（织4个锁针，在针上第4个锁针中钩织长长针2针并1针）4次，在“第1组针目”的末端钩织引拔针，使连接成环。

第1圈 织1个锁针，在中心圆环的“第1组针目”和“最后一组针目”之间钩织1个短针，织9个锁针，在“第1组针目”和“第2组针目”之间钩织1个短针，织9个锁针，在“第2组”和“第3组”之间钩织1个短针，织9个锁针，在“第3组”和“第4组”之间钩织1个短针，织9个锁针，在第1个短针中钩织引拔针。

第2圈 织3个锁针（计为1个长针），在相连的9个锁针孔眼中织（6个长针，3个锁针，6个长针），在接下来的短针中织1个长针；将*步骤再重复3次，省略最后一个长针，在第3个锁针中钩织引拔针。

收针。

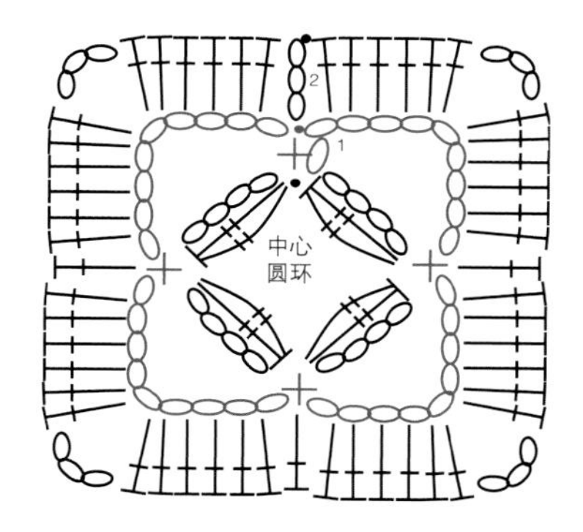

说明

- · 引拔针
- ○ 锁针
- + 短针
- 长针
- 长长针2针并1针

方孔方形花样

钩织12个锁针，用引拔针连接成环。

第1圈 织5个锁针（计为1个长针和2个锁针），*跳过环上的2个锁针，在下个锁针中织（1个长针，5个锁针，1个长针），织2个锁针；将*步骤再重复2次，跳过环上的2个锁针，在这一圈始端5个锁针底部的锁针中织1个长针，织5个锁针，这一圈开始时钩织了5个锁针，在其中第3个锁针中钩织引拔针。

第2圈 织3个锁针（计为1个长针），在相连的2个锁针孔眼中织2个长针，在接下来的长针中织1个长针，*在顶角处相连的5个锁针孔眼中钩织（3个长针，5个锁针，3个长针），在接下来的长针中织1个长针，在相连的2个锁针孔眼中织2个长针，在接下来的长针中织1个长针；将*步骤再重复2次，在顶角处相连的5个锁针孔眼中钩织（3个长针，5个锁针，3个长针），在这一圈始端的第3个锁针中钩织引拔针。

收针。

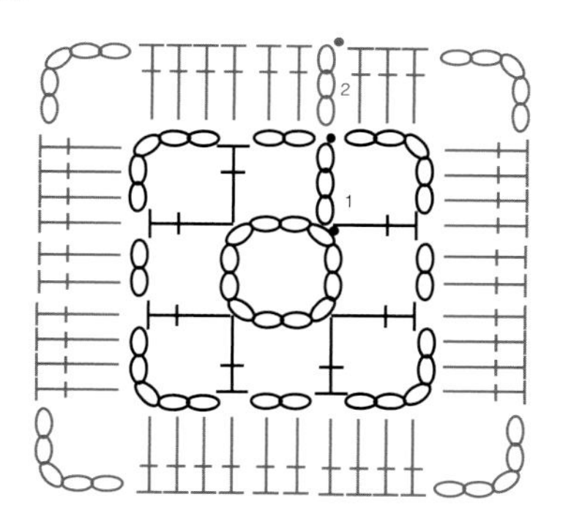

说明

- · 引拔针
- ○ 锁针
- 长针

环孔饰边圆圈

钩织18个锁针，用引拔针连接成环。

第1圈 织1个锁针，在环中织36个短针，在第1个短针中钩织引拔针。

第2圈 织1个锁针，在每个短针中织1个短针，直到结束，在第1个短针中钩织引拔针。

第3圈 织1个锁针，接下来在3个短针中各织1个短针，（织5个锁针，在针上第5个锁针中钩织引拔针，分别在接下来的6个短针中各织1个短针）5次，织5个锁针，在针上第5个锁针中钩织引拔针，分别在下3个短针中各织1个短针，在第1个短针中钩织引拔针。

收针。

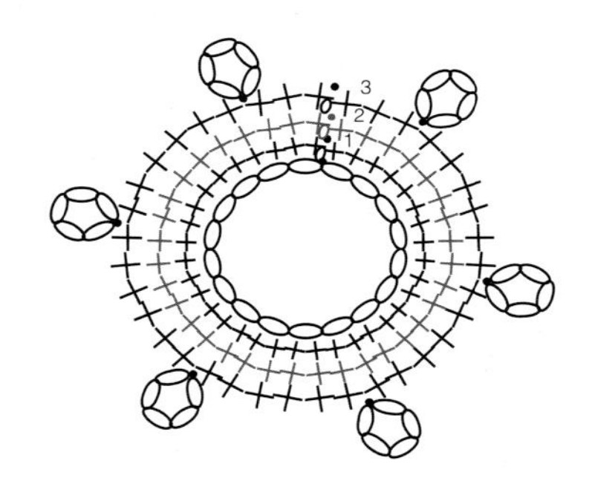

说明

· 引拔针

⬭ 锁针

＋ 短针

车轮花样

钩织8个锁针，用引拔针连接成环。

第1圈 织3个锁针（计为1个长针），在环中织15个长针，在第3个锁针中钩织引拔针。

第2圈 织5个锁针（计为1个长针和2个锁针），（在接下来的长针中织1个长针，织2个锁针）15次，始端有5个锁针，在第3个锁针中钩织引拔针。

第3圈 织1个锁针，在相同位置织1个短针，*在相连的2个锁针孔眼中织2个短针，在接下来的长针中织1个短针；重复*步骤，直至结束，省略最后1个短针，在第1个短针中钩织引拔针。

收针。

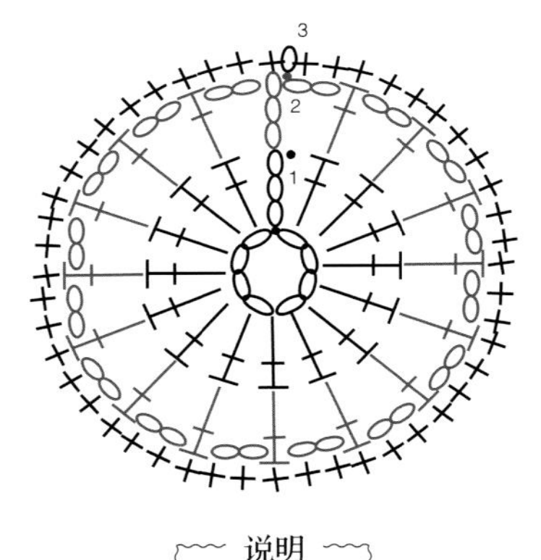

说明

· 引拔针

⬭ 锁针

＋ 短针

Ŧ 长针

玫瑰圆形花样

钩织8个锁针，用引拔针连接成环。

第1圈 织1个锁针，在环中织18个短针，在第1个短针中钩织引拔针。

第2圈 织6个锁针（计为1个中长针和4个锁针），跳过锁针底部的短针和接下来的2个短针，（在下个短针中织1个中长针，织4个锁针，跳过下2个短针）5次，这一圈始端钩织了6个锁针，在其中第2个锁针中钩织引拔针。

第3圈 织1个锁针，在每组相连的4个锁针孔眼中钩织（1个短针，1个中长针，2个长针，1个中长针，1个短针），在第1个短针中钩织引拔针。收针。

第4圈 在花瓣顶部的两个长针之间再接线，织1个锁针，在同一位置织1个短针，织7个锁针，（在花瓣顶部的两个长针之间织1个短针，织7个锁针）5次，在第1个短针中钩织引拔针。

第5圈 织1个锁针，在同一位置织1个短针，（在接下来相连的7个锁针孔眼中织7个短针，在接下来的短针中织1个短针）6次，在做最后一次重复步骤时，省略最后1个短针，在第1个短针中钩织引拔针。

第6圈 织1个锁针，在每个短针中钩织1个短针，直至结束，在第1个短针中钩织引拔针。

收针。

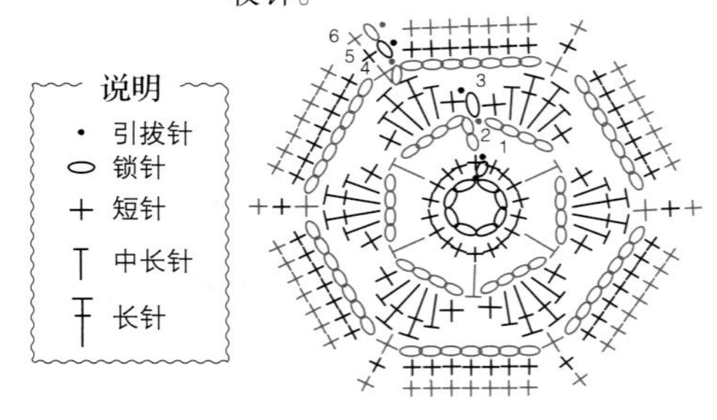

凝霜星花样

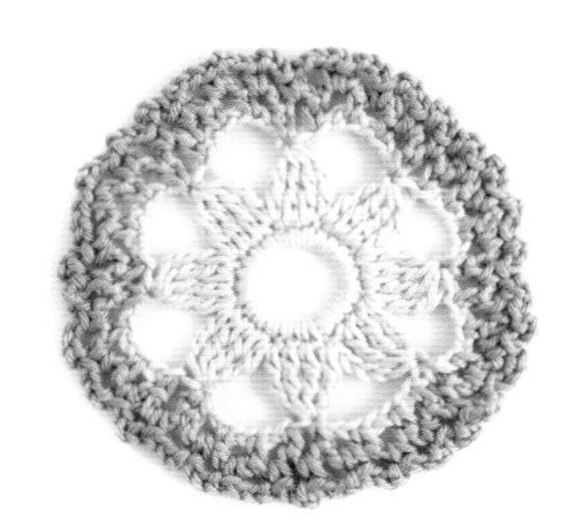

钩织12个锁针，用引拔针连接成环。

第1圈 织1个锁针，在环中织24个短针，在第1个短针中钩织引拔针。

第2圈 织4个锁针，钩织长长针3针并1针——分别在接下来的3个短针中钩织合并针的3支（计为长长针4针并1针），（织7个锁针，在上一合并针的最后1支所在短针中钩织第1支，在接下来的3个短针中钩织其余3支）7次，织7个锁针，在第1个合并针顶部钩织引拔针。

第3圈 织1个锁针，在同一位置织1个短针，*（织3个锁针，跳过1个锁针，在下个锁针中织1个短针）3次，织3个锁针，在合并针顶部织1个短针；将*步骤再重复7次，在做最后一次重复时，省略最后1个短针，在第1个短针中钩织引拔针，在第1组相连的3个锁针孔眼中钩织引拔针。

第4圈 织1个锁针，在第1组相连的3个锁针孔眼中钩织1个短针，*在下组相连的3个锁针孔眼中钩织1个短针，织3个锁针；重复*步骤，直至结束，在第1个短针中钩织引拔针。

收针。

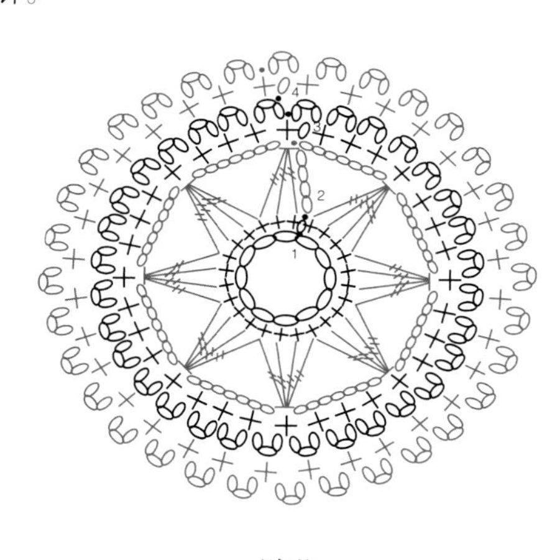

说明

- 引拔针
- 锁针
- 短针
- 长长针4针并1针

凯尔特圆形花样

钩织6个锁针，用引拔针连接成环。

第1圈 （织3个锁针，在环中织2个长针，织3个锁针，在环中钩织引拔针）4次。

第2圈 织6个锁针（计为1个长针和3个锁针），在同一位置钩织1个长针，织3个锁针，跳过第1片花瓣，*在花瓣之间的引拔针中织（1个长针，3个锁针，1个长针），织3个锁针，跳过下一片花瓣；将*步骤再重复2次，始端钩织了6个锁针，在第3个锁针中钩织引拔针。

第3圈 织3个锁针（计为1个长针），在第1组相连的3个锁针孔眼中织4个长针，织2个锁针，（在下组相连的3个锁针孔眼中织5个长针，织2个锁针）7次，在第3个锁针中钩织引拔针。

第4圈 织1个锁针，在同一位置织1个短针，分别在接下来的4个长针中各织1个短针，在相连的2个锁针孔眼中钩织（1个短针，3个锁针，在针上第3个锁针中钩织引拔针，1个短针），*分别在下5个长针中各织1个短针，在相连的2个锁针孔眼中钩织（1个短针，3个锁针，在针上第3个锁针中钩织引拔针，1个短针）；将*步骤再重复6次，在第1个短针中钩织引拔针。

收针。

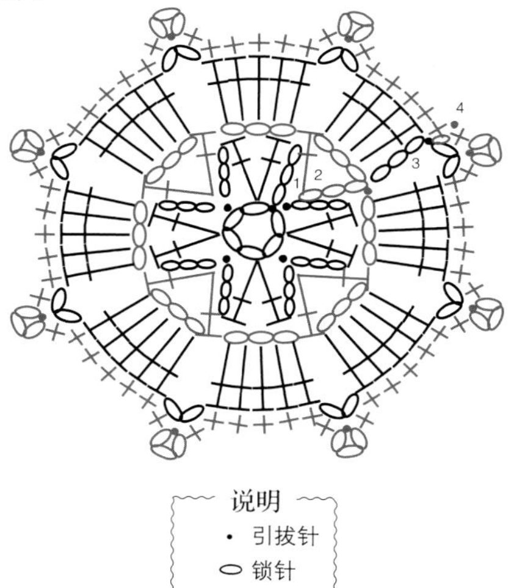

说明

- 引拔针
- 锁针
- 短针
- 长针

花边轮花样

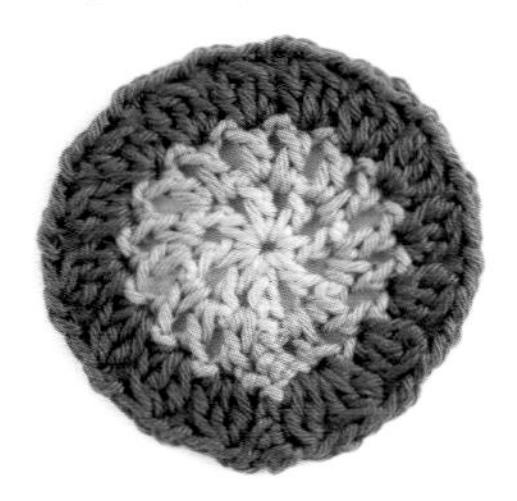

钩织4个锁针，用引拔针连接成环。

第1圈 织4个锁针（计为1个长针和1个锁针），（在环中织1个长针，1个锁针）7次，始端钩织了4个锁针，在第3个锁针中钩织引拔针。

第2圈 织4个锁针（计为1个长针和1个锁针），在锁针孔眼中织1个长针，织1个锁针，（在接下来的长针中织1个长针，织1个锁针，在锁针孔眼中织1个长针）7次，始端有4个锁针，在第3个锁针中钩织引拔针。

第3圈 织3个锁针，在相同位置钩织长针2针并1针（计为长针3针并1针）织2个锁针，（在接下来的长针中钩织长针3针并1针，织2个锁针）15次，在始端第3个锁针中钩织引拔针。

收针。

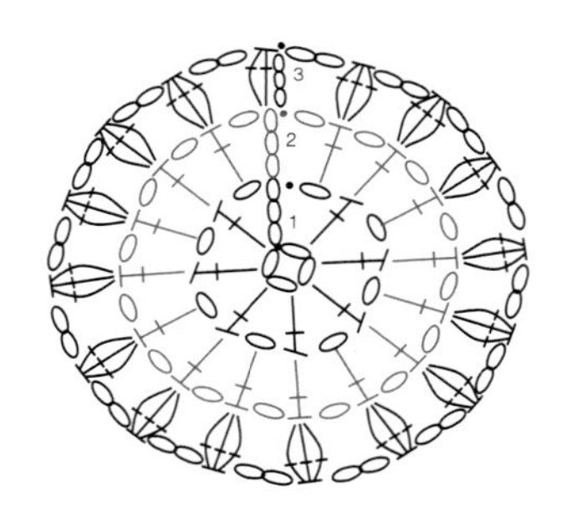

说明
- 引拔针
- 锁针
- 长针
- 长针3针并1针

12合并针圆形花样

钩织10个锁针，用引拔针连接成环。

第1圈 在环中织4个锁针和1个长长针（计为长长针2针并1针），织2个锁针，（在环中钩织长长针2针并1针，2个锁针）11次，在第1个合并针顶部钩织引拔针，在第1组相连的2个锁针孔眼中钩织引拔针。

第2圈 在第1组相连的2个锁针孔眼中钩织3个锁针和长针2针并1针（计为长针3针并1针），织3个锁针，（在下组相连的2个锁针孔眼中钩织长针3针并1针,3个锁针）11次，在第1个长长针3针并1针顶部钩织引拔针。

收针。

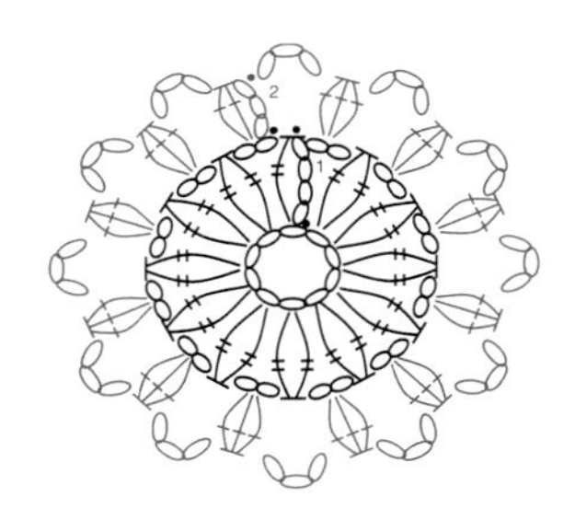

说明
- 引拔针
- 锁针
- 长针3针并1针
- 长长针2针并1针

星星圆形花样

钩织4个锁针，用引拔针连接成环。

第1圈 织1个锁针，（在环中织1个短针，9个锁针）8次，在第1个短针中钩织引拔针。收针。

第2圈 9个相连的锁针构成1片花瓣，在花瓣第5个锁针中再次接线，织4个锁针（计为1个长针和1个锁针），在相同位置织1个长针，织5个锁针，*在下片花瓣的第5个锁针中钩织（1个长针，1个锁针，1个长针），织5个锁针；将*步骤再重复6次，这一圈始端钩织了4个锁针，在其中第3个锁针中钩织引拔针。

第3圈 织3个锁针（计为1个长针），在锁针孔眼中织1个长针，在接下来的长针中织1个长针，*在相连的5个锁针孔眼中织5个长针，在接下来的长针中织1个长针，在锁针孔眼中织1个长针，在下个长针中织1个长针；将*步骤再重复6次，在相连的5个锁针孔眼中织5个长针，在始端第3个锁针中钩织引拔针。

收针。

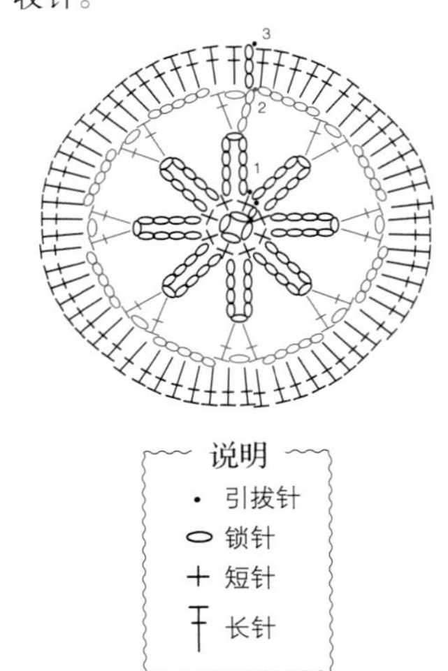

说明
- 引拔针
- 锁针
- 短针
- 长针

双层车轮花样

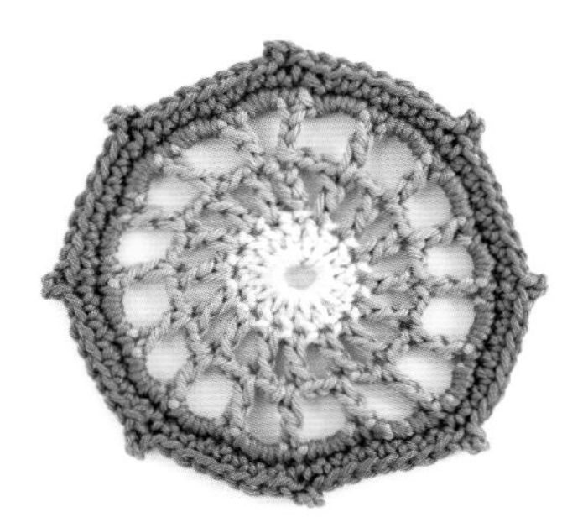

钩织6个锁针，用引拔针连接成环。

第1圈 织3个锁针（计为1个长针），在环中织15个长针，在始端第3个锁针中钩织引拔针。

第2圈 织5个锁针（计为1个长针和2个锁针），（在接下来的长针中织1个长针，2个锁针）15次，这一圈始端钩织了5个锁针，在其中第3个锁针中钩织引拔针。

第3圈 织6个锁针（计为1个长针和3个锁针），（在接下来的长针中织1个长针，3个锁针）15次，这一圈始端钩织了6个锁针，在其中第3个锁针中钩织引拔针。

第4圈 织1个锁针，在同一位置织1个短针，在第1组相连的3个锁针孔眼中织3个短针，（在接下来的长针中织1个短针，在相连的3个锁针孔眼中织3个短针）15次，在第1个短针中钩织引拔针。

第5圈 织1个锁针，在第1个短针中织1个短针，（织3个锁针，在针上第3个锁针中钩织引拔针，分别在接下来的8个短针中各织1个短针）8次，在做最后一次重复时，省略最后一个短针，在第1个短针中钩织引拔针。

收针。

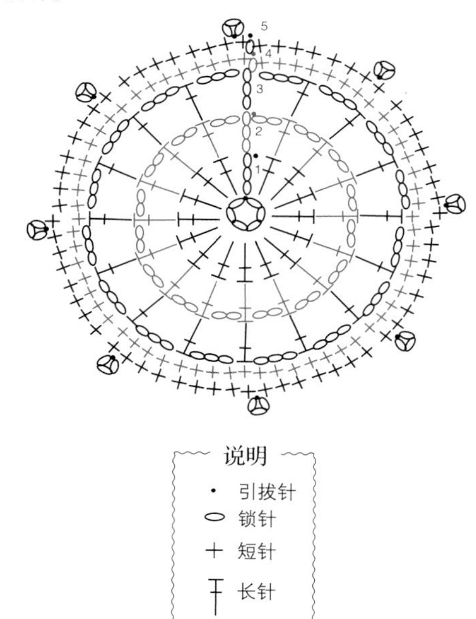

说明
- • 引拔针
- ⬭ 锁针
- ＋ 短针
- 长针

双钩织圆形花样

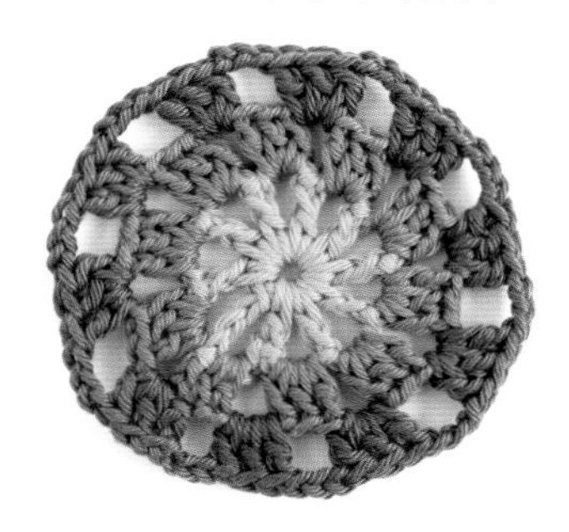

钩织6个锁针，用引拔针连接成环。

第1圈 织6个锁针（计为1个长针和3个锁针），（在环中织1个长针，3个锁针）9次，在始端第3个锁针中钩织引拔针，在第1组相连的3个锁针孔眼中钩织引拔针。

第2圈 织3个锁针（计为1个长针），在第1组相连的3个锁针孔眼中织2个长针，（2个锁针，在下组相连的3个锁针孔眼中织3个长针）9次，织2个锁针，在始端第3个锁针中钩织引拔针。

第3圈 织6个锁针（计为1个长针和3个锁针），（在相连的2个锁针孔眼中织3个长针，3个锁针）9次，在最后一组相连的2个锁针孔眼中织2个长针，始端有6个锁针，在其中第3个锁针中钩织引拔针。

收针。

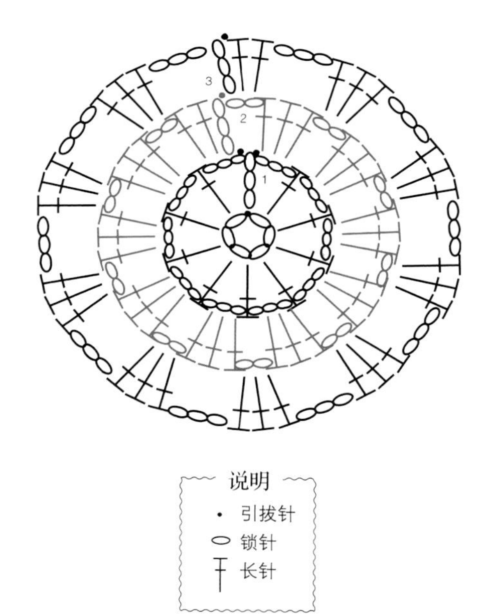

说明
- • 引拔针
- ⬭ 锁针
- 长针

环孔圆形花样

钩织6个锁针，用引拔针连接成环。

第1圈 织3个锁针（计为1个长针），在环中织1个长针，（织3个锁针，在针上第3个锁针中钩织引拔针，在环中织3个长针）7次，织3个锁针，在针上第3个锁针中钩织引拔针，在环中织1个长针，在始端第3个锁针中钩织引拔针。计为24个长针。

第2圈 织3个锁针（计为1个长针），在相同位置织2个长针，（织3个锁针，跳过1个长针和1个小环和1个长针），在下个长针中织3个长针7次，织3个锁针，在这一圈始端第3个锁针中钩织引拔针。

第3圈 织1个锁针，在同一位置织1个短针，分别在接下来的2个长针中各织1个短针，（织3个锁针，在相连的3个锁针孔眼中织1个短针，3个锁针，在下3个长针中各织1个短针）7次，织3个锁针，在下组相连的3个锁针孔眼中织1个短针，织3个锁针，在第1个短针中钩织引拔针。

收针。

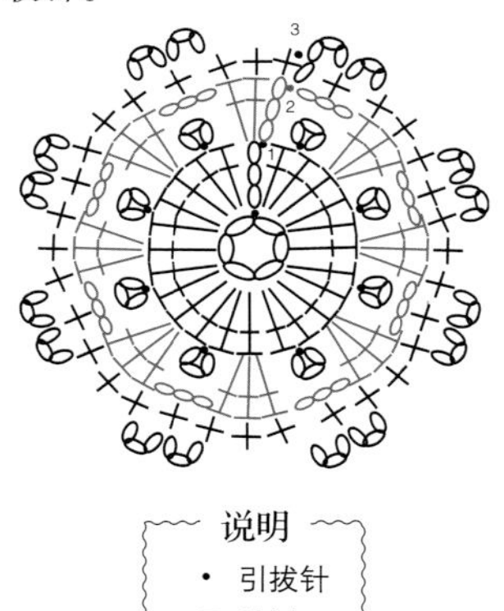

说明
- · 引拔针
- ⬭ 锁针
- ＋ 短针
- 长针

褶边圆形花样

钩织6个锁针，用引拔针连接成环。

第1圈 织1个锁针，在环中织16个短针，在第1个短针中钩织引拔针。

第2圈 织3个锁针（计为1个长针），分别在其余15个短针中各织1个长针，在第3个锁针中钩织引拔针。

第3圈 织1个锁针，在同一位置织1个短针，（织3个锁针，在针上第3个锁针中钩织引拔针，在接下来的长针中织1个短针），15次，织3个锁针，在针上第3个锁针中钩织引拔针，在第1个短针中钩织引拔针。

收针。

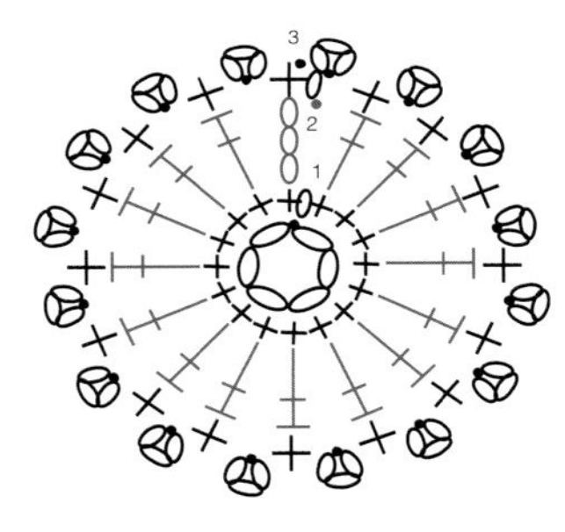

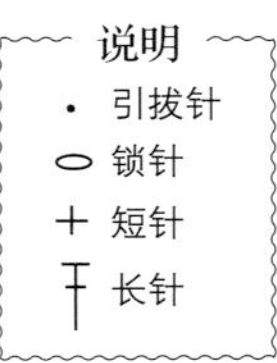

简单合并针圆形花样

钩织4个锁针，用引拔针连接成环。

第1圈 织4个锁针（计为1个长长针），在环中织1个长长针，（2个锁针，在环中织2个长长针）11次，织2个锁针，在始端第4个锁针中钩织引拔针，在接下来的长长针中钩织引拔针，在第1组相连的2个锁针孔眼中钩织引拔针。

第2圈 在相连的2个锁针孔眼中钩织3个锁针和长针2针并1针（计为长针3针并1针），（5个锁针，在下组相连的2个锁针孔眼中钩织长针3针并1针）11次，织5个锁针，在第1个合并针顶部钩织引拔针。

收针。

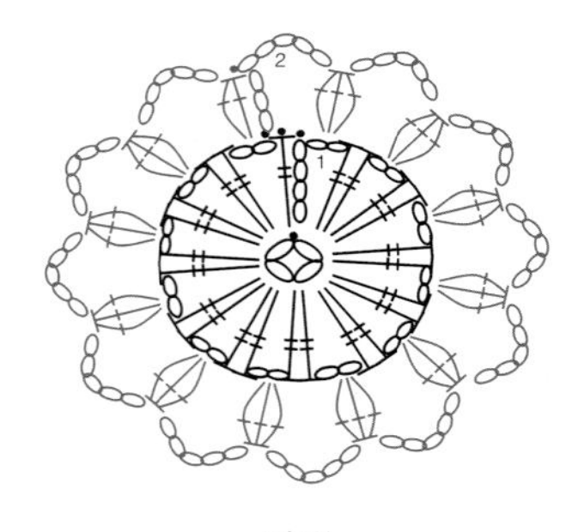

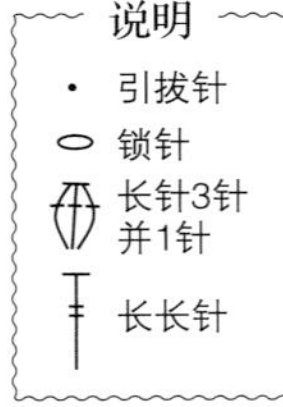

精致网孔圆形花样

钩织4个锁针，用引拔针连接成环。

第1圈 织5个锁针（计为1个长针和2个锁针），（在环中织1个长针，2个锁针）5次，在始端钩织了5个锁针，在其中第3个锁针中钩织引拔针。

第2圈 织5个锁针（计为1个长针和2个锁针），在起立针底部的同一锁针中织（1个长针，2个锁针，1个长针），*跳过2个锁针，在接下来的长针中钩织（1个长针，2个锁针，1个长针，2个锁针，1个长针）；将*步骤再重复4次，在始端第3个锁针中钩织引拔针。

第3圈 织1个锁针，在相同位置织1个短针，（织3个锁针，在接下来的长针中织1个短针，　3个锁针，在下两个长针之间织1个短针）5次，织3个锁针，在下个长针中织1个短针，织3个锁针，在第1个短针中钩织引拔针。

收针。

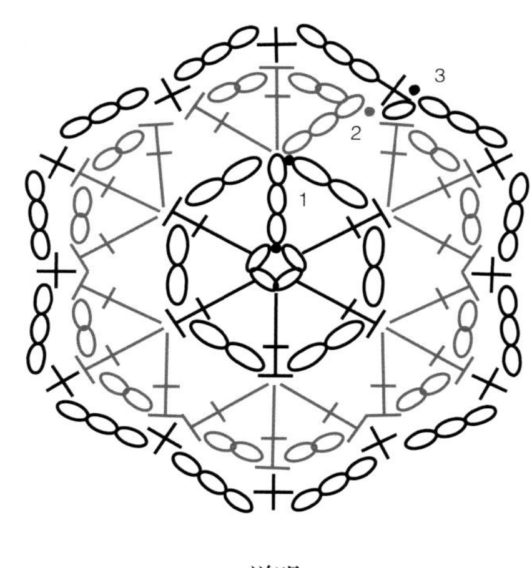

说明

· 引拔针

⬭ 锁针

＋ 短针

Ŧ 长针

密实圆形花样

钩织4个锁针，用引拔针连接成环。

第1圈 织1个锁针，在环中织8个短针，在第1个短针中钩织引拔针。

第2圈 织1个锁针，在每个短针中各钩织2个短针，在第1个短针中钩织引拔针。计16个短针。

第3圈 织1个锁针，在每个短针中各钩织1个短针，直至这一圈结束，在第1个短针中钩织引拔针。

第4圈 织1个锁针，在每个短针中各钩织2个短针，在第1个短针中钩织引拔针。计32个短针。

第5圈 织1个锁针，在前2个短针中各织1个短针，织3个锁针，（在下2个短针中各织1个短针，织3个锁针）15次，在第1个短针中钩织引拔针。

收针。

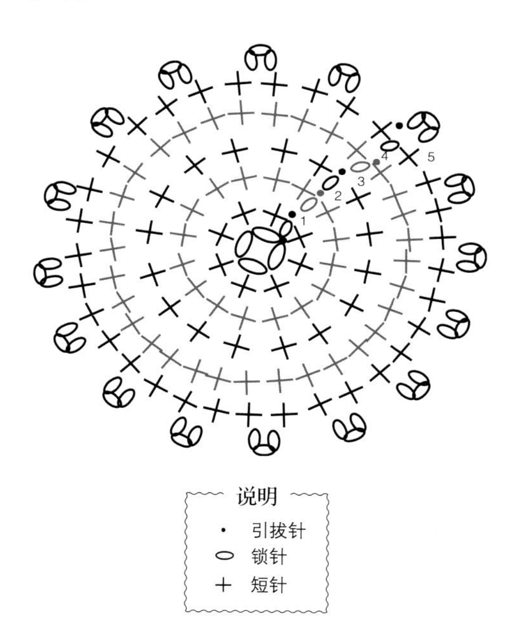